普通高等教育"十一五"国家级规划教材

偏微分方程 第四版

Partial Differential Equations

陈祖墀

高等教育出版社·北京

内容提要

本书首先介绍偏微分方程的古典理论和一些必要的论证，在内容、概念与方法等方面注重与现代偏微分方程知识之间的内在联系；随后对现代偏微分方程的基本知识做了介绍和论证。在介绍和论证过程中，注意各有关数学分支知识在偏微分方程中的应用。全书内容丰富，方法多样，技巧性强，并配有大量的例题与习题。这些习题难易兼顾，层次分明，其中有些习题是正文知识的扩充，给学生们提供了充分的拓展空间。

本书可作为综合性大学和高等师范院校数学类专业教材和教学参考书，还可作为一般数学工作者、物理工作者及工程技术人员的参考书。

图书在版编目（CIP）数据

偏微分方程 / 陈祖墀编著 . -- 4 版 . -- 北京：高等教育出版社，2018.6
ISBN 978-7-04-049458-7

Ⅰ.①偏… Ⅱ.①陈… Ⅲ.①偏微分方程 – 高等学校 – 教材 Ⅳ.① O175.2

中国版本图书馆 CIP 数据核字（2018）第 033349 号

策划编辑	田 玲	责任编辑	田 玲	特约编辑	张建军	封面设计	张申申
版式设计	徐艳妮	插图绘制	杜晓丹	责任校对	刘 莉	责任印制	田 甜

出版发行	高等教育出版社	网　址	http://www.hep.edu.cn
社　址	北京市西城区德外大街4号		http://www.hep.com.cn
邮政编码	100120	网上订购	http://www.hepmall.com.cn
印　刷	北京佳顺印务有限公司		http://www.hepmall.com
开　本	787mm×960mm 1/16		http://www.hepmall.cn
印　张	17.5	版　次	1993 年 9 月第 1 版
字　数	320 千字		2018 年 6 月第 4 版
购书热线	010-58581118	印　次	2018 年 6 月第 1 次印刷
咨询电话	400-810-0598	定　价	33.70 元

本书如有缺页、倒页、脱页等质量问题，请到所购图书销售部门联系调换
版权所有　侵权必究
物料号　49458-00

第四版前言

本书第三版自 2008 年出版以来，除中国科学技术大学外，还被其他一些高校选为教学用书。通过多年的教学使用，大家对本书的取材和编排表示肯定，并提出一些建议。根据这些建议及作者在教学和培养学生过程中的感受，现对本书做一些修订。这些修订包括以下内容。

首先，纠正了个别错漏，特别是仔细地审视了前两章的内容，调整和修订了部分例题，增加了证明细节及计算过程。对第 3 章、第 4 章和第 5 章重新考察，因为这是必学的三章，故在定理的证明和例题的解答过程中增加了叙述，以便在老师的讲解和学生的学习中更容易理解教材内容。

由于编写的初衷首先是为了满足广大本科生的学习，其次是考虑到个别学校的更高层次要求 (例如作者所在的中国科学技术大学)，本书在取材方面做了扩充。这些扩充的内容大多属于现代偏微分方程的入门知识，例如 3.3.2, 3.3.3, 4.3, 5.3.5, 5.3.6, 5.3.7, 5.5.2, 5.5.3, 5.5.4 和 7.4 等小节，本版对这些小节都标记了星号。对偏微分方程课程要求不高的学校，这些内容可以不讲，只讲第 1 章至第 5 章的内容即可 (当然要除去这几章中标记星号的内容); 对于想进一步学习偏微分方程知识的学生，例如今后在研究生阶段想主修偏微分方程或对该课程感兴趣的学生，可以在老师的指导下补足这方面的知识; 另外，考虑到一些有关的科研工作者或工程技术人员可能需要查阅这方面的概念或理论，故在修订本书时，我保留了这些内容。

第 3 章的 3.3.2 与 3.3.3 两小节，对学了弱函数及泛函分析的学生，授课老师可以指导他们自学或讨论; 第 4 章 4.3 节的强最大值原理代表了热传导方程的特点，学生要知道它，它的证明很有挑战性，其实只用了数学分析和代数几何的知识，但是证明方法很巧妙，分析过程有吸引力，结论很妙。第 7 章 7.4 节的 Cauchy-Kovalevskaja 定理（即 C-K 定理）是偏微分方程发展史上的一个重要里程碑，要让学生知道它，我建议授课老师能清楚地把 7.4.1 小节介绍给学生就可以了，其他各节是证明的准备工作和具体证明细节，具有级数收敛知识的学生自己就可以看懂，老师可以不讲，只需指导有精力有兴趣的学生自学或互相讨论即可。就像第三版前言所提到的，偏微分方程在理论和应用中都很重要。读者只要用心认真学习，就能学好并可能对数学产生兴趣。

以上只是我对使用本书的一些建议，主动权在主讲老师那里。老师们可以根据学生的具体情况或自身的要求及喜好，按照教学计划对全书的内容进行取舍。

最后，我想对本书修订提供帮助的师生表示感谢，特别是对中国科学技术大学的梁兴教授以及宣本金、宁吴庆两位老师的建议和帮助，对高等教育出版社田玲女士细心的校对表示衷心的感谢。

陈祖墀

2017 年 6 月于合肥

中国科学技术大学东区

第三版前言

本书第二版自 2002 年 8 月问世以来，受到广大读者的欢迎，连续三次印刷。这次再版对第二版做了文字上和部分内容的修改和增删。

首先，对热传导方程，如讨论调和方程一样，我们也叙述并证明了强最大值原理，回答了当解在区域内部取到最大值时的状态。这时解的状态与调和函数在区域内部取到最大值时的状态有明显不同，这反映了处于稳态和非稳态时的物理过程的本质的差别，这是添加此内容的原因之一；另外，这个定理的证明是初等的，但技巧性很强，对训练学生的思维很有帮助，这也促使我们添加了这个内容。还有，书中对有些定理的证明重新审视后做了修改或者补充，使其更完善或更标准，在此就不一一列举了。

其次，在一些定理的后面，我们更新或添加了一个或几个附注。这些附注都是从不同的侧面对定理进行分析和再思考，引导学生学会分析问题，讨论问题，进而扩展学生的思考空间。这对培养和提高他们的数学素质是很有帮助的。

为了方便读者的阅读，本版添加了更多的索引，并对书中提及的外国人名在索引中给出了中文译名。这些译名是参照以下两本词典给出的：英俄汉数学词汇，林云寰主编，广州：广东科技出版社出版，1991 年；新英汉数学词汇，科学出版社名词室编，北京：科学出版社出版，2002 年。

本课程授课 80 学时（包括习题课）。授课内容可以根据具体要求进行删减，没有必要全讲。编者的本意是供各个层次的读者使用，各个大专院校使用。所以，需要授课老师具体掌握，但是第 1 章、第 3 章、第 4 章和第 5 章的第 1 至第 4 节是基本内容，应该讲授。如果对学生有更高要求，可以选讲第 5 章的第 5 节和第 6 章至第 8 章的内容。

这次再版得到中国科学技术大学、高等教育出版社和国家基金委自然科学基金 (No. 10371116) 的资助，并且又一次集中了中国科学技术大学数学系非线性方程讨论班全体同仁和研究生以及数学系和少年班本科生的集体智慧，在此一并致谢。

陈祖墀　谨识

2007 年 10 月于合肥

中国科学技术大学东苑

第二版前言

　　偏微分方程的兴起已有两百多年的历史了，由起初研究直接来源于物理与几何的问题发展到一个独立的数学分支，它内容庞杂，方法多样。偏微分方程讨论的问题不仅来源于物理、力学、生物、几何和化学等学科的古典问题，而且在解决这些问题时应用了现代数学的许多工具。近几十年来，该领域的研究工作，特别是对非线性方程的理论、应用以及计算方法的研究，十分活跃。

　　基于上述历史和现状，本书作为综合性大学数学系本科生基础课教材，在取材和编写上具有以下特点：一是对古典理论进行详细的叙述与严格的论证，并对现代偏微分方程知识中的一些概念、方法和理论作简单的介绍，将这两方面自然地结合起来 (例如，由古典解到弱解或广义解，从基本的数学分析方法到 Hilbert (希尔伯特) 空间方法)；二是考虑到本课程一般放在实变函数和泛函分析两门课程之后开设，从而可以在理论的阐述与论证方面尽量使用学生学过的较高级和简洁的数学工具，避免单一地使用数学分析的方法，在计算和论证方面尽量做到技巧性强，简洁清楚；最后，为了配合正文的理论，编排了较多的例题，并做了详细的剖析，这些例题大多是方程历史上的名题或历届研究生考题，每章最后都配有习题。这些例题和习题有些是正文的补充和发展，有些则是用来介绍解题方法和技巧的。另外，考虑到本课程在三年级下学期或四年级上学期开设，学生们已熟悉用常义函数处理和理解问题，所以在介绍方程的理论时，我们都使用常义函数；当学生们熟知了方程的理论之后，在最后一章介绍广义函数，此时，学生们只需在函数理论方面升华即可。

　　本书第一版由中国科学技术大学出版社于 1993 年 9 月出版。该书第一版及其预印本在中国科学技术大学数学系十余届本科生和部分少年班大学生中使用，效果甚佳。上述几个特点是在十余年的教学实践中不断修改和发展的过程中由师生共同总结出来的。在本次成书过程中，参考了近期美国一流大学的教科书和专著，以及国内同行的新书，结合作者多年的教学实践与科研工作，做了多处修改和补充。主要表现在：

　　(1) 将变分法及其应用单独作为一章论述。鉴于 Laplace 算子的特征值问题在理论上的重要性和应用上的普遍性，作为变分法的应用，本次成书增添了这部分内容，对其作了较细致的讨论。

　　(2) 关于各类方程的导出，学生们已在普通物理学和理论力学课程中演习过，故不在本教材中详细推导，仅作简单说明，重点放在方程的理论和数学方法上，故删除了第一版中有关这部分的内容并做了其他必要的删减。

(3) 在对波动方程、热传导方程和调和方程的论述上，添加了近几年来国外著名大学新教材中的新的内容和方法，以扩大学生们的知识面，并加强他们的分析能力。

(4) 鉴于整体解、局部解、多个解、间断解及解的爆破等概念的重要性，我们在讨论较简单易懂的一阶拟线性方程时，通过分析具体的例题引入这些概念，而不仅仅局限于考虑解的存在性与唯一性。

(5) 较之第一版，本版引入更多的例题和习题。这些例题有些是方程历史上的名题，如 J. Hadamard, A. N. Tychonov 和 E. Rothe 等人的著名例题；有些例题就是现代研究领域中的原始模型与基本方程，如反应扩散方程、能量守恒律与 KdV 方程等。对一些较难的习题做了提示。

本书主要包括以下的内容：一阶拟线性方程的理论与解法；二阶半线性方程的分类与标准型；三个典型方程的理论与它们的定解问题的解法，其中，对调和函数的诸多性质及其特征值问题做了详尽的讨论，并自然过渡到弱可微函数空间，即 Sobolev 空间 $H^1(\Omega)$ 和 $H_0^1(\Omega)$, Hilbert 空间方法和算子方程理论，方程与方程组的特征理论及 Cauchy-Kovalevskaja 定理，广义函数与基本解。

本书基本上是按照一学期 72 个学时安排编写的，使用者可根据学生的实际情况和教学的要求进行删减。前五章是基本的内容，特别是第 3 章、第 4 章和第 5 章，是本教材的核心内容，应该要求学生熟悉并掌握。若能掌握全书的内容，则可较轻松地完成研究生初始阶段方程课的学习。

本书的编写得到国家自然科学基金 (No. 10071080) 和中国科学技术大学教材出版基金的资助。在编写过程中，中国科学技术大学数学系和少年 (数学) 班的师生，特别是非线性方程讨论班的诸位同仁和研究生，都曾提出过宝贵的意见，我的研究生们为书稿的电脑录入及校对做了不少工作，恕不一一列举，在此一并致谢。由于作者学识所限而导致的错误和不足在所难免，还望读者批评指正。

陈祖墀　谨识

2002 年元旦于合肥

目　　录

第 1 章 绪 论

1.1 基 本 概 念

1.1.1 定义与例子

关于未知函数 $u(x_1, x_2, \cdots, x_n)$ 的偏微分方程是一个含有 u 的偏微商的恒等式, 其中最高阶偏微商的阶数叫做该偏微分方程的阶. 例如, 二阶偏微分方程的一般形式是

$$F(x, u, \mathrm{D}u, u_{x_1 x_1}, u_{x_1 x_2}, \cdots, u_{x_n x_n}) = 0, \tag{1.1.1}$$

其中, $x = (x_1, x_2, \cdots, x_n)$, $\mathrm{D}u = (u_{x_1}, u_{x_2}, \cdots, u_{x_n})$, F 是关于自变量 x 和未知函数 u 及 u 的有限多个偏微商的已知函数. F 可以不显含未知函数 u 及其自变量 x, 但必须含有未知函数的偏微商. 后文未知函数的自变量中有时出现一维变量 t, 则可以在上述偏微分方程的一般定义中把它视为 x 的第 $n+1$ 个分量. 涉及几个未知函数及其偏微商的有限多个偏微分方程构成一个偏微分方程组, 方程组的阶就是出现在方程组中最高阶微商的阶. 除非另有说明, 我们限制自变量 $x = (x_1, x_2, \cdots, x_n)$ 取实数值, 并设函数 u 及其出现在方程中的各阶偏微商连续.

如果有一个函数 (在方程组的情形是一组函数) 在其自变量 $x = (x_1, x_2, \cdots, x_n)$ 的某变化范围内连续, 并且具有方程 (方程组) 中出现的一切连续偏微商, 将它代入方程 (方程组) 后使其成为恒等式, 则称该函数 (该组函数) 是方程 (方程组) 的解或古典解.

偏微分方程或方程组称为线性的, 如果它关于未知函数及其所有偏微商是线性的. 否则, 称为非线性的. 在非线性方程 (组) 中, 如果它关于未知函数的最高阶偏微商, 例如 m 阶偏微商, 是线性的, 并且其系数依赖于未知函数的低于 m 阶的偏微商, 则称它是 m 阶拟线性方程 (组), 若 m 阶偏微商的系数仅是自变量的函数, 则称这种拟线性方程 (组) 是 m 阶半线性方程 (组). 不是拟线性方程 (组) 的非线性方程 (组) 叫做全非线性方程 (组). 在线性方程 (组) 中, 像常微分方程中一样, 又分为常系数、变系数、齐次和非齐次方程 (组) 等. 下面给出一些例子.

以下如无特别说明, 自变量 t 表示时间, $(x_1, x_2, \cdots, x_n)$ 表示 n 维空间自变

量. 称微分算子

$$\Delta = \frac{\partial^2}{\partial x_1^2} + \cdots + \frac{\partial^2}{\partial x_n^2}$$

为 Laplace (拉普拉斯) 算子, 也称调和算子. 可以说, 它是偏微分方程中最重要的算子, 这个算子在刚性运动下保持不变, 即在坐标的平移和旋转变换下不变.

例 1.1.1 关于函数 $u = u(x_1, x_2, \cdots, x_n, t)$ 的 n 维波动方程是

$$u_{tt} = a^2 \Delta u, \tag{1.1.2}$$

其中, $a > 0$ 是常数.

它是一个二阶常系数线性方程. 当 $n = 1$ 时, 它描述弦的振动或声波在管中的传播; 当 $n = 2$ 时, 它描述浅水面上的水波和薄膜的振动; 而当 $n = 3$ 时, 它描述声波或光波.

例 1.1.2 当一个导热体的密度和比热都是常数时, 其温度分布 $u(x, t)$ 满足热传导方程

$$u_t = k \Delta u, \tag{1.1.3}$$

其中, $k > 0$ 是常数.

在研究粒子的扩散过程时, 例如气体的扩散、液体的渗透以及半导体材料中杂质的扩散等, 也会遇到类似的方程.

例 1.1.3 关于函数 $u(x_1, x_2, \cdots, x_n)$ 的 n 维 Laplace 方程, 也称调和方程, 是

$$\Delta u = u_{x_1 x_1} + u_{x_2 x_2} + \cdots + u_{x_n x_n} = 0. \tag{1.1.4}$$

它的解 u 称为调和函数. 这也许是在理论上最重要、在应用中最广泛的方程. 当方程是非齐次时, 叫做 Poisson(泊松) 方程. 它们通称为位势方程. 在研究静电场的电位函数、平稳状态下的波动现象和扩散过程时都会遇到这类方程.

以上方程都是二阶线性常系数方程, 它们是本教材的核心内容. 二阶线性方程的一般形式是

例 1.1.4

$$Lu \equiv \sum_{i,j=1}^{n} a^{ij}(x) u_{x_i x_j} + \sum_{i=1}^{n} b^i(x) u_{x_i} + c(x) u = f(x), \tag{1.1.5}$$

其中, $a^{ij} = a^{ji}$, $i, j = 1, 2, \cdots, n$, 且至少有一个 a^{ij} 不恒为零.

例 1.1.5 我们称通过给定周线而具有最小面积的曲面为极小曲面, 它满足二阶拟线性方程, 即极小曲面方程:

$$(1 + u_y^2) u_{xx} - 2 u_x u_y u_{xy} + (1 + u_x^2) u_{yy} = 0. \tag{1.1.6}$$

例 1.1.6 三阶拟线性 (或称半线性) 方程的一个例子是 Korteweg-de Vries 方程, 简称 KdV 方程:

$$u_t + cuu_x + u_{xxx} = 0, \tag{1.1.7}$$

它是人们在水波的研究中首先遇到的, 其中, $u = u(x,t)$ 是二元光滑函数.

例 1.1.7 一个全非线性一阶方程的例子是关于函数 $u(x,t)$ 的 Hamilton-Jacobi (哈密顿 – 雅可比) 方程

$$u_t + H(\mathrm{D}u, x) = 0, \tag{1.1.8}$$

其中, x 是 n 元空间的自变量, $\mathrm{D}u = (u_{x_1}, u_{x_2}, \cdots, u_{x_n})$, $H(\xi, x)$ 是其自变量的非线性函数.

例 1.1.8 大家知道, 一个复解析函数的实部 $u(x,y)$ 和虚部 $v(x,y)$ 满足 Cauchy-Riemann (柯西 – 黎曼) 一阶线性方程组

$$\begin{cases} u_x = v_y, \\ u_y = -v_x. \end{cases} \tag{1.1.9}$$

我们可以把 $(u(x,y), v(x,y))$ 视为无旋不可压缩流的速度场.

现在, 以向量方程的形式给出非线性方程组的例子.

例 1.1.9 设 u 是自变量 $(t, x_1, x_2, \cdots, x_n)$ 的向量函数:

$$u = (u_1, u_2, \cdots, u_m),$$
$$\Delta u = (\Delta u_1, \Delta u_2, \cdots, \Delta u_m),$$

则有二阶半线性反应扩散方程组

$$u_t - \Delta u = f(u) \tag{1.1.10}$$

和一阶拟线性能量守恒律方程组

$$u_t + \mathrm{div} F(u) = 0, \tag{1.1.11}$$

其中, $f : \mathbb{R}^m \to \mathbb{R}^m$, $F : \mathbb{R}^m \to \mathbb{R}^{mn}$.

1.1.2 叠加原理

在物理学、力学和化学等学科中, 许多现象具有叠加效应, 即几种不同因素同时出现时所产生的效果等于各个因素分别单独出现时所产生的效果的叠加 (即总和), 称这个事实为叠加原理. 满足叠加原理的现象在偏微分方程中的模型就是

线性微分方程. 我们以二阶线性偏微分方程 (1.1.5) 为例来说明叠加原理. (1.1.5) 可表示为

$$Lu = f. \tag{1.1.12}$$

通常把叠加原理叙述为以下两种类型:

(1) 设 u_i 满足 $Lu_i = f_i,\ i = 1, 2, \cdots, m$, 其中 m 为有限数或 $+\infty$, 则它们的线性组合 $u = \sum\limits_{i=1}^{m} c_i u_i$ 必满足方程 $Lu = \sum\limits_{i=1}^{m} c_i f_i$. 当出现无穷求和时, 则要求级数收敛且满足 L 中出现的求偏微商与求和可交换次序的条件.

(2) 设 $u(x; y)$ 满足 $Lu = f(x; y)$, 其中 $x = (x_1, x_2, \cdots, x_n)$ 是自变量, 而 $y = (y_1, y_2, \cdots, y_m)$ 是参数, 又设积分

$$U(x) = \int_{\Omega} u(x; y) \, \mathrm{d}y$$

收敛且满足 L 中出现的求偏微商与求积分可交换次序的条件, 则 $U(x)$ 满足方程

$$LU(x) = \int_{\Omega} f(x; y) \, \mathrm{d}y,$$

其中, $\mathrm{d}y = \mathrm{d}y_1 \, \mathrm{d}y_2 \cdots \mathrm{d}y_m,\ y \in \Omega,\ \Omega \subset \mathbb{R}^m$ 是开集.

后文中将经常用叠加原理把一个复杂问题的求解化为几个较简单问题的求解, 从而使问题得以解决. 我们用下面的例子说明叠加原理的应用.

例 1.1.10　求 Poisson 方程

$$\Delta u = x^2 + 3xy + y^2 \tag{1.1.13}$$

的通解.

解　(1) 先求出方程的一个特解 $u_1(x, y)$, 使满足

$$\Delta u_1 = x^2 + 3xy + y^2.$$

由于方程右端是一个二元二次齐次多项式, 可设 u_1 具有形式

$$u_1 = ax^4 + bx^3 y + cy^4,$$

其中, a, b, c 是待定常数. 把它代入方程, 得

$$\Delta u_1 = 12ax^2 + 6bxy + 12cy^2 = x^2 + 3xy + y^2,$$

比较两边的系数, 得

$$a = \frac{1}{12}, \quad b = \frac{1}{2}, \quad c = \frac{1}{12},$$

于是

$$u_1 = \frac{1}{12}(x^4 + 6x^3y + y^4).$$

(2) 求函数 $v(x, y)$, 使满足 $\Delta v = 0$.

作变换 $\xi = x$, $\eta = \mathrm{i}y (\mathrm{i} = \sqrt{-1})$, 得

$$v_{\xi\xi} - v_{\eta\eta} = 0.$$

再作变换 $s = \xi + \eta$, $t = \xi - \eta$, 方程进而化为

$$v_{st} = 0,$$

解得

$$\begin{aligned}
v &= f(s) + g(t) \\
&= f(\xi + \eta) + g(\xi - \eta) \\
&= f(x + \mathrm{i}y) + g(x - \mathrm{i}y),
\end{aligned}$$

其中, f, g 是任意的二次连续可微函数.

(3) 根据叠加原理, Poisson 方程 (1.1.13) 的通解是

$$\begin{aligned}
u(x, y) &= v + u_1 \\
&= f(x + \mathrm{i}y) + g(x - \mathrm{i}y) + \frac{1}{12}(x^4 + 6x^3y + y^4).
\end{aligned}$$

1.2 定 解 问 题

1.2.1 定解条件与定解问题

由上面的例 1.1.10 可知, 一个偏微分方程通常有无穷多个解. 正如前文所说, 这些方程都有实际的物理等背景, 是从实际问题中抽象出来的. 例如, 当 $n = 2$ 时, 方程 (1.1.2) 可以表示在一平面有界区域上张紧的薄膜的横振动, 而薄膜的边界振动状态是已知的. 也就是说, 按照薄膜具体的物理状态, 位移函数 $u(x, y, t)$ 在边界上的值或法向微商的值或二者的线性组合的值是已知的. 这就要求求出的解满足这个条件. 我们把方程的解必须要满足的事先给定的条件叫做定解条件, 一个方程配备上定解条件就构成一个定解问题. 一般说来, 常见的定解条件有初值条件 (也称 Cauchy 条件) 和边值条件 两大类, 相应的定解问题称为初值问题 (或 Cauchy 问题) 和边值问题. 初值问题或边值问题的解 (或称古典解) 是指这样的函数: 它在区域的内部具有方程中出现的一切连续偏微商, 而本身在区域的闭包上连续 (有时根据具体问题的性质或边值条件的类型, 也要求有关的偏

微商连续到边界), 它满足方程, 并且当时间变量趋于初始时刻或空间变量趋于区域的边界时, 它 (有时及其有关的偏微商) 连续地取到给定的初始值或边界值. 有时, 对方程同时附加上初值条件和边值条件, 就构成一个初边值问题. 下面给出几个例子.

例 1.2.1 考虑在区间 $[0, l]$ 上张紧的均匀弦的微小横振动

$$\begin{cases} u_{tt} - a^2 u_{xx} = 0, \ 0 < x < l, \ t > 0, \\ u(0, t) = 0, \ u(l, t) = 0, \ t \geqslant 0, \\ u(x, 0) = \varphi(x), \ u_t(x, 0) = \psi(x), \ 0 \leqslant x \leqslant l, \end{cases}$$

其中, $u(x, t)$ 表示在时刻 t 质点 x 的在垂直于线段 $\overline{0l}$ (位于 x 轴上) 方向上的位移. 弦的两端固定, 即 $u(0, t) = u(l, t) = 0$, 弦的初始位移为 $\varphi(x)$, 初始速度为 $\psi(x)$, 弦不受外力. 其中, $a > 0$ 是波的传播速度.

在上例中, 如果考虑弦中间一小段的振动状态, 由于该小段的位置相对于弦的边界是如此之远 (或考察的时间是如此之短), 以至于边值条件的影响尚未传到此处考察就结束了. 所以, 边值条件的影响可以不计. 理论上可以把弦看作无限长, 于是就得到下面的初值问题 (或 Cauchy 问题):

例 1.2.2

$$\begin{cases} u_{tt} - a^2 u_{xx}(x, t) = 0, \ -\infty < x < +\infty, \ t > 0, \\ u(x, 0) = \varphi(x), \ u_t(x, 0) = \psi(x). \end{cases}$$

设定义在三维空间某区域 Ω 上的电位函数为 $u(x, y, z)$, 电荷分布密度为 $\rho(x, y, z)$. 由静电学的理论知, $u(x, y, z)$ 满足 Poisson 方程 $\Delta u = -4\pi\rho(x, y, z)$. 若测得在 Ω 的边界上的电位为 $\varphi(x, y, z)$, 则得到 Poisson 方程的边值问题:

例 1.2.3

$$\begin{cases} \Delta u = -4\pi\rho(x, y, z), \ (x, y, z) \in \Omega, \\ u(x, y, z) = \varphi(x, y, z), \ (x, y, z) \in \partial\Omega. \end{cases}$$

在上例中, 若区域内部无电荷分布, 则得 Laplace 方程 (或称调和方程) 的边值问题:

例 1.2.4

$$\begin{cases} \Delta u = 0, \ (x, y, z) \in \Omega, \\ u(x, y, z) = \varphi(x, y, z), \ (x, y, z) \in \partial\Omega. \end{cases}$$

上面的边值问题是第一类边值问题, 也称 Dirichlet (狄利克雷) 问题, 即给出未知函数在边界上的值 (称为第一类边值条件). 另外, 还有第二类边值问题, 也称 Neumann (诺伊曼) 问题, 即给出未知函数在边界上的法向微商的值 (称为第二类边值条件); 还有第三类边值问题, 也称 Robin (罗宾) 问题, 即给出未知函数在

边界上的法向微商和未知函数的线性组合的值 (称为第三类边值条件). 在本书后文中, 读者会多次见到这些边值条件和边值问题.

1.2.2 定解问题的适定性

大家已经见到, 偏微分方程的定解问题来源于实际问题. 所以, 一般说来, 解是存在且唯一的, 并且当初始数据或边界数据有微小变化时, 解的变化也应当微小 (即解的稳定性). 于是, 有下面的适定性概念.

对事先选定的某函数空间, 如果定解问题的解在该函数空间存在、唯一并且稳定, 则称该定解问题是适定的, 否则称不适定的. 有时对解的稳定性的讨论是在一个更大的函数空间中进行的. 对定解问题适定性的讨论是偏微分方程理论研究的主要内容, 也是本教材的主要内容. 它体现在对每个方程或方程组的具体的分析中. 另外, 我们也将讨论解的光滑性、有界性和其他性质.

下面给出定解问题的解的稳定性的数学描述. 设线性赋范空间为 H, 范数用 $\|\cdot\|_H$ 表示. u_1 和 u_2 是分别对应于定解数据为 φ_1 和 φ_2 的同一个定解问题的解. 则解的稳定性可表达为: 任给 $\varepsilon > 0$, 存在 $\delta > 0$, 使得只要 $\|\varphi_1 - \varphi_2\|_H < \delta$, 就有 $\|u_1 - u_2\|_H < \varepsilon$.

如果对定解问题的提法不合适, 就可能导致问题的不适定性. J. Hadamard (阿达马) 曾给出一个著名的例子, 说明调和方程的初边值问题是不适定的.

例 1.2.5 J. Hadamard 的例子. 考察问题

$$
\begin{cases}
u_{xx} + u_{yy} = 0, \ 0 < x < \pi, \ y > 0, \\
u(x,0) = 0, \ u_y(x,0) = \dfrac{1}{n^k} \sin nx, \ n是正整数, k > 0, \\
u(0,y) = u(\pi,y) = 0.
\end{cases}
$$

不难验证函数

$$
u_n(x,y) = \frac{1}{n^{k+1}} \sin nx \ \text{sh} \ ny \tag{1.2.1}
$$

是问题的解, 并且是唯一的. 但此解不稳定, 因为若把此解与齐次初边值条件下的解 $u \equiv 0$ 相比较可知, 两者的初边值之差的绝对值可以变得任意小 (当 $n \to \infty$ 时), 但相应的两个解的差的绝对值在任意固定的点 (x,y), 可以变得任意大. 所以解在连续函数空间范数下是不稳定的, 类似可以说明解在 $L^2(\Omega)$ 范数下也是不稳定的, 从而定解问题是不适定的. 所以, 对调和方程不能提初边值问题. 对此例稍做修改, 就可以说明调和方程的初值问题也是不适定的.

随着数学的不断发展, 人们发现对不适定问题的研究也有重要的意义. 例如, 在地质学和探矿学中, 不适定问题得到了重要的应用.

1.3　二阶半线性方程的分类与标准型

不同类型的方程或方程组所表达的物理现象有着本质的不同, 反映到方程中就出现了各类方程或方程组所特有的性质和理论, 以及在研究方法上的不同特点. 所以, 我们先讲方程的分类. 由于拟线性方程的分类依赖于它的具体的解, 所以我们讨论半线性方程的分类.

1.3.1　多个自变量的方程

设 $\Omega \subset \mathbb{R}^n (n \geqslant 2)$ 是开集, 考虑方程

$$\sum_{i,j=1}^{n} a^{ij}(x)u_{x_i x_j} + F(x, u, u_{x_1}, \cdots, u_{x_n}) = 0, \tag{1.3.1}$$

其中, $x = (x_1, x_2, \cdots, x_n),\ a^{ij} = a^{ji}, x \in \Omega$.

方程 (1.3.1) 在点 $x^0 \in \Omega$ 的线性主部是

$$\sum_{i,j=1}^{n} a^{ij}(x^0)u_{x_i x_j}, \tag{1.3.2}$$

它对应的二次型是

$$Q(\xi) = \sum_{i,j=1}^{n} a^{ij}(x^0)\xi_i\xi_j, \tag{1.3.3}$$

其中, $\xi = (\xi_1, \xi_2, \cdots, \xi_n) \in \mathbb{R}^n$.

二次型 (1.3.3) 叫做方程 (1.3.1) 的特征型. 由二次型理论知, 存在一个实满秩线性变换

$$\xi_i = \sum_{k=1}^{n} b^{ik}\lambda_k,\ i = 1, 2, \cdots, n, \tag{1.3.4}$$

把 (1.3.3) 化为标准型

$$Q(\lambda) = \sum_{i=1}^{m} a_*^{ii}(x^0)\lambda_i^2,\ m \leqslant n, \tag{1.3.5}$$

其中, $a_*^{ii}(x^0) = \pm 1$. 大家知道, 把二次型 (1.3.3) 化为标准型的实满秩线性变换不是唯一的. 但是, 在二次型 (1.3.5) 中所含正项的个数与负项的个数是由二次型 (1.3.3) 本身决定的, 与变换 (1.3.4) 的选取无关. 从而, 下面对方程 (1.3.1) 在点 x^0 的分类只取决于方程 (1.3.1) 线性主部的系数.

如果已求出某一线性变换 (1.3.4) 把二次型 (1.3.3) 化为标准型 (1.3.5), 则通过计算可知, 以矩阵 (b^{ik}) 的转置矩阵作的线性变换

$$\xi_k = \sum_{i=1}^{n} b^{ik}x_i,\ k = 1, 2, \cdots, n \tag{1.3.6}$$

就在 x^0 点把方程 (1.3.1) 化为

$$\sum_{i=1}^{m} a_*^{ii}(x^0) u_{\xi_i \xi_i} + F_*(\xi, u, Du) = 0, \ m \leqslant n, \tag{1.3.7}$$

其中 $\xi = (\xi_1, \xi_2, \cdots, \xi_n)$. 形如 (1.3.7) 的方程叫做方程 (1.3.1) 在点 x^0 的标准型. 我们有以下分类:

(1) 若 $m = n$, 且所有 $a_*^{ii}(x^0)(i = 1, 2, \cdots, n)$ 具有相同的符号, 则称方程 (1.3.1) 在点 x^0 是椭圆型的. 例如, n 维 Laplace 方程 (1.1.4) 在 n 维空间的任何点都是椭圆型的.

(2) 若 $m = n$, 且 $a_*^{ii}(x^0)(i = 1, 2, \cdots, n)$ 有 $n-1$ 个同号, 则称方程 (1.3.1) 在点 x^0 是双曲型的; 若 $m = n$, 且取正值和取负值的 $a_*^{ii}(x^0)(i = 1, 2, \cdots, n)$ 的 个数都大于 1, 则称方程 (1.3.1) 在点 x^0 是超双曲型的. 例如, n 维 (空间变量的 维数) 波动方程 (1.1.2) 在任意 $n+1$ 维点 (x, t) 都是双曲型的, 而方程

$$u_{x_1 x_1} + u_{x_2 x_2} - u_{x_3 x_3} - u_{x_4 x_4} = 0$$

在四维空间的任意点都是超双曲型的.

在 $n = 2$ 的情况下, 方程 (1.3.1) 的双曲型的标准型具有形式

$$u_{xx} - u_{yy} + F(x, y, u, u_x, u_y) = 0,$$

称它是双曲型的第一标准型, 它在满秩线性变换

$$\xi = x + y, \quad \eta = x - y$$

之下变为

$$u_{\xi \eta} + F_1(\xi, \eta, u, u_\xi, u_\eta) = 0,$$

称它为双曲型的第二标准型.

(3) 若 $m < n$, 称方程 (1.3.1) 在 x^0 点是广义抛物型或抛物型的. 对线性方程而言, 若有一个 $a_*^{ii}(x^0)(i = 1, 2, \cdots, n)$ 等于零 (设 $a_*^{11}(x^0) = 0$), 而所有其余非零的 $a_*^{ii}(x^0)$ 有相同的符号, 且 u_{ξ_1} 的系数不为零, 则称方程 (1.3.1) 在 x^0 点是狭义抛物型的, 或简称抛物型的. 例如, 热传导方程 (1.1.3) 在任意 $n+1$ 维点 (x, t) 是抛物型的或狭义抛物型的.

也可以由方程 (1.3.1) 的线性主部系数在点 x^0 的矩阵 $A(x^0) = (a^{ij}(x^0))$ 的 特征值的符号对方程 (1.3.1) 进行分类, 与这里的分类是一致的 (见习题 1 的第 3 题).

若方程 (1.3.1) 在 Ω 内每一点都是椭圆的、双曲的或抛物的, 则分别称它在 Ω 内是椭圆的、双曲的或抛物的. 若方程 (1.3.1) 在 Ω 内不同部分上具有不同的类型, 则称它在 Ω 内是混合型的. 例如, Tricomi (特里科米) 方程

$$yu_{xx} + u_{yy} = 0$$

在含有 x 轴上的点的任一区域内是混合型的 (见后文例 1.3.3).

不幸的是, 当自变量的个数多于两个时, 有例子表明不存在自变量的同一个变换把方程 (1.3.1) 在整个区域 Ω 上化为同一类型, 甚至不管 Ω 多么小. 但在两个自变量的情形, 在对方程的系数作了很一般的假设后, 就存在自变量的同一个变换把方程 (1.3.1) 在整个区域 Ω 上 (有时需要 Ω 适当小) 化为同一类型的标准型. 下面就讨论这种情形.

1.3.2 两个自变量的方程

两个自变量 x 和 y 的半线性方程的一般形式是

$$a_{11}u_{xx} + 2a_{12}u_{xy} + a_{22}u_{yy} + F(x, y, u, u_x, u_y) = 0, \tag{1.3.8}$$

其中, 系数 a_{11}, a_{12}, a_{22} 是定义在平面区域 Ω 上的连续函数, 并且 a_{11}, a_{12}, a_{22} 不同时为零.

不失一般性, 设在 Ω 内 $a_{11} > 0$. 于是, (1.3.8) 的特征型为

$$Q(\xi) = a_{11}\xi_1^2 + 2a_{12}\xi_1\xi_2 + a_{22}\xi_2^2$$
$$= a_{11}\left[\left(\xi_1 + \frac{a_{12}}{a_{11}}\xi_2\right)^2 - \frac{d}{a_{11}^2}\xi_2^2\right],$$

其中

$$d = a_{12}^2 - a_{11}a_{22} \tag{1.3.9}$$

叫做方程 (1.3.8) 的判别式. 按 1.3.1 节中的分类原则, 方程 (1.3.8) 在 Ω 的子集 $\Omega' \subseteq \Omega$ 中是椭圆型、双曲型或抛物型的, 分别当 $d < 0$, $d > 0$ 和 $d = 0$ 在 Ω' 上成立. 注意, 使方程 (1.3.8) 为抛物型的点 (x, y) 的集合一般不是区域.

下面, 我们寻求自变量的光滑变换把方程 (1.3.8) 化为标准型. 考虑方程 (1.3.8) 的线性主部

$$L_0 u = a_{11}u_{xx} + 2a_{12}u_{xy} + a_{22}u_{yy}. \tag{1.3.10}$$

设 $(x, y) \in \Omega$, 对任何可逆光滑变换

$$\xi = \xi(x, y), \quad \eta = \eta(x, y), \quad \frac{\partial(\xi, \eta)}{\partial(x, y)} \neq 0. \tag{1.3.11}$$

容易算出变换后的方程的线性主部

$$L_0 u = a_{11}^* u_{\xi\xi} + 2a_{12}^* u_{\xi\eta} + a_{22}^* u_{\eta\eta},$$ (1.3.12)

其中

$$\begin{cases} a_{11}^* = a_{11}\xi_x^2 + 2a_{12}\xi_x\xi_y + a_{22}\xi_y^2, \\ a_{12}^* = a_{11}\xi_x\eta_x + a_{12}(\xi_x\eta_y + \xi_y\eta_x) + a_{22}\xi_y\eta_y, \\ a_{22}^* = a_{11}\eta_x^2 + 2a_{12}\eta_x\eta_y + a_{22}\eta_y^2. \end{cases}$$ (1.3.13)

显然, 应要求 ξ, η 二阶连续可微. 由 (1.3.13) 式可知, 若 $a_{11}^* = a_{22}^* = 0$, $a_{12}^* \neq 0$, 则方程 (1.3.8) 通过变换 (1.3.11) 便化为双曲型的第二标准型, 这时 ξ 和 η 应是方程

$$a_{11}\varphi_x^2 + 2a_{12}\varphi_x\varphi_y + a_{22}\varphi_y^2 = 0$$ (1.3.14)

的解. 下面给出几个概念, 它们在方程的标准化以及理论研究中都是重要的.

称方程 (1.3.14) 是方程 (1.3.8) 或算子 L_0 的特征方程, 而称相应的常微分方程

$$a_{11}dy^2 - 2a_{12}dxdy + a_{22}dx^2 = 0$$ (1.3.15)

是方程 (1.3.8) 或算子 L_0 的特征线方程, 它所确定的方向 $\dfrac{dy}{dx}$ 称为特征方向. 由 (1.3.15) 立刻得到特征方向满足的方程

$$a_{11}\left(\frac{dy}{dx}\right)^2 - 2a_{12}\frac{dy}{dx} + a_{22} = 0.$$ (1.3.16)

这个方程也时常被称为特征方程. (1.3.15) 的积分曲线叫做方程 (1.3.8) 或算子 L_0 的特征线. 基于下面的定理, 人们有时对方程 (1.3.14) 与 (1.3.15) 不加区分, 都叫做特征方程.

注意到方程 (1.3.14) 是一个一阶全非线性方程, 为求解它, 我们给出下述定理:

定理 1.3.1 设 $\varphi_x^2 + \varphi_y^2 \neq 0$, 则函数 $z = \varphi(x, y)$ 是方程 (1.3.14) 的解的充分必要条件是函数 $\varphi(x, y) = c$ 为方程 (1.3.15) 的通积分, 其中, c 是任意常数.

证明 设 $\varphi(x, y(x)) = c$ 是方程 (1.3.15) 的通积分, 两边对 x 求全微商, 并设 $\varphi_y \neq 0$, 得

$$\varphi_x + \varphi_y\frac{dy}{dx} = 0,$$

解出

$$\frac{dy}{dx} = -\frac{\varphi_x}{\varphi_y}.$$ (1.3.17)

把此式代入 (1.3.16), 便得方程 (1.3.14).

若 $z = \varphi(x, y)$ 是方程 (1.3.14) 的解, 则在 $\varphi(x, y(x)) = c$ 两边求全微商, 得到上面的等式 (1.3.17), 把它代入方程 (1.3.14) 便得方程 (1.3.15). □

由该定理知, 欲求方程 (1.3.14) 的解, 只需求 (1.3.15) 的通积分, 而后者易求, 可以等价地解 (1.3.16) 即可. 因 (1.3.16) 可视为特征方向 $\dfrac{\mathrm{d}y}{\mathrm{d}x}$ 的一元二次方程, 由求根公式结合 (1.3.9) 式可知, 在方程 (1.3.8) 的椭圆型区域内不存在实的特征方向; 在双曲型区域内每点存在两个不同的实特征方向; 而在抛物型的点上仅有一个实的特征方向. 因此, 方程的双曲型区域被两族特征线网覆盖, 而抛物型的点集被一族特征线网覆盖 (见图 1.1— 图 1.3).

例 1.3.1 考察方程

$$(1 - x^2)u_{xx} - 2xyu_{xy} + (1 - y^2)u_{yy} - u_x + u^3 = 0.$$

由该方程的判别式 $d = (-xy)^2 - (1 - x^2)(1 - y^2) = (x^2 + y^2) - 1$ 知, 在区域 $x^2 + y^2 > 1$ 中方程是双曲型的, 在圆周 $x^2 + y^2 = 1$ 上是抛物型的, 在区域 $x^2 + y^2 < 1$ 内是椭圆型的. 特征方程是

$$(1 - x^2)\mathrm{d}y^2 + 2xy\mathrm{d}x\mathrm{d}y + (1 - y^2)\mathrm{d}x^2 = 0,$$

它的通积分 (当 $x^2 + y^2 \geqslant 1$ 时) 就是原方程的特征线. 单位圆外的区域被两族特征线族所覆盖.

例 1.3.2 考察方程

$$y^m u_{xx} + u_{yy} = 0,$$

其中, m 是奇数.

其特征线方程为

$$y^m \mathrm{d}y^2 + \mathrm{d}x^2 = 0,$$

即

$$\left(\frac{\mathrm{d}y}{\mathrm{d}x}\right)^2 = -y^{-m}.$$

因此, 在上半平面 $y > 0$ 中没有实特征方向, 从而没有实特征线; 在下半平面 $y < 0$ 中每点有两条不同的实特征线. 利用上式求得下半平面上的两族特征线是

$$x - \frac{2}{m + 2}(-y)^{\frac{m+2}{2}} = c_1,$$
$$x + \frac{2}{m + 2}(-y)^{\frac{m+2}{2}} = c_2,$$

其中, c_1, c_2 是任意常数. 这两族特征线覆盖了下半平面 (图 1.1).

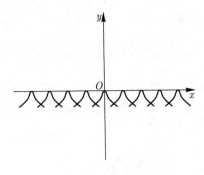

图 1.1　特征线

1.3.3　方程化为标准型

由以上讨论知道, 只要把自变量的变换 (1.3.11) 取为方程 (1.3.8) 的特征线, 就可以把该方程化为标准型. 以下分三种类型详细说明.

(1) 在 Ω 内, 判别式 (1.3.9) 中的 $d > 0$. 此时方程 (1.3.8) 是双曲型的. 由方程 (1.3.16) 解得相异二特征方向

$$\frac{\mathrm{d}y}{\mathrm{d}x} = \frac{a_{12} + \sqrt{a_{12}^2 - a_{11}a_{22}}}{a_{11}}, \tag{1.3.18}$$

$$\frac{\mathrm{d}y}{\mathrm{d}x} = \frac{a_{12} - \sqrt{a_{12}^2 - a_{11}a_{22}}}{a_{11}}. \tag{1.3.19}$$

积分以上二式, 得两族不同的特征线

$$\varphi_1(x,y) = c_1, \quad \varphi_2(x,y) = c_2.$$

当 $\varphi_{1,x}^2 + \varphi_{1,y}^2 \neq 0$ 和 $\varphi_{2,x}^2 + \varphi_{2,y}^2 \neq 0$ 时, 利用 (1.3.18) 和 (1.3.19) 易知

$$\frac{\partial(\varphi_1, \varphi_2)}{\partial(x,y)} \neq 0.$$

于是, 作变换

$$\xi = \varphi_1(x,y), \quad \eta = \varphi_2(x,y)$$

后, (1.3.13) 中的 a_{11}^* 和 a_{22}^* 都变为零, 因可逆光滑变换不可能把二阶方程变为一阶方程, 所以 $a_{12}^* \neq 0$. 于是, 方程 (1.3.8) 化为双曲型的第二标准型

$$u_{\xi\eta} + F(\xi, \eta, u, u_\xi, u_\eta) = 0.$$

再令

$$s = \xi + \eta, \quad t = \xi - \eta,$$

则上述方程就化为第一标准型

$$u_{ss} - u_{tt} + F_1(s, t, u, u_s, u_t) = 0.$$

(2) 在 Ω 内, 判别式 (1.3.9) 中的 $d < 0$. 此时方程 (1.3.8) 是椭圆型的. 由方程 (1.3.16) 知方程 (1.3.8) 不存在实的特征方向, 从而不存在实的特征线. 方程 (1.3.15) 的通积分是复函数

$$\varphi(x, y) = \varphi_1(x, y) + \mathrm{i}\varphi_2(x, y) = c,$$

其中, φ_1 和 φ_2 是实函数, 并设 φ_x, φ_y 不同时为零. 由定理 1.3.1, $z = \varphi(x, y)$ 满足方程 (1.3.14). 作变换

$$\xi = \varphi_1(x, y), \quad \eta = \varphi_2(x, y),$$

可以证明

$$\frac{\partial(\varphi_1, \varphi_2)}{\partial(x, y)} \neq 0.$$

事实上, 由方程 (1.3.14) 得

$$a_{11}\varphi_x = -\left(a_{12} + \mathrm{i}\sqrt{a_{11}a_{22} - a_{12}^2}\right)\varphi_y,$$

分开实部与虚部

$$a_{11}\xi_x = -a_{12}\xi_y + \sqrt{a_{11}a_{22} - a_{12}^2}\,\eta_y, \tag{1.3.20}$$

$$a_{11}\eta_x = -a_{12}\eta_y - \sqrt{a_{11}a_{22} - a_{12}^2}\,\xi_y. \tag{1.3.21}$$

由于 $a_{11} \neq 0$(因 $d < 0$), 由上面二式得

$$\xi_x\eta_y - \xi_y\eta_x = \frac{\sqrt{a_{11}a_{22} - a_{12}^2}}{a_{11}}(\xi_y^2 + \eta_y^2).$$

上式不等于零, 否则便有 $\xi_y = \eta_y = 0$, 再由 (1.3.20) 和 (1.3.21) 式, 可得 $\xi_x = \eta_x = 0$, 从而 $\varphi_x = \varphi_y = 0$, 与所设矛盾.

由于 $\xi + \mathrm{i}\eta$ 满足方程 (1.3.14), 代入后分开实部与虚部, 得

$$a_{11}\xi_x^2 + 2a_{12}\xi_x\xi_y + a_{22}\xi_y^2 = a_{11}\eta_x^2 + 2a_{12}\eta_x\eta_y + a_{22}\eta_y^2,$$

$$a_{11}\xi_x\eta_x + a_{12}(\xi_x\eta_y + \xi_y\eta_x) + a_{22}\xi_y\eta_y = 0,$$

即在 (1.3.13) 中有 $a_{11}^* = a_{22}^*$, $a_{12}^* = 0$. 于是, 得到方程 (1.3.8) 的椭圆型的标准型

$$u_{\xi\xi} + u_{\eta\eta} + G(\xi, \eta, u, u_\xi, u_\eta) = 0.$$

(3) 在 Ω 内, 判别式 (1.3.9) 中的 $d = 0$. 此时方程 (1.3.8) 是抛物型的. 由 $d = 0$ 知 $a_{11}a_{22} = a_{12}^2 \geqslant 0$, 不妨设 a_{11}, a_{22} 不同时为零 (否则, (1.3.8) 不是二阶方程), 且是正函数, 由特征线方程 (1.3.16) 可得

$$\frac{\mathrm{d}y}{\mathrm{d}x} = \frac{a_{12}}{a_{11}}, \ a_{11} \neq 0.$$

故特征线只有一族, 解得 $\varphi(x, y) = c$. 于是, 令 $\xi = \varphi(x, y)$, 则 $\xi \neq$ 常数, 再适当取 $\eta = \eta(x, y)$, 使 $\frac{\partial(\xi, \eta)}{\partial(x, y)} \neq 0$, 例如可取 $\eta = x$, 这时

$$\frac{\partial(\xi, \eta)}{\partial(x, y)} = -\xi_y \neq 0.$$

事实上, 若 $\xi_y = 0$, 则因 $a_{11} \neq 0$, 由 (1.3.14), $0 = \sqrt{a_{11}}\xi_x + \sqrt{a_{22}}\xi_y = \sqrt{a_{11}}\xi_x$ 得 $\xi_x = 0$, 于是 $\xi =$ 常数, 矛盾. 对使 $\xi_y = 0$ 的个别点, 可取 Ω 的子域使其不含这些点. 于是, 在这个变换之下, 方程 (1.3.8) 化为标准型

$$a_{22}^* u_{\eta\eta} + G(\xi, \eta, u, u_\xi, u_\eta) = 0,$$

其中, $a_{22}^* \neq 0$, 用它除方程两端, 即得方程 (1.3.8) 的抛物型的标准型

$$u_{\eta\eta} + G_1(\xi, \eta, u, u_\xi, u_\eta) = 0.$$

若上式是线性的, 即

$$u_{\eta\eta} = a_1^* u_\xi + b_1^* u_\eta + c_1^* u + d_1^*,$$

则可作未知函数的变换

$$u = v \exp\left(\frac{1}{2}\int_{\eta_0}^\eta b_1^*(\xi, \tau)\mathrm{d}\tau\right), \tag{1.3.22}$$

便得到关于 v 的方程

$$v_{\eta\eta} = a_2^* v_\xi + c_2^* v + d_2^*.$$

其中, 不再出现关于 η 的一阶偏微商项.

例 1.3.3 讨论方程

$$u_{xx} + y u_{yy} = 0 \tag{1.3.23}$$

的类型, 并把它化为标准型.

因判别式 $d = -y$, 故方程 (1.3.23) 在上半平面 $y > 0$ 中是椭圆型的, 在下半平面 $y < 0$ 中是双曲型的, 在 x 轴 $y = 0$ 上是抛物型的, 而在包含 x 轴上的点的任一区域内是混合型的. 现在, 将方程 (1.3.23) 化为标准型. 方程 (1.3.23) 的特征方程是

$$\mathrm{d}y^2 + y\mathrm{d}x^2 = 0. \tag{1.3.24}$$

(a) 当 $y = 0$ 时, 方程 (1.3.23) 在 x 轴上的抛物型的标准型可在方程中令 $y = 0$ 直接得到, 即 $u_{xx} = 0$. 此时, 特征方程为 $\mathrm{d}y = 0$. 由此知 x 轴是唯一的一条特征线, 由下往上跨越此线, 方程 (1.3.23) 从双曲型变为椭圆型. 由于这个原因, 在包含 x 轴的一个区域内求解初值问题或边值问题时就比较困难, 因为在此区域内将面对同一个方程 (1.3.23) 的三种类型.

(b) 在双曲型区域 $y < 0$ 中, 由特征方程 (1.3.24) 求得方程 (1.3.23) 的两族特征线

$$x + 2\sqrt{-y} = c_1,$$
$$x - 2\sqrt{-y} = c_2.$$

其中, c_1, c_2 是任意常数. 于是, 作变换

$$\begin{cases} \xi = x + 2\sqrt{-y}, \\ \eta = x - 2\sqrt{-y}. \end{cases}$$

经过计算, 得到方程 (1.3.23) 在下半平面的标准型

$$u_{\xi\eta} + \frac{1}{2(\xi - \eta)}(u_\xi - u_\eta) = 0, \ y < 0.$$

特征线是抛物线 $y = -\frac{1}{4}(x - c)^2$ 的两个分支, 这里, c 是任意常数. 斜率为正的分支给出曲线 $\xi =$ 常数, 而斜率为负的分支给出曲线 $\eta =$ 常数. 两个分支都与 x 轴 (抛物型区域上的唯一一条特征线) 相切. 在双曲型区域 $y < 0$ 内布满了抛物线族 $y = -\frac{1}{4}(x - c)^2$, 其包络就是 x 轴 (图1.2).

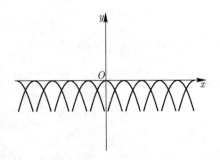

图 1.2 特征线

(c) 在椭圆型区域 $y > 0$ 中, 特征方程 (1.3.24) 分解为两个复方程

$$\mathrm{d}y + \mathrm{i}\sqrt{y}\,\mathrm{d}x = 0$$

和

$$dy - i\sqrt{y}dx = 0.$$

取 $dy - i\sqrt{y}dx = 0$ 的复通积分

$$x + 2i\sqrt{y} = c,$$

其中, c 是任意复常数. 取其实部和虚部, 作变换

$$\xi = x, \quad \eta = 2\sqrt{y},$$

通过计算便得到方程 (1.3.23) 在上半平面的标准型

$$u_{\xi\xi} + u_{\eta\eta} - \frac{1}{\eta}u_{\eta} = 0, \ y > 0.$$

例 1.3.4 讨论方程

$$yu_{xx} + (x+y)u_{xy} + xu_{yy} = 0 \tag{1.3.25}$$

的类型, 并求当 $x \neq y$ 时的通解.

解 因为判别式

$$d = \frac{(x+y)^2}{4} - xy = \frac{(x-y)^2}{4} \geqslant 0,$$

所以当 $x = y$ 时, 方程是抛物型的; 当 $x \neq y$ 时, 方程是双曲型的, 此时, 由 (1.3.18) 和 (1.3.19) 解得

$$\frac{dy}{dx} = 1$$

和

$$\frac{dy}{dx} = \frac{x}{y}.$$

由此解得两族特征线

$$\varphi_1(x,y) = y - x = c_1$$

和

$$\varphi_2(x,y) = y^2 - x^2 = c_2,$$

其中, c_1, c_2 是任意常数, 它们分别是直线族和等轴双曲线族 (图 1.3).

由于在双曲型区域 $x \neq y$ 中

$$\frac{\partial(\varphi_1, \varphi_2)}{\partial(x, y)} = 2(x - y) \neq 0,$$

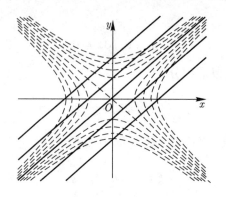

图 1.3　特征线

故有可逆光滑变换 $\xi = y - x$, $\eta = y^2 - x^2$. 在此变换下, 通过计算得到方程 (1.3.25) 的双曲型的标准型

$$u_{\xi\eta} + \frac{1}{\xi}u_\eta = 0.$$

为了求方程的通解, 改写上式为

$$(\xi u_\eta)_\xi = 0,$$

积分得

$$\xi u_\eta = f(\eta),$$

其中, f 是任意可微函数. 因此

$$u = \frac{1}{\xi} \int f(\eta)\mathrm{d}\eta + g(\xi)$$
$$= g(y - x) + \frac{1}{y - x}h(y^2 - x^2),$$

其中, g 和 h 是任意二次连续可微函数. 这就是当 $x \neq y$ 时方程 (1.3.25) 的通解.

习　题　1

1. 在下列方程或方程组中, 指明哪些是线性的、半线性的、拟线性的及全非线性的, 并说明它们的阶:

(a) $u_{tt} - \Delta u = 0$;

(b) $u_t + u_{xxxx} = 0$;

(c) $\mathrm{div}(|\mathrm{D}u|^{p-2}\mathrm{D}u) = 0$;

(d) $\mathrm{div}\left(\dfrac{\mathrm{D}u}{(1 + |\mathrm{D}u|^2)^{\frac{1}{2}}}\right) = 0$;

(e) $u_t + \mathrm{div}\, F(u) = 0$, $F: \mathbb{R} \to \mathbb{R}^n$;

(f) $u_t - \Delta(u^\gamma) = 0$;

(g) $u_t - \Delta u = f(u)$;

(h) $\begin{cases} u_t + u \cdot Du - \Delta u = -Dp, \\ \mathrm{div}\, u = 0, \ x \in \mathbb{R}^n, \ u \in \mathbb{R}^n, \ Du \in \mathbb{R}^{nn}; \end{cases}$

(i) $u_t + \mathrm{div}\, F(u) = 0$, $F: \mathbb{R}^m \to \mathbb{R}^{mn}$, $x \in \mathbb{R}^n$, $u \in \mathbb{R}^m$.

2. 考虑在正方形区域 $\Omega = \{(x,y) \mid 0 < x < 1, 0 < y < 1\}$ 上的波动方程的边值问题

$$\begin{cases} u_{xy} = 0, \ (x,y) \in \Omega, \\ u(x,0) = f_1(x), \ u(x,1) = f_2(x), \\ u(0,y) = g_1(y), \ u(1,y) = g_2(y), \end{cases}$$

其中, f_1, f_2, g_1, g_2 都是已知连续函数. 试问: 此问题是否是适定的?

3. 设方程 (1.3.1) 的线性主部系数在点 x^0 的矩阵 $A(x^0) = (a^{ij}(x^0))$, 其特征值是 $\lambda_1, \lambda_2, \cdots, \lambda_n$. 对方程 (1.3.1) 在点 x^0 按下述标准分类: 若所有特征值非零且同号, 则称它是椭圆型的; 若所有特征值非零且有 $n-1$ 个同号, 则称它是双曲型的, 若正特征值和负特征值的个数都大于 1, 称它是超双曲型的; 若至少有一个特征值是零, 则称它是抛物型的. 试证明: 此分类法与 1.3.1 节中的分类法是一致的.

4. 通过求方程

$$3u_{xx} - 2u_{xy} + 2u_{yy} - 2u_{yz} + 3u_{zz} + 5u_y - u_z + 10u = 0$$

的线性主部系数矩阵的特征值, 证明方程是椭圆型的, 并把它化为标准型.

5. 验证线性变换 (1.3.6) 把方程 (1.3.1) 化为标准型 (1.3.7).

6. 判断下列方程的类型:

(a) $xu_{xx} + 2yu_{xy} + yu_{yy} = 0$;

(b) $u_{xx} + (x-y)^3 u_{yy} = 0$;

(c) $u_{xx} + xu_{yy} = 0$;

(d) $yu_{xx} + (x+y)u_{xy} + xu_{yy} = 0$;

(e) $\sin x\, u_{xx} - 2\cos x\, u_{xy} - (1 + \sin x)u_{yy} = 0$;

(f) $u_{xx} + 2u_{yy} + 3u_{zz} + u_{xy} + u_{yz} + u_{zx} - u_x = 0$;

(g) $7u_{xx} - 10u_{xy} - 22u_{yz} + 7u_{yy} - 16u_{xz} - 5u_{zz} = 0$;

(h) $\mathrm{e}^z u_{xy} - u_{xx} = \log(x^2 + y^2 + z^2 + 1)$.

7. 化下列方程为标准型:

(a) $x^2 u_{xx} + 2xy u_{xy} + y^2 u_{yy} = 0$;

(b) $u_{xx} + xy u_{yy} = 0$;

(c) $u_{xx} - 2\cos x u_{xy} - (3 + \sin^2 x)u_{yy} - yu_y = 0$;

(d) $y^2 u_{xx} - \mathrm{e}^{\sqrt{2x}} x u_{yy} + u_x = 0$, $x > 0$.

8. 确定 Tricomi 方程

$$u_{xx} + x u_{yy} = 0$$

的类型, 将它在椭圆型和双曲型区域内化为标准型.

[提示: 仿照例 1.3.3.]

9. 化下列方程为标准型:

(a) $\displaystyle\sum_{i=1}^{n} \frac{\partial^2 u}{\partial x_i^2} + \sum_{i<k} \frac{\partial^2 u}{\partial x_i \partial x_k} = 0$;

(b) $\displaystyle\sum_{k \geqslant i}^{n} \frac{\partial^2 u}{\partial x_i \partial x_k} = 0$.

10. 设 λ 是参数, 试求出方程

$$(\lambda + x)u_{xx} + 2xy u_{xy} - y^2 u_{yy} = 0$$

的双曲型、抛物型与椭圆型的范围, 并且研究它们对 λ 的依赖性.

11. 将方程

$$u_{xx} + y u_{yy} + \frac{1}{2} u_y = 0, \, y < 0$$

化为标准型 $u_{\xi\eta} = 0$. 由此证明方程的通解具有形式

$$u = f(x + 2\sqrt{-y}) + g(x - 2\sqrt{-y}),$$

其中, f 和 g 是定义在双曲型区域上的任意二次连续可微的函数.

[提示: 参考例 1.3.4.]

12. 证明两个自变量的二阶线性方程经过可逆变换后它的类型不会改变, 即判别式 $d = a_{12}^2 - a_{11}a_{22}$ 的符号不变.

13. 证明两个自变量的二阶常系数双曲型方程或椭圆型方程一定可以经过自变量的变换 (1.3.11) 和未知函数的变换

$$u = v \exp(\lambda\xi + \mu\eta)$$

化为

$$v_{\xi\xi} \pm v_{\eta\eta} + cv = f$$

的形式.

14. 作未知函数的线性变换, 把常系数方程

$$\Delta u + au_x + bu_y + cu_z + du = f$$

中所有一阶偏微商项消去.

[提示: 观察 (1.3.22) 式和上题.]

15. 将下列各方程分类, 并化为不含一阶偏微商项的标准形式:

(a) $u_{xx} + 4u_{xy} + 3u_{yy} + 3u_x - u_y + 2u = 0$;

(b) $u_{xx} + 2u_{xy} + u_{yy} + 5u_x + 3u_y + u = 0$;

(c) $u_{xx} - 6u_{xy} + 12u_{yy} + 4u_x - u = \sin(xy)$.

16. 在下列方程中作函数代换 $u = v + w$, 其中, v 是新未知函数, 把边值条件化为齐次的:

(a) $\begin{cases} u_{tt} - a^2 u_{xx} = 0, \ 0 < x < +\infty, \ t > 0, \\ u_x(0,t) = g(t), \ t \geqslant 0, \\ u(x,0) = \varphi(x), \ u_t(x,0) = \psi(x), \ 0 \leqslant x < +\infty; \end{cases}$

(b) $\begin{cases} u_{tt} - a^2 u_{xx} = 0, \ 0 < x < l, \ t > 0, \\ u(0,t) = \mu(t), \ u(l,t) = \nu(t), \ t \geqslant 0, \\ u(x,0) = \varphi(x), \ u_t(x,0) = \psi(x), \ 0 \leqslant x \leqslant l; \end{cases}$

(c) $\begin{cases} u_{tt} - a^2 u_{xx} = 0, \ 0 < x < l, \ t > 0, \\ -u_x(0,t) = \mu(t), \ u_x(l,t) + u(l,t) = \nu(t), \ t \geqslant 0, \\ u(x,0) = \varphi(x), \ u_t(x,0) = \psi(x), \ 0 \leqslant x \leqslant l. \end{cases}$

17. 作未知函数的变换 $u = v + w$, 其中, v 是新未知函数. 试确定 w, 把热传导方程的初边值问题

$$\begin{cases} u_t = u_{xx} + f(x), \ 0 < x < l, \ t > 0, \\ u(0,t) = 0, \ u(l,t) = 0, \ t \geqslant 0, \\ u(x,0) = \varphi(x), \ 0 \leqslant x \leqslant l \end{cases}$$

中的方程化为齐次的, 且保持齐次边值条件.

18. 作未知函数的变换 $u = vw$, 其中 v 是新未知函数. 试确定 w, 把方程

$$u_t - u_{xx} + au_x + bu = f(x,t)$$

化为

$$v_t - v_{xx} = \tilde{f}(x,t)$$

的形式.

19. 作自变量的代换 $\xi = x - at$, $\eta = t$, 把方程

$$u_t + au_x = a^2 u_{xx}$$

化为

$$u_\eta = a^2 u_{\xi\xi}.$$

20. 设 $u(x)$ 是 Laplace 方程 $\Delta u = 0$ 的解, 如果 u 只是向径 $r = |x|$ 的函数, 即 $u(x) = \tilde{u}(r)$, 试导出 $\tilde{u}(r)$ 满足的常微分方程.

21. 设 u 是热传导方程 $u_t - a^2 u_{xx} = 0$ 的解, 如果 u 只是复合变量 $\xi = x/\sqrt{t}$ 的函数, 即 $u(x,t) = \tilde{u}(\xi)$, 试写出 $\tilde{u}(\xi)$ 满足的常微分方程. 由此解半有界杆的热传导问题

$$\begin{cases} u_t - a^2 u_{xx} = 0, \ 0 < x < +\infty, \ t > 0, \\ u(0,t) = 0, \ t \geqslant 0, \\ u(x,0) = u_0, \ 0 \leqslant x < +\infty, \end{cases}$$

其中, u_0 是常数.

第 2 章   一阶拟线性方程

2.1   一 般 理 论

一阶偏微分方程具有形式

$$F(x, u, \mathrm{D}u) = 0, \tag{2.1.1}$$

其中, $x = (x_1, x_2, \cdots, x_n)$ 是 n 维自变量, 未知函数 $u = u(x)$, $\mathrm{D}u$ 是 u 的梯度. 在变分法、质点力学和几何光学中都出现了这类方程. 它的特点是: 其通解可以通过解一个常微分方程组而得到, 称这种求解方法为特征线法. 而高阶偏微分方程和一阶偏微分方程组没有这个特点. 下面, 我们仅讨论两个自变量的拟线性方程, 所有理论和方法可以完全类似地推广到多个自变量的情况, 在 2.1.2 节最后, 仅对此情况下的解题步骤作简要说明.

2.1.1   特征曲线与积分曲面

一阶拟线性方程具有形式

$$a(x, y, u)u_x + b(x, y, u)u_y = c(x, y, u), \tag{2.1.2}$$

其中, $u = u(x, y)$ 是未知函数. 称方向 $(a(x, y, z),\ b(x, y, z),\ c(x, y, z))$ 是方程 (2.1.2) 的特征方向, 它在 $\mathbb{R}^3$ 或 $\mathbb{R}^3$ 中的区域 Ω 上定义了一个向量场. 我们称处处与方向 (a, b, c) 相切的曲线是方程 (2.1.2) 的特征曲线. 设特征曲线的参数式为

$$x = x(t),\ y = y(t),\ z = z(t),\ t \in \mathbb{R} \text{ 或 } \mathbb{R} \text{ 中某区间},$$

则沿特征曲线显然成立下式:

$$\frac{\mathrm{d}x}{a(x, y, z)} = \frac{\mathrm{d}y}{b(x, y, z)} = \frac{\mathrm{d}z}{c(x, y, z)},$$

即

$$\frac{\mathrm{d}x}{\mathrm{d}t} = a(x, y, z),\ \frac{\mathrm{d}y}{\mathrm{d}t} = b(x, y, z),\ \frac{\mathrm{d}z}{\mathrm{d}t} = c(x, y, z). \tag{2.1.3}$$

称上式是方程 (2.1.2) 的特征方程组. 由方程 (2.1.2) 可知, 积分曲面 $z = u(x, y)$ (即 (2.1.2) 的解) 就是处处与特征方向相切的曲面. 特征曲线与积分曲面有下述关系:

定理 2.1.1　若特征曲线 γ 上一点 $P(x_0, y_0, z_0)$ 位于积分曲面 $S : z = u(x, y)$ 上, 则 γ 整个位于 S 上.

证明　(图 2.1) 设 γ 的方程是

$$x = x(t),\ y = y(t),\ z = z(t).$$

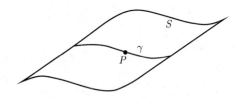

图 2.1　特征曲线与积分曲面

由特征曲线的定义知, 它是方程组 (2.1.3) 的解, 并且对某参数值 $t = t_0$ 满足 $x_0 = x(t_0)$, $y_0 = y(t_0)$, $z_0 = z(t_0) = u(x_0, y_0)$. 由所设条件知, $P = (x(t_0), y(t_0), z(t_0)) \in S$. 记

$$U = U(t) \equiv z(t) - u(x(t), y(t)).$$

因 $P \in S$, 所以 $U(t_0) = 0$. 由 (2.1.3) 得

$$\begin{aligned}
\frac{\mathrm{d}U}{\mathrm{d}t} &= \frac{\mathrm{d}z}{\mathrm{d}t} - u_x \frac{\mathrm{d}x}{\mathrm{d}t} - u_y \frac{\mathrm{d}y}{\mathrm{d}t} \\
&= c(x, y, z) - u_x a(x, y, z) - u_y b(x, y, z).
\end{aligned}$$

于是

$$\begin{aligned}
\frac{\mathrm{d}U}{\mathrm{d}t} = {}& c(x, y, U + u(x, y)) - u_x(x, y) a(x, y, U + u(x, y)) - \\
& u_y(x, y) b(x, y, U + u(x, y)),
\end{aligned} \tag{2.1.4}$$

其中, $x = x(t)$, $y = y(t)$.

因 $z = u(x, y)$ 是方程 (2.1.2) 的解, 所以 $U \equiv 0$ 是 (2.1.4) 的解. 根据常微分方程初值问题解的唯一性定理, 由 $U(t_0) = 0$ 知 $U(t) \equiv 0$, 即 $z(t) \equiv u(x(t), y(t))$, 对 γ 定义中所有 t 成立, 所以 γ 整个位于 S 上.　□

由积分曲面的定义结合定理 2.1.1 知, 过积分曲面上每一点有一条完全包含在 S 中的特征曲线. 所以积分曲面 S 是特征曲线的并, 即过 S 上每一点都有一条包含在 S 中的特征曲线. 反之, 如果曲面 $S : z = u(x, y)$ 是特征曲线的并, 则它必是积分曲面.

另外, 由此定理还可推出, 两个有公共点 P 的积分曲面必沿着一条过点 P 的特征曲线 γ 相交. 反之, 如果积分曲面 S_1 和 S_2 沿着曲线 γ 相交而不相切, 则

γ 必是特征曲线. 事实上, 若在 γ 上 P 点分别作 S_1 和 S_2 的切平面 π_1 和 π_2, 则每一个平面都包含点 P 处的特征方向 (a,b,c). 因 $\pi_1 \neq \pi_2$, 所以 π_1 和 π_2 的交线必具有方向 (a,b,c). 又因为 γ 在 P 处的切线 T 也属于 π_1 和 π_2, 所以 T 有方向 (a,b,c), 因此 γ 是特征曲线.

2.1.2 初值问题

以上的讨论使我们对拟线性一阶方程 (2.1.2) 的通解有一个形象的认识, 即积分曲面是特征曲线的并. 以此为基点, 讨论方程 (2.1.2) 的初值问题 (也叫 Cauchy 问题). 同常微分方程一样, 它是一阶方程的基本问题.

设有空间曲线

$$\gamma : (x,y,z) = (f(s), g(s), h(s)), \ s \ \text{是参数},$$

则方程 (2.1.2) 的初值问题的提法是: 求方程 (2.1.2) 的解 $z = u(x,y)$, 使满足 $h(s) \equiv u(f(s), g(s))$, 即积分曲面过已知曲线 γ, 以下称 γ 是初始曲线. 在许多情形, 变量 y 表示时间变量, 而 x 是空间变量. 于是提出 $y = 0$ 时刻的初值 $u(x,0) = h(x)$, 而寻求满足此初值条件的方程 (2.1.2) 的解是一个常见且自然的初值问题. 这时, 空间曲线 γ 的参数式是 $x = s, y = 0, z = h(x)$, 即曲线在 xz 平面上, 且以 x 为参数.

我们要证明: 在 γ 的邻域内, 方程 (2.1.2) 的初值问题的解存在且唯一. 因为 γ 可以被位于其上的多个有限长开弧所覆盖, 若在每个开弧附近得到解的存在唯一性, 则所证必然成立. 故只需证明下述定理成立:

定理 2.1.2 设曲线 $\gamma : (x,y,z) = (f(s), g(s), h(s))$ 光滑, 且 $f'^2 + g'^2 \neq 0$, 在点 $P_0 = (x_0, y_0, z_0) = (f(s_0), g(s_0), h(s_0))$ 处行列式

$$J = \begin{vmatrix} f'(s_0) & g'(s_0) \\ a(x_0, y_0, z_0) & b(x_0, y_0, z_0) \end{vmatrix} \neq 0; \tag{2.1.5}$$

又设 $a(x,y,z)$, $b(x,y,z)$, $c(x,y,z)$ 在 γ 附近光滑. 则初值问题

$$\begin{cases} a(x,y,u)u_x + b(x,y,u)u_y = c(x,y,u), \\ u(f(s), g(s)) = h(s) \end{cases} \tag{2.1.6}$$

在参数 $s = s_0$ 的一邻域内存在唯一解. 称这样的解为**局部解**.

*证明 (图 2.2) 在 s_0 附近, 即对某 $\delta > 0$, 在 $|s - s_0| < \delta$ 中, 先求 (2.1.3) 的解

$$x = X(s,t), \ \ y = Y(s,t), \ \ z = Z(s,t), \tag{2.1.7}$$

使当 $t = 0$ 时等式 $(x,y,z) = (f(s), g(s), h(s))$ 成立, 其中, $|s - s_0| < \delta$, $0 \leqslant t < T$, J 实际上就是光滑变换 $(s,t) \to (x,y)$ 的 Jacobi 行列式在点 $(s_0, 0)$ 的值. 这就是

过 γ 上各点 $(s,0)\,(|s-s_0|<\delta)$ 所有特征曲线的并. 由 $J\neq 0$, 根据反函数定理, 便可从 (2.1.7) 的前两式在点 $(s_0,0)$ 的邻域内解出 s,t, 将其代入第三式就得到这个并的显式表示 $z=u(x,y)$, 它就是要求的积分曲面. 下面, 我们从 (2.1.7) 出发, 用数学分析的方法给出严格的证明.

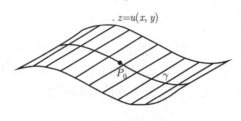

图 2.2　局部解

由常微分方程组的初值问题解的存在唯一性定理知, 从 (2.1.3) 可唯一地解出 (2.1.7), 且它们具有连续的一阶偏微商. 于是, 它们关于 s,t 恒等地满足

$$X_t=a(X,Y,Z),\quad Y_t=b(X,Y,Z),\quad Z_t=c(X,Y,Z) \tag{2.1.8}$$

及初值条件

$$X(s,0)=f(s),\quad Y(s,0)=g(s),\quad Z(s,0)=h(s). \tag{2.1.9}$$

由所设 $J\neq 0$, 则据隐函数定理, 可从 (2.1.7) 中前两式解出光滑函数

$$s=S(x,y),\quad t=T(x,y),\quad 当\ |s-s_0|\leqslant\delta_1,\quad 0\leqslant t\leqslant T_1\ 时,$$

它们满足 $S(x_0,y_0)=s_0,\ T(x_0,y_0)=0$. 则

$$z=Z(S(x,y),T(x,y))\overset{\text{def}}{=\!=}u(x,y) \tag{2.1.10}$$

就是问题 (2.1.6) 的局部解 (符号 $\overset{\text{def}}{=\!=}$ 表示 "定义为"). 事实上, 令 $\delta^*=\min\{\delta,\delta_1\}$, $T^*=\min\{T,T_1\}$, 则当 $|s-s_0|<\delta^*,0\leqslant t<T^*$ 时, 有

$$Z(S(x,y),T(x,y))|_{t=0}=Z(s,0)=h(s),$$

即 $u(f(s),g(s))=h(s)$. 所以函数 (2.1.10) 满足问题 (2.1.6) 的初值条件. 下证它满足 (2.1.6) 中的方程. (2.1.10) 分别对 x,y 求偏微商, 得

$$Z_x=Z_sS_x+Z_tT_x,\quad Z_y=Z_sS_y+Z_tT_y. \tag{2.1.11}$$

(2.1.7) 前两式分别对 x 求偏微商, 可解得

$$S_x=\frac{1}{\Delta}Y_t,\quad T_x=-\frac{1}{\Delta}Y_s, \tag{2.1.12}$$

其中, $\Delta = X_s Y_t - X_t Y_s \neq 0$(因 $J \neq 0$). 类似地, 由 (2.1.7) 的前两式对 y 求偏微商, 可解出

$$S_y = -\frac{1}{\Delta} X_t, \quad T_y = \frac{1}{\Delta} X_s,$$

将此二式及 (2.1.12) 代入 (2.1.11), 而后 (2.1.11) 第一式乘 $a(X,Y,Z)$ 加第二式乘 $b(X,Y,Z)$, 得

$$\left[a(X,Y,Z)Z_x + b(X,Y,Z)Z_y \right] \Delta$$
$$= (Z_s Y_t - Z_t Y_s)a + (-Z_s X_t + Z_t X_s)b.$$

注意到 $a = X_t$, $b = Y_t$, 把它们代入上式, 并利用 Δ 的表达式, 化简得

$$a(X,Y,Z)Z_x + b(X,Y,Z)Z_y = c(X,Y,Z),$$

即 $u(x,y) = Z(S(x,y), T(x,y))$ 是初值问题 (2.1.6) 的解. 存在性证毕.

由定理 2.1.1 知, 任何通过曲线 γ 的积分曲面包含过 γ 上各点的特征曲线, 因此, 必定包含由参数表示的曲面 (2.1.7), 从而局部地与这个曲面重合, 即解是唯一的. □

附注 1 条件 (2.1.5) 即 $J \neq 0$ 保证了曲线 γ 在点 $P_0 = (f(s_0), g(s_0), h(s_0))$ 的方向不是特征方向. 因为若 $J = 0$, 从 (2.1.5) 和 (2.1.6) 可知在 $s = s_0, x = f(s_0), y = g(s_0)$ 处, 三个关系式

$$bf' - ag' = 0, \quad h' = f'u_x + g'u_y, \quad c = au_x + bu_y$$

成立. 由此推出 $bh' - cg' = 0$ 和 $ah' - cf' = 0$, 从而

$$\frac{f'}{a} = \frac{g'}{b} = \frac{h'}{c},$$

即 γ 在点 P_0 具有特征方向. 所以, 定理是在 γ 为非特征曲线的前提下成立的. 若 γ 是特征曲线, 初值问题 (2.1.6) 将有无穷多个解. 事实上, 若过曲线 γ 上任意点 P 引满足条件 (2.1.5) 的任意曲线 γ^*, 并以 γ^* 为初始曲线解初值问题 (2.1.6), 就得到对应于以 γ^* 为初始曲线的这些解. 因 γ^* 是任意的, 故解有无穷多个. 由定理 2.1.1, 此时所得到的任一积分曲面包含特征曲线 γ.

附注 2 若方程 (2.1.2) 中的 a, b 与 u 无关且 c 是 u 的线性函数, 它就是线性方程

$$a(x,y)u_x + b(x,y)u_y = c(x,y)u + d(x,y). \tag{2.1.13}$$

这时, 取特征常微分方程组 (2.1.3) 的前两个方程

$$\frac{\mathrm{d}x}{\mathrm{d}t} = a(x,y), \quad \frac{\mathrm{d}y}{\mathrm{d}t} = b(x,y), \tag{2.1.14}$$

也可化为一个等价的方程

$$\frac{\mathrm{d}y}{\mathrm{d}x} = \frac{b(x,y)}{a(x,y)}. \tag{2.1.15}$$

方程 (2.1.14) 或 (2.1.15) 确定了平面上的曲线族, 称之为特征投影 (简称投影), 它是空间特征曲线族在 xy 平面上的投影. 在特征投影 $(x(t), y(t))$ 上求解 (2.1.3) 的第三个方程

$$\frac{\mathrm{d}z}{\mathrm{d}t} = c(x(t), y(t))z + d(x(t), y(t)), \tag{2.1.16}$$

求出 $z(t)$ 就得到特征曲线 $\gamma : (x(t),\ y(t),\ z(t))$.

附注 3 关于 n 元函数 $u = u(x_1, x_2, \cdots, x_n)$ 的拟线性一阶方程具有形式

$$\sum_{i=1}^{n} a_i(x_1, x_2, \cdots, x_n, u)u_{x_i} = c(x_1, x_2, \cdots, x_n, u). \tag{2.1.17}$$

相应于 (2.1.3) 的常微分方程组是

$$\begin{cases} \dfrac{\mathrm{d}x_i}{\mathrm{d}t} = a_i(x_1, x_2, \cdots, x_n, z),\ i = 1, 2, \cdots, n, \\[2mm] \dfrac{\mathrm{d}z}{\mathrm{d}t} = c(x_1, x_2, \cdots, x_n, z). \end{cases} \tag{2.1.18}$$

而初值问题是要在空间 $\mathbb{R}^{n+1}$ 中求满足 (2.1.17) 的积分曲面 $z = u(x_1, x_2, \cdots, x_n)$, 使之通过如下用参数表示的 $n-1$ 维超曲面 γ:

$$\begin{cases} x_i = f_i(s_1, s_2, \cdots, s_{n-1}),\ i = 1, 2, \cdots, n, \\[2mm] z = h(s_1, s_2, \cdots, s_{n-1}). \end{cases} \tag{2.1.19}$$

过 γ 上每一个具有参数 $(s_1, s_2, \cdots, s_{n-1})$ 的点作特征曲线, 即求出 (2.1.18) 的当 $t = 0$ 时等于 $(f_1, f_2, \cdots, f_n, h)$ 的解

$$\begin{cases} x_i = X_i(s_1, s_2, \cdots, s_{n-1}, t),\ i = 1, 2, \cdots, n, \\[2mm] z = Z(s_1, s_2, \cdots, s_{n-1}, t). \end{cases} \tag{2.1.20}$$

在条件

$$J = \begin{vmatrix} \dfrac{\partial f_1}{\partial s_1} & \cdots & \dfrac{\partial f_n}{\partial s_1} \\ \vdots & & \vdots \\ \dfrac{\partial f_1}{\partial s_{n-1}} & \cdots & \dfrac{\partial f_n}{\partial s_{n-1}} \\ a_1 & \cdots & a_n \end{vmatrix}_{\gamma} \neq 0 \tag{2.1.21}$$

之下, 根据反函数定理, 就能够由 (2.1.20) 的前 n 个式子解出 $s_1, s_2, \cdots, s_{n-1}, t$, 将它们代入 (2.1.20) 的第 $n+1$ 个式子, 就得到积分曲面 $z = u(x_1, x_2, \cdots, x_n)$, 它就是初值问题的解.

2.1.3 例题

例 2.1.1 首先求解一个一阶线性方程的初值问题:

$$\begin{cases} u_t + bu_x = 0, x \in \mathbb{R}, t > 0, \\ u(x,t)|_{t=0} = f(x). \end{cases}$$

初始曲线 γ 的参数方程是 $x = s, t = 0, z = f(s)$.

解 在 γ 上

$$J = \begin{vmatrix} 1 & 0 \\ b & 1 \end{vmatrix} \neq 0.$$

解特征方程组的初值问题

$$\begin{cases} \dfrac{\mathrm{d}x}{\mathrm{d}\tau} = b, \dfrac{\mathrm{d}t}{\mathrm{d}\tau} = 1, \dfrac{\mathrm{d}z}{\mathrm{d}\tau} = 0, \\ (x,t,z)|_{\tau=0} = (s,0,f(s)), \end{cases}$$

解得

$$x = b\tau + c_1(s), \quad t = \tau + c_2(s), \quad z = f(s),$$

这里 $c_1(s), c_2(s)$ 是任意光滑函数, 可由初值条件确定 $c_1(s) = s, c_2(s) = 0$, 由此得

$$x = b\tau + s, t = \tau, z = f(s).$$

因 $J \neq 0$, 由上面前两式解出 s, τ, 代入第三个式子最后得解

$$z = u(x,y) = f(x - bt).$$

再考虑两个自变量的函数.

例 2.1.2 已知曲线 $\gamma : x = s, y = s, z = \dfrac{s}{2}, 0 < s < 1$. 求解初值问题

$$\begin{cases} uu_x + u_y = 1, \\ u|_\gamma = \dfrac{s}{2}. \end{cases}$$

解 首先, 条件 (2.1.5) 成立, 因为在 γ 上

$$J = \begin{vmatrix} x' & y' \\ a & b \end{vmatrix} = \begin{vmatrix} 1 & 1 \\ \dfrac{s}{2} & 1 \end{vmatrix} = 1 - \dfrac{s}{2} \neq 0, \ 0 < s < 1.$$

解常微分方程组的初值问题

$$\begin{cases} \dfrac{\mathrm{d}x}{\mathrm{d}t} = z, \quad \dfrac{\mathrm{d}y}{\mathrm{d}t} = 1, \quad \dfrac{\mathrm{d}z}{\mathrm{d}t} = 1, \\ (x,y,z)|_{t=0} = (s,s,\dfrac{s}{2}), \end{cases}$$

得
$$z = t + \frac{s}{2}, \ y = t + s, \ x = \frac{t^2}{2} + \frac{st}{2} + s.$$

由后两式解出 s, t, 并将其代入第一个式子, 得解

$$z = u(x, y) = \frac{4y - 2x - y^2}{2(2 - y)}.$$

若将此例方程的右端项改为零, 初始曲线改为

$$\gamma : x = s, \ y = 0, \ z = h(s),$$

就得到著名数学家 R. Courant (柯朗) 和 K. O. Friedrichs (弗里德里希斯) 在 1948 年发表的研究超音速流和激波的论文中提到的方程 (习题 2 的第 1(a) 题).

下面的例子在第 8 章中证明著名的 Cauchy-Kovalevskaja (柯西 – 柯瓦列夫斯卡娅) 定理时将会用到.

例 2.1.3 设 ρ, c, N, n 是常数, 求解初值问题

$$\begin{cases} (\rho - y - Nu)\dfrac{\partial u}{\partial x} = cNn\dfrac{\partial u}{\partial y} + c, \ y < \rho, \\ u(0, y) = 0. \end{cases}$$

解 初始曲线 γ 的参数方程为

$$x = 0, \ y = s, \ z = 0.$$

在 γ 上

$$J = \begin{vmatrix} 0 & 1 \\ \rho - s & -cNn \end{vmatrix} = s - \rho \neq 0 \ (\text{因 } s < \rho).$$

解初值问题

$$\begin{cases} \dfrac{\mathrm{d}x}{\mathrm{d}t} = \rho - y - Nz, \ \dfrac{\mathrm{d}y}{\mathrm{d}t} = -cNn, \ \dfrac{\mathrm{d}z}{\mathrm{d}t} = c, \\ x = 0, \ y = s, \ z = 0, \ \text{当 } t = 0 \text{ 时}, \end{cases}$$

得

$$\begin{cases} x = (\rho - s)t + cN(n-1)t^2/2, \\ y = -cNnt + s, \\ z = ct. \end{cases} \tag{2.1.22}$$

从 (2.1.22) 前两式得

$$t = \frac{1}{cN(n+1)}\left[(\rho - y) - \sqrt{(y - \rho)^2 - 2cN(n+1)x}\right],$$

将它代入 (2.1.22) 的第三个式子, 得解

$$z = u(x, y)$$
$$= \frac{1}{N(n+1)} \left[(\rho - y) - \sqrt{(y - \rho)^2 - 2cN(n+1)x} \right].$$

(2.1.23)

下面考虑多个自变量的情况.

例 2.1.4 取自变量的个数 $n = 3$, 方程是线性方程. 设 $u = u(x_1, x_2, x_3)$, 求解初值问题

$$\begin{cases} x_1 \dfrac{\partial u}{\partial x_1} + 2x_2 \dfrac{\partial u}{\partial x_2} + \dfrac{\partial u}{\partial x_3} = 3u, \\ u(x_1, x_2, 0) = \varphi(x_1, x_2). \end{cases}$$

解 初始曲面

$$\gamma: \ x_1 = s_1, \ x_2 = s_2, \ x_3 = 0, \ z = \varphi(s_1, s_2),$$

在 γ 上

$$J = \begin{vmatrix} \dfrac{\partial x_1}{\partial s_1} & \dfrac{\partial x_2}{\partial s_1} & \dfrac{\partial x_3}{\partial s_1} \\ \dfrac{\partial x_1}{\partial s_2} & \dfrac{\partial x_2}{\partial s_2} & \dfrac{\partial x_3}{\partial s_2} \\ x_1 & 2x_2 & 1 \end{vmatrix} = \begin{vmatrix} 1 & 0 & 0 \\ 0 & 1 & 0 \\ s_1 & 2s_2 & 1 \end{vmatrix} = 1 \neq 0.$$

解特征方程组的初值问题

$$\begin{cases} \dfrac{\mathrm{d}x_1}{\mathrm{d}t} = x_1, \quad \dfrac{\mathrm{d}x_2}{\mathrm{d}t} = 2x_2, \quad \dfrac{\mathrm{d}x_3}{\mathrm{d}t} = 1, \quad \dfrac{\mathrm{d}z}{\mathrm{d}t} = 3z, \\ (x_1, x_2, x_3, z)|_{t=0} = (s_1, s_2, 0, \varphi(s_1, s_2)), \end{cases}$$

得

$$x_1 = s_1 \mathrm{e}^t, \quad x_2 = s_2 \mathrm{e}^{2t}, \quad x_3 = t, \quad z = \varphi(s_1, s_2) \mathrm{e}^{3t}.$$

从前三个方程解出 t, s_1 和 s_2, 将它们代入 z 的表达式, 得解

$$z = u(x_1, x_2, x_3) = \varphi(x_1 \mathrm{e}^{-x_3}, x_2 \mathrm{e}^{-2x_3}) \mathrm{e}^{3x_3}.$$

例 2.1.5 设 $u = u(x, y)$, 求解初值问题

$$\begin{cases} u_x + 2u_y = u^2, \\ u(x, 0) = h(x). \end{cases}$$

解　初始曲线 γ 是 xz 平面上的曲线 $(x, h(x))$，将其参数化:

$$\gamma : x = s, y = 0, z = h(s),$$

在 γ 上

$$J = \begin{vmatrix} x' & y' \\ a & b \end{vmatrix} = \begin{vmatrix} 1 & 0 \\ 1 & 2 \end{vmatrix} = 2 \neq 0.$$

解特征方程组的初值问题

$$\begin{cases} \dfrac{\mathrm{d}x}{\mathrm{d}t} = 1, \dfrac{\mathrm{d}y}{\mathrm{d}t} = 2, \dfrac{\mathrm{d}z}{\mathrm{d}t} = z^2, \\[2mm] (x, y, z)|_{t=0} = (s, 0, h(s)). \end{cases}$$

由前两个方程解得 $x(s, t) = t + c_1(s), y(s, t) = 2t + c_2(s)$，这里 $c_1(s), c_2(s)$ 及下文的 $c_3(s)$ 都是待定的光滑函数，利用初值条件解得 $c_1(s) = s, c_2(s) = 0$，从而得 $x(s, t) = t + s, y(s, t) = 2t$. 以下分别记 $x(s, t), y(s, t)$ 为 x, y. 由 $J \neq 0$ 对所有 s, t 成立，从而由反函数定理，可解出 $s = x - \dfrac{y}{2}, t = \dfrac{y}{2}$. 特征方程组的第三个式子积分可得 $z(s, t) = -(t + c_3(s))^{-1}$，用初值条件可得 $c_3(s) = \dfrac{-1}{h(s)}$，于是得

$z = \dfrac{h(s)}{1 - th(s)}$，即

$$z = u(x, y) = \frac{h\left(x - \dfrac{y}{2}\right)}{1 - \dfrac{y}{2}h\left(x - \dfrac{y}{2}\right)}.$$

设 $h(x)$ 是有界函数，则对足够小的 y 值，解 $u(x, y)$ 是存在的. 但当 y 足够大，例如 $y = y^*$ 时，$u(x, y)$ 的表达式中的分母等于零，从而 $u(x, y^*) = \infty$，即在时刻 y^* 解出现奇性，称这种现象为解的爆破. 从而在 $0 < y < +\infty$ 上整体解不存在. 该例给定理 2.1.2 所论一般仅存在局部解提供了一个例证.

2.2　传　输　方　程

在一阶线性方程中，有一种最简单的形如

$$u_t + b \cdot \mathrm{D}u = 0, \ x \in \mathbb{R}^n, \ t \in (0, \infty) \tag{2.2.1}$$

的方程，称为传输方程，其中, $b = (b_1, b_2, \cdots, b_n)$ 是已知 n 维常向量，$u = u(x, t)$, $\mathrm{D}u = (u_{x_1}, u_{x_2}, \cdots, u_{x_n})$. 它和 Laplace 方程 (1.1.4)、热传导方程 (1.1.3) 及波动方程 (1.1.2) 是偏微分方程中四个最基本的方程. 当 $n = 1$ 时，方程 (2.2.1) 表示波沿着一个方向的传播规律，此时, $u(x, t)$ 表示在时刻 t 的波形. 可以用前一节

的特征线方法求解 (2.2.1) 的初值问题 (见例 2.1.1). 在本节, 我们要介绍一种更直接、更直观的方法求解. 它实际上是特征线法的一种特殊情况.

设方程 (2.2.1) 有光滑解 $u(x,t)$. 由方程的形式可以看出, $u(x,t)$ 沿一个具体的方向的方向微商等于零. 事实上, 固定一点 $(x,t) \in \mathbb{R}^{n+1}$, 记过该直线的参数方程为 $(x+bs, t+s), s \in \mathbb{R}$, 考查函数 u 在该直线上的值. 令

$$z(s) = u(x+bs, t+s), \ s \in \mathbb{R}.$$

于是

$$\frac{\mathrm{d}z}{\mathrm{d}s} = \mathrm{D}u(x+sb, t+s) \cdot b + u_t(x+sb, t+s) = 0,$$

最后一步等于零是因为 u 满足 (2.2.1). 因此, 函数 $z(s)$ 在过点 (x,t) 且具有方向 $(b,1) \in \mathbb{R}^{n+1}$ 的直线上取常数值. 所以, 如果我们知道解 u 在这条直线上一点的值, 则就得到它沿此直线上的值. 这就引出下面求解初值问题的方法.

2.2.1 齐次方程的初值问题 行波解

设 $a \in \mathbb{R}^n$ 是已知常向量, $f : \mathbb{R}^n \to \mathbb{R}$ 是给定函数. 考察传输方程的初值问题

$$\begin{cases} u_t + a \cdot \mathrm{D}u = 0, \ (x,t) \in \mathbb{R}^n \times (0, \infty), \\ u(x,0) = f(x), \ x \in \mathbb{R}^n. \end{cases} \tag{2.2.2}$$

如上取定 (x,t), 过点 (x,t) 且具有方向 $(a,1)$ 的直线的参数式为 $(x+as, t+s)$, $s \in \mathbb{R}$. 当 $s = -t$ 时, 此直线与平面 $\Gamma : \mathbb{R}^n \times \{t=0\}$ 相交于点 $(x-at, 0)$. 由上文分析知 u 沿此直线取常数值, 而由初值条件, $u(x-at, 0) = f(x-at)$, 便得

$$u(x,t) = f(x-at), \ x \in \mathbb{R}^n, \ t \geqslant 0. \tag{2.2.3}$$

所以, 如果 (2.2.2) 有解, 必由 (2.2.3) 表示, 因此解是唯一的; 反之, 若 f 一阶连续可微, 则可直接验证由 (2.2.3) 表示的函数 $u(x,t)$ 是问题 (2.2.2) 的解. 这就是齐次传输方程初值问题解的存在唯一性.

附注 1 设 $x \in \mathbb{R}$, 不妨令 $a > 0$. 我们分析解 (2.2.3) 的物理意义. 在波动现象中, $u(x,t)$ 表示质点 x 在时刻 t 的位移. 若将 x 轴视为一根张紧的弦, 从全局看, $u(x,t) = f(x-at)$ 就表示它在 t 时刻的形状 (即波形). 点 x_0 在时刻 $t = 0$ 的位移为 $u(x_0, 0) = f(x_0)$, 到时刻 $t > 0$, 点 $x = x_0 + at$ 的位移为 $f(x-at) = f(x_0 + at - at) = f(x_0)$ (图 2.3). 所以, 对固定的 $t > 0$, $f(x-at)$ 的图形是由 $f(x)$ 的图形向右平移距离 at 而得到的. 特别地, 若 $t = 1$, 则平移距离是 a, 可见 $f(x)$ 保持波形不变而以速度 a 向右传播, 故称 $f(x-at)$ 为右行波. 仿此, 称 $f(x+at)$ 为左行波. 无论是右行波还是左行波, 都是沿着单一方向传播

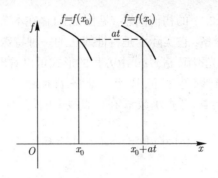

图 2.3 行波解

的波. 基于此, 我们称解 (2.2.3) 是行波解. 当研究声波在静止的均匀气体中传播时, 就会遇到行波解.

附注 2 注意到当函数 f 不光滑时, 问题 (2.2.2) 的光滑解显然不存在. 即使如此, 甚至 f 不连续, 公式 (2.2.3) 为寻找某种意义下的解 (即弱解) 提供了一个很强的信息. 此时, 我们可以把满足某个积分恒等式的函数 u 称为问题 (2.2.2) 的解. 在当代研究能量守恒律 (非线性方程) 现象中的激波时, 就用了这个思想. 我们将在后文不时遇到这种解.

2.2.2 非齐次传输方程

考察非齐次传输方程的初值问题

$$\begin{cases} u_t + a \cdot \mathrm{D}u = f, & x \in \mathbb{R}^n, \ t > 0, \\ u = g, & x \in \mathbb{R}^n, \ t = 0. \end{cases} \tag{2.2.4}$$

受齐次问题解法的启示, 我们仍然先取定 $(x, t) \in \mathbb{R}^{n+1}$, 对 $s \in \mathbb{R}$, 令 $z(s) = u(x + as, t + s)$, 则

$$\begin{aligned} \frac{\mathrm{d}z}{\mathrm{d}s} &= \mathrm{D}u(x + as, t + s) \cdot a + u_t(x + as, t + s) \\ &= f(x + as, t + s). \end{aligned}$$

因此,

$$\begin{aligned} u(x, t) - g(x - at) &= z(0) - z(-t) = \int_{-t}^{0} \frac{\mathrm{d}z}{\mathrm{d}s} \mathrm{d}s \\ &= \int_{-t}^{0} f(x + as, t + s) \mathrm{d}s \\ &= \int_{0}^{t} f(x + a(s - t), s) \mathrm{d}s, \end{aligned}$$

于是, 得到问题 (2.2.4) 的在 $x \in \mathbb{R}^n$, $t \geqslant 0$ 上的解

$$u(x,t) = g(x-at) + \int_0^t f(x+a(s-t),s)\mathrm{d}s. \tag{2.2.5}$$

在下一章, 这个公式将被用来求解一维波动方程.

习 题 2

1. 求下列初值问题的解 (方程中自变量 $x,y \in \mathbb{R}$):

(a) $u_y + uu_x = 0$, $u(x,y)|_{y=0} = h(x)$;

(b) $u_x + u_y = u$, $u(x,y)|_{y=0} = \cos x$;

(c) $xu_y - yu_x = u$, $u(x,y)|_{y=0} = h(x)$;

$\left[\text{答案}: u = h\big(\sqrt{x^2+y^2}\big)\mathrm{e}^{\arctan(y/x)}.\right]$

(d) $x^2 u_x + y^2 u_y = u^2$, $u(x,y)|_{y=2x} = 1$;

(e) $xu_x + yu_y + u_z = u$, $u(x,y,0) = h(x,y)$;

(f) $\displaystyle\sum_{k=1}^{n} x_k \frac{\partial u}{\partial x_k} = 3u$, $u(x_1,\cdots,x_{n-1},1) = h(x_1,\cdots,x_{n-1})$.

2. 第 1(a) 题中, 求在 xy 平面上, 过 $(s,0)$ 点的特征投影. 由此出发, 证明: 当 $h(s)$ 不恒等于常数时, 问题 1(a) 在 $y \in \mathbb{R}$ 上没有整体光滑解.

3. 设 u 是方程

$$a(x,y)u_x + b(x,y)u_y = -u$$

在 xy 平面的闭单位圆域 Ω 上属于 C^1 类的解. 又设在 Ω 的边界上 $a(x,y)x + b(x,y)y > 0$. 证明 $u \equiv 0$.

[提示:利用在边界点上取最大值的条件, 证明成立不等式: $\max_{\Omega} u \leqslant 0$, $\min_{\Omega} u \geqslant 0$.]

4. 求解初值问题

$$\begin{cases} u_t + b \cdot \mathrm{D}u + cu = 0, & (x,t) \in \mathbb{R}^n \times (0,\infty), \\ u(x,0) = g, & x \in \mathbb{R}^n, \end{cases}$$

其中, $c \in \mathbb{R}$, $b \in \mathbb{R}^n$ 都是常数.

[提示:用 2.1.2 一节中的**附注 3**.]

第 3 章 波 动 方 程

本章讨论波动方程

$$u_{tt} - a^2 \Delta u = f$$

的初值问题和初边值问题. 其中, $a > 0$ 是常数; $t > 0$, $x \in \Omega$, $\Omega \subseteq \mathbb{R}^n$ 是开集. $u = u(x,t)$ 是未知实值函数, $f = f(x,t)$ 是已知实值函数, Δ 是关于空间变量 $x = (x_1, x_2, \cdots, x_n)$ 的 Laplace 算子.

在物理学和力学的研究中, 弦的微小横振动 $(n = 1)$、薄膜的微小横振动 $(n = 2)$ 和弹性体的微小振动 $(n = 3)$ 的简化数学模型就是波动方程. 在这些物理原型中, $u(x,t)$ 表示质点 x 在时刻 $t \geqslant 0$ 时沿某固定方向的位移. 我们用下例大致说明齐次波动方程的物理原型.

设弹性体占有三维空间 $\mathbb{R}^3$ 中区域 Ω, 并且不受外力. 任取光滑子域 $G \subset \Omega$, $F = F(x,t)$ 表示在时刻 t 通过子域边界 ∂G 作用在 G 上的张力密度. 于是, 物体 G 受到的法向作用力是 $-\int_{\partial G} F \cdot \nu \mathrm{d}S$. 其中, ν 是 ∂G 的单位外法向, 并设物体密度为 1. 体积微元 $\mathrm{d}x$ 在时刻 t 的加速度是 u_{tt}. 于是, 小块物体 G 在时刻 t 的惯性力是 $\int_G u_{tt}\mathrm{d}x$. 由 Newton (牛顿) 定律得

$$\int_G u_{tt}\mathrm{d}x = -\int_{\partial G} F \cdot \nu \, \mathrm{d}S.$$

对任一光滑向量场 $w \in C^1(\overline{G})$, 有所谓的 Gauss (高斯) 公式, 又称散度定理:

$$\int_\Omega \mathrm{div}\, w \, \mathrm{d}x = \int_{\partial\Omega} w \cdot \nu \, \mathrm{d}S. \tag{3.0.1}$$

将 (3.0.1) 用于前式, 得

$$\int_G u_{tt}\mathrm{d}x = -\int_G \mathrm{div}\, F\mathrm{d}x.$$

由 $G \subset \Omega$ 的任意性得

$$u_{tt} = -\mathrm{div}\, F, \ x \in \Omega, \ t > 0.$$

对于弹性体, F 是位移的梯度 $\mathrm{D}u$ 的函数, 因此

$$u_{tt} + \mathrm{div}\, F(\mathrm{D}u) = 0, \ x \in \Omega, \ t > 0.$$

因为是微小振动, $|Du|$ 会很小, 从而有 $F(Du) \approx -bDu$, $b > 0$ 是常数. 将此式代入上式, 并记 $b = a^2$, 得三维齐次波动方程

$$u_{tt} - a^2 \Delta u = 0, \ x \in \Omega, \ t > 0. \tag{3.0.2}$$

顺便提及的是, 此物理背景明显地暗示在初值问题中应该给出在 $t = 0$ 时刻的初始位移 $u(x, 0)$ 和初始速度 $u_t(x, 0)$ 这两个数据.

在一维情况下, 方程 (3.0.2) 可以描述无外力时的弦的自由振动; 在二维情况下, 它可以表示薄膜的自由横振动规律. 当所考察的物理系统受到外力作用时, 方程 (3.0.2) 将是非齐次的.

3.1 一维波动方程的初值问题

在所有双曲型方程中, 最简单的是一维波动方程

$$u_{tt} - a^2 u_{xx} = 0, \ x \in (b, c) \subseteq \mathbb{R}, \ t > 0, \tag{3.1.1}$$

其中, $a > 0$ 是常数, $u = u(x, t)$. 在物理学中, u 表示振动弦上质点 x 在时刻 t 时的位移. 所以, 一维波动方程又称弦振动方程. 下文中, 一律用 $\mathbb{R}$ 表示 $\mathbb{R}^1$.

3.1.1 d'Alembert 公式 反射法

先考察初值问题

$$\begin{cases} u_{tt} - a^2 u_{xx} = 0, \ x \in \mathbb{R}, \ t > 0 \\ u(x, 0) = \varphi(x), \ u_t(x, 0) = \psi(x), \ x \in \mathbb{R}. \end{cases} \tag{3.1.2}$$

由算子复合作用的概念, 易验证下述算子因式分解

$$\left(\frac{\partial}{\partial t} + a \frac{\partial}{\partial x} \right) \left(\frac{\partial}{\partial t} - a \frac{\partial}{\partial x} \right) u = u_{tt} - a^2 u_{xx} = 0. \tag{3.1.3}$$

令

$$v(x, t) = \left(\frac{\partial}{\partial t} - a \frac{\partial}{\partial x} \right) u. \tag{3.1.4}$$

由 (3.1.3), 得

$$v_t(x, t) + a v_x(x, t) = 0, \ x \in \mathbb{R}, \ t > 0.$$

这是一维传输方程, 且由 (3.1.4) 知 v 满足初值条件

$$v(x, 0) = \psi(x) - a \varphi'(x).$$

于是, 由公式 (2.2.3) 得

$$v(x,t) = \psi(x - at) - a\varphi'(x - at).$$

把 v 代入 (3.1.4), 得

$$u_t(x,t) - au_x(x,t) = \psi(x - at) - a\varphi'(x - at),$$

其中 $(x,t) \in \mathbb{R} \times (0, \infty)$.

对此非齐次传输方程, 已知 $u(x,0) = \varphi(x)$, 用公式 (2.2.5) 得到

$$
\begin{aligned}
u(x,t) &= \varphi(x + at) + \int_0^t \left[\psi(x - 2as + at) - a\varphi'(x - 2as + at) \right] \mathrm{d}s \\
&= \varphi(x + at) + \frac{1}{2a} \int_{x-at}^{x+at} \left[\psi(y) - a\varphi'(y) \right] \mathrm{d}y \\
&= \frac{1}{2} \left[\varphi(x + at) + \varphi(x - at) \right] + \frac{1}{2a} \int_{x-at}^{x+at} \psi(y) \mathrm{d}y.
\end{aligned} \tag{3.1.5}
$$

称此式为 d'Alembert (达朗贝尔) 公式, 它表示初值问题 (3.1.2) 的形式解. 直接验证可知, 当 $\varphi \in C^2(\mathbb{R})$, $\psi \in C^1(\mathbb{R})$ 时, d'Alembert 公式 (3.1.5) 所表示的函数 $u(x,t)$ 满足问题 (3.1.2) 的方程和初值条件, 即问题 (3.1.2) 的解存在且由 d'Alembert 公式 (3.1.5) 表示. 由求解过程知, 问题 (3.1.2) 的任何解都由 d'Alembert 公式表示, 所以, 有解必唯一. 另外, 由 d'Alembert 公式可直接得到解在有限时段 $[0,T]$ 内的估计式:

$$\sup_{x,t} |u(x,t)| \leqslant \sup_x |\varphi(x)| + T \sup_x |\psi(x)|, \tag{3.1.6}$$

其中, $x \in \mathbb{R}$, $t \in [0,T]$. 为考察解对初值的连续依赖性 (或称解对初值的稳定性), 设有下面两个初值问题:

$$
\begin{cases}
u_{1,tt} - a^2 u_{1,xx} = 0, \ x \in \mathbb{R}, \ t > 0, \\
u_1(x,0) = \varphi_1(x), \ u_{1,t}(x,0) = \psi_1(x),
\end{cases}
$$

$$
\begin{cases}
u_{2,tt} - a^2 u_{2,xx} = 0, \ x \in \mathbb{R}, \ t > 0, \\
u_2(x,0) = \varphi_2(x), \ u_{2,t}(x,0) = \psi_2(x).
\end{cases}
$$

这里及下文, 我们用 $u_{i,tt}$, $u_{i,t}$ 分别表示 $\dfrac{\partial^2 u_i}{\partial t^2}$ 及 $\dfrac{\partial u_i}{\partial t}$, $i = 1, 2$. 类似理解 $u_{i,xx}$ 及本书后文出现的类似记号. 令 $w = u_1 - u_2$, 由叠加原理 $w(x,t)$ 满足问题

$$
\begin{cases}
w_{tt} - a^2 w_{xx} = 0, \ x \in \mathbb{R}, \ t > 0, \\
w(x,0) = \varphi_1(x) - \varphi_2(x), \ w_t(x,0) = \psi_1(x) - \psi_2(x).
\end{cases}
$$

由估计式 (3.1.6), 得

$$\sup_{x,t} |w(x,t)| \leqslant \sup_x |\varphi_1(x) - \varphi_2(x)| + T \sup_x |\psi_1(x) - \psi_2(x)|.$$

所以, 在连续函数空间的范数意义下, 若初值变化很小, 则相应的解的变化也很小, 即解是稳定的. 综合以上讨论, 我们得到

定理 3.1.1 (适定性) 若 $\varphi(x) \in C^2(\mathbb{R})$, $\psi(x) \in C^1(\mathbb{R})$, 且它们有界, 则初值问题 (3.1.2) 的古典解存在唯一, 且在有限时间内是一致稳定的 (按连续函数空间的范数). 从而, 问题 (3.1.2) 是适定的.

在 d'Alembert 公式 (3.1.5) 中, 解 $u(x,t)$ 实际上是两个形如 $\Phi(x \pm at)$ 和 $\Psi(x \pm at)$ 的函数的叠加:

$$u(x,t) = \Phi(x \pm at) \pm \Psi(x \mp at). \tag{3.1.7}$$

于是, 根据 2.2.1 节后的**附注 1**, 在物理学中, d'Alembert 公式所表示的一维波动方程初值问题的解是由左行波和右行波的叠加而形成的复合波.

d'Alembert 公式在解题和推理方面有不少应用. 下面, 通过一个例题介绍基于此公式而行之有效的反射法.

例 3.1.1 求解半直线 $\mathbb{R}_+ = \{x > 0\}$ 上的初边值问题

$$\begin{cases} u_{tt} - u_{xx} = 0, \ x \in \mathbb{R}_+, \ t > 0, \\ u(x,0) = g, \ u_t(x,0) = h, \ x \in \bar{\mathbb{R}}_+, \\ u(0,t) = 0, \ t \geqslant 0, \end{cases} \tag{3.1.8}$$

其中, g, h 是已知函数, 满足 $g(0) = h(0) = 0$.

解 先把问题转换到全空间 $\mathbb{R}$ 上去. 为此, 对函数 u, g, h 作奇延拓 (或称奇反射) 如下:

$$\bar{u}(x,t) = \begin{cases} u(x,t), & x \geqslant 0, \ t \geqslant 0, \\ -u(-x,t), & x \leqslant 0, \ t \geqslant 0, \end{cases}$$

$$\bar{g}(x) = \begin{cases} g(x), & x \geqslant 0, \\ -g(-x), & x \leqslant 0, \end{cases}$$

$$\bar{h}(x) = \begin{cases} h(x), & x \geqslant 0, \\ -h(-x), & x \leqslant 0. \end{cases}$$

则 $\bar{u}(x,t)$ 满足问题

$$\begin{cases} \bar{u}_{tt} - \bar{u}_{xx} = 0, \ (x,t) \in \mathbb{R} \times (0,\infty), \\ \bar{u}(x,0) = \bar{g}, \ \bar{u}_t(x,0) = \bar{h}, \ x \in \mathbb{R}. \end{cases}$$

由 d'Alembert 公式 (3.1.5) 得

$$\bar{u}(x,t) = \frac{1}{2}\big[\bar{g}(x+t) + \bar{g}(x-t)\big] + \frac{1}{2}\int_{x-t}^{x+t} \bar{h}(y)\mathrm{d}y.$$

由此, 注意到 $\bar{u}$, $\bar{g}$ 和 $\bar{h}$ 的定义, 便得当 $x \geqslant 0$, $t \geqslant 0$ 时的原问题 (3.1.8) 的解

$$u(x,t) = \begin{cases} \dfrac{1}{2}\big[g(x+t) + g(x-t)\big] + \dfrac{1}{2}\displaystyle\int_{x-t}^{x+t} h(y)\mathrm{d}y, \ x \geqslant t \geqslant 0, \\ \dfrac{1}{2}\big[g(x+t) - g(t-x)\big] + \dfrac{1}{2}\displaystyle\int_{-x+t}^{x+t} h(y)\mathrm{d}y, \ 0 \leqslant x < t. \end{cases} \tag{3.1.9}$$

这种将已知函数进行奇延拓或偶延拓之后而求得原问题的解的方法叫做反射法. 我们看 (3.1.9) 式的物理意义. 问题 (3.1.8) 表示左端点固定的一条无限长弦的自由横振动. 简单地说, 质点振动的传播就叫做波. 固定弦上一个质点坐标 x, 考察它的振动. 当 $x \geqslant t \geqslant 0$ 时, 正如 d'Alembert 公式所表示的, 它的位移是由初始扰动而引起的右行波与左行波在该点的叠加, 而当 $t > x \geqslant 0$ 时, 它的位移是由右方传来的左行波与在端点 $x = 0$ 反射回来的反射波的叠加.

附注 还可以用特征线法对问题 (3.1.2) 求解, 即用 (3.1.2) 中方程的特征线作自变量的变换, 把方程化为双曲型的第二标准型 $u_{\xi\eta} = 0$ 的形式, 对它积分两次求出通解 $u = F(\xi) + G(\eta)$, 其中, F 和 G 是任意二次光滑函数. 然后利用初值条件确定通解中的两个任意函数, 便得 d'Alembert 公式 (3.1.5). 具体推导过程留作习题.

3.1.2 依赖区域 决定区域 影响区域

我们从 d'Alembert 公式 (3.1.5) 看到, $u(x_0,t_0)$ 由初始函数 φ, ψ 在 x 轴的区间 $[x_0 - at_0, x_0 + at_0]$ 上的值唯一决定, 这个区间的端点是过点 (x_0, t_0) 的两条特征线与 x 轴的交点. 称此区间是点 (x_0, t_0) 的依赖区域 (图 3.1), 改变 φ, ψ 在此区间外的值不会影响解 $u(x,t)$ 在点 (x_0, t_0) 的值.

另一方面, 把 x 轴上以点 ξ 为中心、长度为 $2R$ 的区间记为 $I : |x - \xi| \leqslant R$. 过点 $\xi - R$ 与 $\xi + R$ 分别作特征线 $x - at = \xi - R$ 与 $x + at = \xi + R$, 其交点为 $(\xi, R/a)$. 记此三角形区域的闭包为 $B(I)$. 则由解的依赖区域的概念易知, $B(I)$ 上任一点 (x,t) 处的解 u 的值仅由此三角形底边 $[\xi - R, \xi + R]$ 上的初值唯一决定, 我们称 $B(I)$ 是区间 $[\xi - R, \xi + R]$ 的决定区域 (图 3.2). 可见, 若改变此区间以外的初值, 并不影响解在 $B(I)$ 上的值. 现在换一个角度提问题: x 轴上的区间 $[x_0, x_1]$ 上的初值影响解 $u(x,t)$ 在哪些点上的值? 由解的依赖区域的定义易知这些点位于由过点 x_0 的特征线 $x + at = x_0$ 和过点 x_1 的特征线 $x - at = x_1$ 与底边 $[x_0, x_1]$ 所界定的无界区域 G 上. 我们称 G 是区间 $[x_0, x_1]$ 的影响区域 (图 3.3).

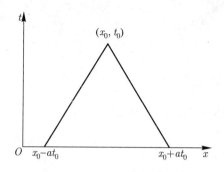

图 3.1　点 (x_0, t_0) 的依赖区域

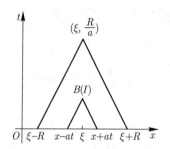

图 3.2　$[\xi - R, \xi + R]$ 的决定区域

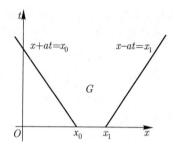

图 3.3　$[x_0, x_1]$ 的影响区域

以上三种区域的划分, 充分体现了方程的特征线在研究波动方程时的重要性. 例如, 我们知道了通过控制初始函数在哪个区间的值而实现对解的局部控制或调整. 更有意义的是下面的现象: 设初始函数 φ, ψ 在区间 (x_0, x_1) 外恒为零, 而在此区间内恒正. 则由依赖区域的概念, 我们立刻知道在区域 G 内 $u > 0$, 而在 G 外 $u \equiv 0$(图 3.3). 这里, 特征线成了划分扰动区域 $u \neq 0$ 和无扰动域 $u \equiv 0$ 的分界线, 即解的间断沿特征线发生. 我们将在第 7 章里深入讨论这种现象, 它是由波动方程本身的特性所决定的.

3.1.3　初值问题的弱解

从物理学上看, $\varphi(x)$ 和 $\psi(x)$ 分别表示弦的初始位移和初始速度, 它们连续但不一定都是光滑的. 此时从数学上看, d'Alembert 公式中的积分仍然有意义, 但它是否仍然表达弦振动的规律呢? 回答是肯定的. 事实上, 若 $\varphi(x), \psi(x)$ 仅在 $\mathbb{R}$ 上连续, 则对任意区间 $[-r, r]$, $r > 0$, 由函数逼近的 Weierstrass (魏尔斯特拉斯) 定理知, 存在两列函数 $\varphi_n \in C^2(\mathbb{R})$, $\psi_n \in C^1(\mathbb{R})$, $n = 1, 2, \cdots$, 在 $[-r, r]$ 上分别一致收敛于 φ 和 ψ. 记初值问题

$$\begin{cases} u_{tt} - a^2 u_{xx} = 0, \\ u(x,0) = \varphi_n(x), \ u_t(x,0) = \psi_n(x), \ n = 1, 2, \cdots \end{cases}$$

的解为 $u_n(x,t)$. 利用叠加原理, 由估计式 (3.1.6) 知

$$\begin{aligned} &\sup_G |u_n(x,t) - u_m(x,t)| \\ &\leqslant \sup_{|x| \leqslant r} |\varphi_n(x) - \varphi_m(x)| + T \sup_{|x| \leqslant r} |\psi_n(x) - \psi_m(x)| \\ &\to 0, \quad \text{当 } m, \ n \to +\infty. \end{aligned}$$

于是, 函数列 $\{u_n(x,t)\}$ 在 (x,t) 平面的任一有界区域 $G = \{(x,t) \mid |x| \leqslant r - at, r > 0, 0 \leqslant t \leqslant r/a\}$ 上一致收敛到一个连续函数 $u(x,t)$. 而由于解 $u_n(x,t)$ 可由 d'Alembert 公式表示为

$$u_n(x,t) = \frac{1}{2} \big[\varphi_n(x+at) + \varphi_n(x-at) \big] + \frac{1}{2a} \int_{x-at}^{x+at} \psi_n(y) \mathrm{d}y,$$

在上式中令 $n \to +\infty$, 得

$$u(x,t) = \frac{1}{2} \big[\varphi(x+at) + \varphi(x-at) \big] + \frac{1}{2a} \int_{x-at}^{x+at} \psi(y) \mathrm{d}y,$$

即 $u(x,t)$ 仍由 d'Alembert 公式表示. 但它已不是古典解, 我们称它为问题 (3.1.2) 的弱解或广义解. 以上的分析说明了这种弱解的存在性, 显然它是唯一的. 再一次用估计式 (3.1.6) 可知这种弱解也是稳定的, 从而关于这种弱解的初值问题也是适定的. 所以, 弱解是古典解概念的拓广和延伸, 扩大了解的范畴. 由以上论述可以看出扩充解的概念应遵从的两个原则: 在理论上应是自然的发展, 即古典解必是弱解; 在应用中应该有新概念的背景和需求. 也可以在更大的函数类中, 例如平方可积函数类中, 定义弱解. 对后文的一些定解问题也可类似地引入弱解, 限于篇幅, 届时就不一一重复讨论了. 由此可窥见扩大解的概念的思想. 这种思想发展的最终结果就是本书在第 8 章中讨论的广义函数.

3.2　一维波动方程的初边值问题

本节介绍在应用领域经常遇到的初边值问题. 解决这类问题的方法主要是分离变量法和特征函数展开法, 我们同时介绍特征线法和略微复杂的反射法. 这一节的讨论将导致下一节的 Sturm-Liouville (施图姆 – 刘维尔) 特征值与特征函数理论.

3.2.1 齐次方程的初边值问题 特征线法

首先, 我们观察图 3.4 所示的平行四边形 $ABCD$, 它的四条边是波动方程 (3.1.1) 的四条特征线 $x + at = c_i$, $x - at = d_i$, $i = 1, 2$. 容易验证, 任何形如 (3.1.7) 的函数 u 在对顶点上的值的和是相等的, 即都满足等式

$$u(A) + u(C) = u(B) + u(D). \tag{3.2.1}$$

现在, 考虑初边值问题

$$\begin{cases} u_{tt} - a^2 u_{xx} = 0, \ 0 < x < L, \ t > 0, \\ u(x, 0) = f(x), \ u_t(x, 0) = g(x), \ 0 \leqslant x \leqslant L, \\ u(0, t) = \alpha(t), \ u(L, t) = \beta(t), \ t \geqslant 0. \end{cases} \tag{3.2.2}$$

为求解, 用通过角点的特征线及通过这些特征线与边界的交点的特征线, 把带形区域 $0 < x < L$, $t > 0$ 分成无数块小的区域 (图 3.5).

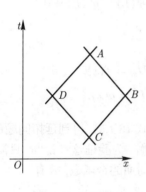

图 3.4　特征线

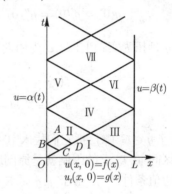

图 3.5　特征线法求解

$u(x, t)$ 在闭区域 I (它正是区间 $[0, L]$ 的决定区域) 上任一点的值, 直接用 d'Alembert 公式 (3.1.5), 仅由初值就能确定. 对闭区域 II 中的点, 例如 $A = (x, t)$, 作具有顶点 A, B, C, D 的特征平行四边形, 由 (3.2.1) 得

$$u(A) = -u(C) + u(B) + u(D), \tag{3.2.3}$$

其中, $u(B)$ 由边值条件给出, 而由于 C, D 位于闭区域 I 上, 所以 $u(C)$, $u(D)$ 是已经算得的. 类似地, 可得到 u 在区域 III, IV, V, $\cdots$ 上的值, 从而得到问题 (3.2.2) 在带形区域中的解. 称这种解法为特征线法.

如果要求解 u 在带形区域的闭包上属于 C^2 类, 这里及下文中的 C^1, C^2 是指所论函数在其自变量的区域中具有一阶或二阶连续偏导数, 那么已知函数

f, g, α, β 及其微商在角点处的值必须相互制约, 即在这些点上, u 及其一阶和二阶偏微商的值, 不论是从 f, g 算出的还是从 α, β 算出的, 其结果应该相同. 这就要求它们满足所谓的相容条件:

$$\alpha(0) = f(0), \quad \alpha'(0) = g(0), \quad \alpha''(0) = a^2 f''(0), \tag{3.2.4}$$

$$\beta(0) = f(L), \quad \beta'(0) = g(L), \quad \beta''(0) = a^2 f''(L). \tag{3.2.5}$$

当 $f, \alpha, \beta \in C^2$, $g \in C^1$ 时, 以上各式保证了 $u \in C^2$. 例如, 当点 $A \in \mathrm{II}$ 且 $u(A)$ 由 (3.2.3) 确定时, 对固定点 D, 令 $A \to D$, 则 $u(B) \to \alpha(0)$, $u(C) \to f(0)$, 而 $u(A) \to -f(0) + \alpha(0) + u(D) = u(D)$. 由此可以明白, 若 $\alpha(0) \neq f(0)$, 则沿特征线 $x = at$, u 均有跳跃, 即产生第一类间断.

有时可以用延拓法或称双侧反射法求解初边值问题 (3.2.2). 例如, 在问题 (3.2.2) 中, 设 $\alpha(t) \equiv \beta(t) \equiv 0$, 即弦的两端固定. 又设 $f, g \in C^2$, 且满足相容条件

$$f(0) = f'(0) = f''(0) = 0, \ f(L) = f'(L) = f''(L) = 0,$$
$$g(0) = g'(0) = g''(0) = 0, \ g(L) = g'(L) = g''(L) = 0.$$

把 f, g 延拓为实轴上以 $2L$ 为周期的奇函数

$$f(x) = -f(-x), \quad f(x + 2L) = f(x),$$
$$g(x) = -g(-x), \quad g(x + 2L) = g(x).$$

于是, $f, g \in C^2(\mathbb{R})$, 把它们代入 d'Alembert 公式 (3.1.5), 得到延拓问题的解, 则它在区间 $[0, L]$ 上的限制就是原问题 (3.2.2) 的解. 为验证这一论断, 只需检验它满足边值条件即可. 由于 f, g 是 $\mathbb{R}$ 上以 $2L$ 为周期的奇函数, 故有

$$\begin{aligned}
u(0, t) &= \frac{1}{2}\big[f(at) + f(-at)\big] + \frac{1}{2a}\left[\int_0^{at} g(y)\mathrm{d}y + \int_{-at}^0 g(y)\mathrm{d}y\right] \\
&= \frac{1}{2a}\int_0^{at}\big[g(y) + g(-y)\big]\mathrm{d}y \\
&= 0
\end{aligned}$$

及

$$\begin{aligned}
u(L, t) &= \frac{1}{2}\big[f(L + at) + f(L - at)\big] + \frac{1}{2a}\left[\int_0^{L+at} g(y)\mathrm{d}y + \int_{L-at}^0 g(y)\mathrm{d}y\right] \\
&= \frac{1}{2}\big[f(L + at) + f(L - at)\big] + \frac{1}{2a}\int_{-at}^{at} g(y + L)\mathrm{d}y \\
&= 0.
\end{aligned}$$

3.2.2 齐次方程的初边值问题 分离变量法

分离变量法又称 Fourier (傅里叶) 方法, 而在讨论波动方程时也称它为驻波法. 此法来源于物理学中如下的事实: 机械振动或电磁振动总可以分解为具有各种频率和振幅的简谐振动的叠加. 而每个简谐振动具有形式 $e^{i\omega(t+cx)} = e^{i\omega t}e^{ikx}$, $k = c\omega$, 这正是物理学中所谓的驻波. 从数学角度看, 驻波就是只含变量 x 的函数与只含变量 t 的函数的乘积, 即具有变量分离的形式. 由此启发我们在解线性定解问题时, 可尝试先求出满足齐次方程和齐次边值条件的具有变量分离形式的解

$$u_n(x,t) = X_n(x)T_n(t), \ n = 1, 2, \cdots,$$

然后把它们叠加起来, 记为

$$u(x,t) = \sum_{n=1}^{\infty} C_n X_n(x) T_n(t).$$

利用初值条件确定上式各项中的任意常数, 使其成为问题的解, 这个求解的方法称为分离变量法.

下面, 我们以两端固定的弦的自由振动为例介绍分离变量法. 此定解问题为

$$\begin{cases} u_{tt} - a^2 u_{xx} = 0, \ 0 < x < l, \ t > 0, \\ u(0,t) = 0, \ u(l,t) = 0, \ t \geqslant 0, \\ u(x,0) = f(x), \ u_t(x,0) = g(x), \ 0 \leqslant x \leqslant l, \end{cases} \tag{3.2.6}$$

其中, f, g 满足相容条件

$$f(0) = f(l) = 0, \quad g(0) = g(l) = 0.$$

分离变量法的步骤如下:

(1) 分离变量. 先求方程仅满足齐次边值条件的形如

$$u(x,t) = X(x)T(t) \neq 0$$

的解. 将它代入方程并整理, 得

$$\frac{T''(t)}{a^2 T(t)} \equiv \frac{X''(x)}{X(x)}, \ X(x)T(t) \neq 0.$$

上式左端只是自变量 t 的函数, 而右端只是自变量 x 的函数. 因此, 当且仅当它们都是常数时恒等式成立, 记此常数为 $-\lambda$, 得

$$\begin{cases} T''(t) + \lambda a^2 T(t) = 0, \ t > 0, \\ X''(x) + \lambda X(x) = 0, \ 0 < x < l. \end{cases} \tag{3.2.7}$$

为使 $u(x,t)$ 满足边值条件, 只需要求 $X(0) = X(l) = 0$ 即可.

(2) 解特征值问题. 即求使常微分方程两点边值问题

$$\begin{cases} X''(x) + \lambda X(x) = 0, \ 0 < x < l, \\ X(0) = X(l) = 0 \end{cases} \tag{3.2.8}$$

有非零解的实数 λ 值及其解, 称这些 λ 值为问题 (3.2.8) 的特征值, 对应于 λ 的非零解 $X_\lambda(x)$ 叫做问题 (3.2.8) 的特征函数, 其全体组成特征函数系. 下面先求特征值.

(a) 当 $\lambda < 0$ 时, 方程的通解为

$$X(x) = A\mathrm{e}^{\sqrt{-\lambda}x} + B\mathrm{e}^{-\sqrt{-\lambda}x},$$

代入边值条件, 得

$$X(0) = A + B = 0,$$
$$X(l) = A\mathrm{e}^{\sqrt{-\lambda}l} + B\mathrm{e}^{-\sqrt{-\lambda}l} = 0.$$

由此解得 $A = B = 0$, 即 (3.2.8) 仅有零解, 故 $\lambda < 0$ 不是其特征值.

(b) 当 $\lambda = 0$ 时, 方程为 $X''(x) = 0$, 代入边值条件后解得 $X(x) \equiv 0$, 所以, $\lambda = 0$ 也不是特征值.

(c) 当 $\lambda > 0$ 时, 若记 $\lambda = k^2 (k > 0)$, 则得方程的通解为

$$X(x) = A\cos kx + B\sin kx.$$

由边值条件 $X(0) = 0$ 得 $A = 0$, 再由 $X(l) = 0$ 得 $B\sin kl = 0$. 因求非零解, B 不能取为零, 故应有

$$k = \frac{n\pi}{l} \text{ 或 } \lambda_n = \left(\frac{n\pi}{l}\right)^2, \ n = 1, 2, \cdots. \tag{3.2.9}$$

此即特征值问题 (3.2.8) 的特征值. 相应的非零解, 即特征函数是

$$X_n(x) = B\sin\frac{n\pi}{l}x, \ n = 1, 2, \cdots, \tag{3.2.10}$$

其中, B 是任意常数. 把 (3.2.9) 式的 λ_n 代入 (3.2.7) 的第一个方程, 解得 $T(t)$, 记为

$$T_n(t) = C'_n \sin\frac{an\pi}{l}t + D'_n \cos\frac{an\pi}{l}t, \ n = 1, 2, \cdots,$$

其中, C'_n, D'_n 是任意常数.

于是, 函数

$$\begin{aligned} u_n(x,t) &= X_n(x)T_n(t) \\ &= \left(C_n \cos\frac{an\pi}{l}t + D_n \sin\frac{an\pi}{l}t\right)\sin\frac{n\pi}{l}x, \ n = 1, 2, \cdots \end{aligned}$$

满足 (3.2.6) 中方程和边值条件. 其中, $C_n = BC'_n$, $D_n = BD'_n$ 是任意常数, 留待确定.

(3) 叠加所有 $u_n(x,t)$. 因为对每个 $u_n(x,t)$, 不能期望它满足问题 (3.2.6) 的初值条件, 故将它们叠加, 通过叠加原理求解. 令

$$u(x,t) = \sum_{n=1}^{\infty} \left(C_n \cos \frac{an\pi}{l} t + D_n \sin \frac{an\pi}{l} t \right) \sin \frac{n\pi}{l} x. \tag{3.2.11}$$

如果级数 (3.2.11) 一致收敛且关于 t 逐项求微商后仍一致收敛, 则由初值条件得

$$u(x,0) = \sum_{n=1}^{\infty} C_n \sin \frac{n\pi}{l} x = f(x),$$

$$u_t(x,0) = \sum_{n=1}^{\infty} D_n \frac{an\pi}{l} \sin \frac{n\pi}{l} x = g(x).$$

由 Fourier 级数理论知, 如果 f, g 有一阶连续微商且满足 $f(0) = f(l) = g(0) = g(l) = 0$, 则 C_n, $D_n \frac{an\pi}{l}$ 就分别是 f, g 在区间 $[0,l]$ 上的正弦级数的系数, 于是

$$C_n = \frac{2}{l} \int_0^l f(x) \sin \frac{n\pi x}{l} \mathrm{d}x,$$
$$D_n = \frac{2}{an\pi} \int_0^l g(x) \sin \frac{n\pi x}{l} \mathrm{d}x. \tag{3.2.12}$$

把它们代入 (3.2.11), 就得到问题 (3.2.6) 的解.

通过以上分析得到的解叫做形式解, 这是因为我们不知道级数 (3.2.11) 是否一致收敛, 是否可以逐项求微商. 所以, 还须考虑对已知函数 $f(x)$, $g(x)$ 附加什么条件后, 使以上的运算能合理地进行, 从而所得形式解的确是问题的解. 这个过程称为综合过程, 我们以定理的形式表述如下:

定理 3.2.1 (*存在性*) 若 $f \in C^4[0,l]$, $g \in C^3[0,l]$, 并且 f, f'', g 在 $x = 0$ 和 $x = l$ 处取值为零, 则初边值问题 (3.2.6) 的古典解存在, 且可表示为级数 (3.2.11), 其中系数 C_n, D_n 由 (3.2.12) 式确定.

证明 由 (3.2.12) 中 C_n 的表达式出发, 连续四次用分部积分公式, 可得

$$C_n = \frac{2l^3}{n^4 \pi^4} \int_0^l f^{(4)}(x) \sin \frac{n\pi x}{l} \mathrm{d}x.$$

于是

$$|C_n| \leqslant \frac{M_1}{n^4},$$

其中

$$M_1 = \frac{2l^3}{\pi^4} \int_0^l |f^{(4)}| \mathrm{d}x$$

是常数. 同理, $|D_n| \leqslant \dfrac{M_2}{n^4}$, 这里 M_2 也是常数. 记 $M = M_1 + M_2$, 则有

$$\sum_{n=1}^{\infty} |u_n| \leqslant \sum_{n=1}^{\infty} (|C_n| + |D_n|) \leqslant M \sum_{n=1}^{\infty} \frac{1}{n^4},$$

$$\sum_{n=1}^{\infty} |(u_n)_t| \leqslant \sum_{n=1}^{\infty} \frac{an\pi}{l}(|C_n| + |D_n|) \leqslant \frac{Ma\pi}{l} \sum_{n=1}^{\infty} \frac{1}{n^3},$$

$$\sum_{n=1}^{\infty} |(u_n)_{tt}| \leqslant \sum_{n=1}^{\infty} \left(\frac{an\pi}{l}\right)^2 (|C_n| + |D_n|) \leqslant M \left(\frac{a\pi}{l}\right)^2 \sum_{n=1}^{\infty} \frac{1}{n^2},$$

$$\sum_{n=1}^{\infty} |(u_n)_{xx}| \leqslant \sum_{n=1}^{\infty} \left(\frac{n\pi}{l}\right)^2 (|C_n| + |D_n|) \leqslant M \left(\frac{\pi}{l}\right)^2 \sum_{n=1}^{\infty} \frac{1}{n^2}.$$

由此可知, 由 (3.2.12) 所确定的级数 (3.2.11) 及其分别逐项微商一次、二次后所得的两个级数在闭域 $0 \leqslant x \leqslant l,\ 0 \leqslant t \leqslant T$ 上绝对且一致收敛, 这里, T 是任意固定的正数. 所以, 形式解 (3.2.11) 的确是初边值问题 (3.2.6) 的古典解. $\square$

值得注意的是, 这里对 f 和 g 所加的条件是很强的. 尽管通过细致的讨论可使条件减弱, 如 $f \in C^3[0, l], g \in C^2[0, l]$, 但还不能适合实际问题所提出的数据往往是分段光滑的情况. 解决这一问题的办法是, 类似上一节, 引进弱解, 就可以把形式解看作问题 (3.2.6) 的弱解. 这样做, 既扩充了解的概念, 又适应了实际问题的要求.

3.2.3　非齐次方程的初边值问题　特征函数展开法

先考察非齐次方程的齐次初边值问题

$$\begin{cases} u_{tt} - a^2 u_{xx} = f(x, t),\ 0 < x < l,\ t > 0, \\ u(0, t) = 0,\ u(l, t) = 0,\ t \geqslant 0, \\ u(x, 0) = 0,\ u_t(x, 0) = 0,\ 0 \leqslant x \leqslant l. \end{cases} \tag{3.2.13}$$

由于方程中 f 的出现, 如果直接以 $u = X(x)T(t)$ 代入, 并不能分离变量. 但对应于问题 (3.2.13) 的齐次问题 (3.2.6) 的特征函数是

$$X_n = \sin \frac{n\pi}{l} x,\ n = 1, 2, \cdots.$$

受常微分方程中常数变易法的启发, 我们寻求如下形式的解:

$$u(x, t) = \sum_{n=1}^{\infty} T_n(t) \sin \frac{n\pi}{l} x. \tag{3.2.14}$$

即将 t 视为参数, 将欲求解按所对应的齐次问题的特征函数系展开为 Fourier 级数, 其中, $T_n(t)$ 是 Fourier 系数, 这正是我们要求解的函数. 显然, (3.2.14) 中的

$u(x,t)$ 满足 (3.2.13) 中的齐次边值条件, 剩下的工作是确定 $T_n(t)$, 使 $u(x,t)$ 也满足 (3.2.13) 中的方程和初值条件. 为此, 将 (3.2.14) 代入 (3.2.13) 中的方程和初值条件并令两边相等, 得

$$\sum_{n=1}^{\infty}\left[T_n''(t) + \left(\frac{an\pi}{l}\right)^2 T_n(t)\right]\sin\frac{n\pi}{l}x = f(x,t),$$

$$u(x,0) = \sum_{n=1}^{\infty} T_n(0)\sin\frac{n\pi}{l}x = 0,$$

$$u_t(x,0) = \sum_{n=1}^{\infty} T_n'(0)\sin\frac{n\pi}{l}x = 0.$$

将 $f(x,t)$ 在函数系 $\left\{\sin\dfrac{n\pi}{l}x\right\}$ 上展开并代入上面第一式, 而后对上面三式分别比较两边系数, 得

$$\begin{cases} T_m''(t) + \left(\dfrac{am\pi}{l}\right)^2 T_m(t) = f_m(t), \\ T_m(0) = T_m'(0) = 0, \ m = 1, 2, \cdots, \end{cases}$$

其中

$$f_m(t) = \frac{2}{l}\int_0^l f(x,t)\sin\frac{m\pi}{l}x\mathrm{d}x, \ m = 1, 2, \cdots.$$

解之得

$$T_m(t) = \frac{l}{am\pi}\int_0^t f_m(\tau)\sin\frac{am\pi}{l}(t-\tau)\mathrm{d}\tau, \ m = 1, \ 2, \cdots.$$

将它代入 (3.2.14), 于是得 (3.2.13) 的形式解

$$u(x,t) = \sum_{n=1}^{\infty}\left[\frac{l}{an\pi}\int_0^t f_n(\tau)\sin\frac{an\pi}{l}(t-\tau)\mathrm{d}\tau\right]\sin\frac{n\pi}{l}x.$$

上式可以写成更紧凑的形式

$$u(x,t) = \int_0^t\int_0^l G(x,\xi,t-\tau)f(\xi,\tau)\mathrm{d}\xi\mathrm{d}\tau, \tag{3.2.15}$$

其中

$$G(x,\xi,t-\tau) = \frac{2}{a\pi}\sum_{n=1}^{\infty}\frac{1}{n}\sin\frac{an\pi}{l}(t-\tau)\sin\frac{n\pi}{l}x\sin\frac{n\pi}{l}\xi.$$

为保证形式解 (3.2.15) 确是古典解, 与前面一样地进行综合分析过程. 如果上面的级数一致收敛且关于 t 逐项微商后仍一致收敛, 则它满足初边值条件. 若分别关于 x 和 t 逐项微商两次后的两个级数仍一致收敛, 则它必满足方程. 因此有

定理 3.2.2 (存在性) 若 $f(x,t)$ 连续, 关于 x 三次连续可微, 且 f, f_{xx} 当 $x = 0$, l 时取零值, 则由 (3.2.15) 所确定的函数 $u(x,t)$ 是问题 (3.2.13) 的古典解.

这个定理的证明可仿照定理 3.2.1 给出, 建议读者自己完成. 这里, 对 f 的要求也可以减弱, 亦可引进弱解.

以上方法是以在相应齐次问题的特征函数系上将所求解展开为依据的. 而特征函数系是随特征值问题中的方程和边值条件而变化的. 例如对问题 (3.2.13), 若边值条件换为第二类或第三类, 则应取 $\{X_n\}$ 为相应齐次边值条件下的特征函数系. 这种解非齐次问题的方法称为特征函数展开法.

上面讨论的分离变量法和特征函数展开法是两种基本方法, 分别适用于两种基本问题: 一种是齐次方程带有齐次边值条件和任意初值条件的初边值问题, 另一种是非齐次方程带有齐次边值条件和齐次初值条件的初边值问题. 这两种问题中的边值条件都是齐次的. 所以, 对一般的初边值问题

$$\begin{cases} u_{tt} - a^2 u_{xx} = f(x,t), \ 0 < x < l, \ t > 0, \\ u_x(0,t) = \mu(t), \ u(l,t) = \nu(t), \ t \geqslant 0, \\ u(x,0) = \varphi(x), \ u_t(x,0) = \psi(x), \ 0 \leqslant x \leqslant l, \end{cases} \tag{3.2.16}$$

两种基本方法一般都不能用. 为寻找这个问题的解法, 根据两种基本问题都具有齐次边值条件的共同特点, 我们先将问题中的边值条件齐次化. 为此, 若能找到函数 $h(x,t)$, 使它具有性质

$$h_x(0,t) = \mu(t), \quad h(l,t) = \nu(t), \tag{3.2.17}$$

则函数 $v(x,t) = u - h$ 就满足齐次边值条件

$$v_x(0,t) = 0, \quad v(l,t) = 0.$$

故关键是寻找满足性质 (3.2.17) 的函数 $h(x,t)$. (3.2.17) 式表明: 对任意固定的 t, 在平面 (x,h) 上的曲线是这样一些曲线: 必过点 $(l,\nu(t))$, 且在 $x = 0$ 时有斜率 $\mu(t)$. 在这些曲线中, 最简单的是直线

$$h(x,t) = \mu(t)x + \nu(t) - l\mu(t).$$

用这个 $h(x,t)$ 作变换

$$v(x,t) = u(x,t) - h(x,t) = u(x,t) - \mu(t)x - \nu(t) + l\mu(t),$$

用叠加原理, 则问题 (3.2.16) 就化为具有齐次边值条件的初边值问题

$$\begin{cases} v_{tt} - a^2 v_{xx} = f(x,t) - h_{tt}(x,t),\ 0 < x < l,\ t > 0, \\ v_x(0,t) = 0,\ v(l,t) = 0,\ t \geqslant 0, \\ v(x,0) = \varphi(x) - h(x,0), \\ v_t(x,0) = \psi(x) - h_t(x,0),\ 0 \leqslant x \leqslant l. \end{cases} \tag{3.2.18}$$

令 $v(x,t) = w(x,t) + z(x,t)$, 再一次用叠加原理, w 和 z 分别满足问题

$$\begin{cases} w_{tt} - a^2 w_{xx} = 0,\ 0 < x < l,\ t > 0, \\ w_x(0,t) = 0,\ w(l,t) = 0,\ t \geqslant 0, \\ w(x,0) = \varphi(x) - h(x,0), \\ w_t(x,0) = \psi(x) - h_t(x,0),\ 0 \leqslant x \leqslant l \end{cases} \tag{3.2.19}$$

和

$$\begin{cases} z_{tt} - a^2 z_{xx} = f(x,t) - h_{tt}(x,t),\ 0 < x < l,\ t > 0, \\ z_x(0,t) = 0,\ z(l,t) = 0,\ t \geqslant 0, \\ z(x,0) = 0,\ z_t(x,0) = 0,\ 0 \leqslant x \leqslant l. \end{cases} \tag{3.2.20}$$

于是, 可以用分离变量法解问题 (3.2.19), 用特征函数展开法解问题 (3.2.20). 最终就得到问题 (3.2.16) 的解 $u(x,t) = v(x,t) + h(x,t) = w(x,t) + z(x,t) + h(x,t)$.

这里关键的步骤是把边值条件齐次化. 类似本题的方法, 可将其他类型的边值条件齐次化. 但有时要取 $h(x,t)$ 为 x 的二次函数.

3.3 Sturm-Liouville 特征值问题

由上节的讨论可知, 分离变量法的重要一步是解特征值问题. 对一般的特征值问题, 自然要问: 特征值和特征函数是否存在? 特征函数系是否构成某函数空间的完备正交系? 问题中涉及的函数能否按特征函数系展开? 对三角函数系, Fourier 级数理论对这些问题给出了肯定的回答. 对一般的双曲型方程的初边值问题, 分离变量法的过程导出了线性变系数常微分方程的特征值问题, 称为 Sturm-Liouville 特征值问题, 它同样对上述问题给出了肯定的回答. 下面, 我们在一个更大的函数空间中 (不一定是光滑函数空间) 介绍这个理论, 即 Sturm-Liouville 特征值理论. 考虑双曲型方程的初边值问题

$$\begin{cases} A(t)u_{tt} + C(x)u_{xx} + D(t)u_t + E(x)u_x + [F_1(t) + F_2(x)]u = 0, \\ \qquad\qquad\qquad\qquad\qquad\qquad\qquad a < x < b, \ t > 0, \\ u(x,0) = \varphi(x), \ u_t(x,0) = \psi(x), \ a \leqslant x \leqslant b, \\ \alpha_1 u(a,t) + \alpha_2 u_x(a,t) = 0, \\ \beta_1 u(b,t) + \beta_2 u_x(b,t) = 0, \ t \geqslant 0, \end{cases} \tag{3.3.1}$$

其中, α_i, $\beta_i(i = 1,2)$ 是常数, 且 $\alpha_1^2 + \alpha_2^2 \neq 0$, $\beta_1^2 + \beta_2^2 \neq 0$; $A(t) \geqslant A_0 > 0$, $C(x) \leqslant C_0 < 0$, A_0, C_0 是常数, 方程的系数在 $a \leqslant x \leqslant b$, $t \geqslant 0$ 上连续. 不失一般性, 设 $F_2(x) > 0$.

设解具有形式 $u(x,t) = X(x)T(t)$, 将它代入方程和边值条件, 如同前面的分离变量过程, 可得关于 $T(t)$ 的方程

$$AT''(t) + DT'(t) + F_1 T + \lambda T = 0 \tag{3.3.2}$$

和特征值问题

$$\begin{cases} CX'' + EX' + F_2 X - \lambda X = 0, \\ \alpha_1 X(a) + \alpha_2 X'(a) = 0, \\ \beta_1 X(b) + \beta_2 X'(b) = 0, \end{cases} \tag{3.3.3}$$

即求使问题 (3.3.3) 有非零解的 λ 值 (称为问题的特征值) 和相应的非零解 (称为问题的特征函数).

在着手解特征值问题之前, 先将 (3.3.3) 中方程化为与它等价的自伴随形式. 用待定函数 $-S(x)$ 乘方程两端, 得

$$(-SCX')' + (SC)'X' - SEX' - SF_2 X + \lambda SX = 0.$$

令 $(SC)'X' - SEX' = 0$, 解得

$$S = \frac{-1}{C} \exp\left(\int_a^x \frac{E}{C} \mathrm{d}x \right).$$

由于 $C \leqslant C_0 < 0$, 故 $-SC = \exp\left(\int_a^x \frac{E}{C} \mathrm{d}x \right) > 0$. 令

$$p(x) = -SC, \quad q(x) = SF_2,$$

于是, (3.3.3) 中方程化为自伴随形式

$$\left[p(x)X' \right]' - q(x)X + \lambda SX = 0, \tag{3.3.4}$$

其中

$$p(x) = -SC \geqslant \exp\left(\int_a^x \frac{|E|}{C_0}\mathrm{d}x\right) \equiv p_0 > 0,$$

$$q(x) > 0, \ S(x) > 0.$$

用 (3.3.4) 重写特征值问题 (3.3.3) 如下:

$$\begin{cases} [p(x)X']' - q(x)X + \lambda SX = 0, \\ \alpha_1 X(a) + \alpha_2 X'(a) = 0, \\ \beta_1 X(b) + \beta_2 X'(b) = 0. \end{cases} \tag{3.3.5}$$

称问题 (3.3.5) 为 Sturm-Liouville 特征值问题, 简称 S–L 问题. 在求解 (3.3.5) 之前, 先证明特征函数的两个重要性质.

3.3.1 特征函数的性质

定理 3.3.1 (特征函数空间一维性) 设 X_1 与 X_2 是对应于同一个特征值的特征函数, 则存在非零常数 C 使 $X_1 = CX_2$.

证明 因 X_1 与 X_2 都满足边值条件, 于是在 $x = a$ 有

$$\begin{cases} \alpha_1 X_1(a) + \alpha_2 X_1'(a) = 0, \\ \alpha_1 X_2(a) + \alpha_2 X_2'(a) = 0. \end{cases}$$

因为 $\alpha_1^2 + \alpha_2^2 \neq 0$, 故 X_1 与 X_2 的 Wronski (朗斯基) 行列式在 $x = a$ 的值等于零, 即

$$\begin{vmatrix} X_1(a) & X_2(a) \\ X_1'(a) & X_2'(a) \end{vmatrix} = 0.$$

于是, 解 $X_1(x)$ 与 $X_2(x)$ 线性相关, 即存在非零常数 C 使 $X_1 = CX_2$. □

定理 3.3.2 (加权正交性) 若 X_i 与 X_j 分别是对应于特征值 λ_i 与 $\lambda_j(\lambda_i \neq \lambda_j)$ 的特征函数, 则它们在 $[a, b]$ 上加权 $S(x)$ 正交, 即

$$\int_a^b SX_iX_j\mathrm{d}x = 0.$$

证明 将 X_i, X_j 分别代入方程 (3.3.5), 得

$$\begin{cases} (pX_i')' - qX_i + \lambda_i SX_i = 0, \\ (pX_j')' - qX_j + \lambda_j SX_j = 0. \end{cases}$$

上式中第一式乘 X_j 减第二式乘 X_i, 得

$$(\lambda_i - \lambda_j)SX_iX_j = X_i(pX_j')' - X_j(pX_i')'$$
$$= [X_i(pX_j') - X_j(pX_i')]',$$

在 $[a,b]$ 上积分上式, 并利用边值条件, 得

$$(\lambda_i - \lambda_j)\int_a^b SX_iX_j\mathrm{d}x = [X_i(pX_j') - X_j(pX_i')]|_a^b = 0.$$

因 $\lambda_i \neq \lambda_j$, 所以

$$\int_a^b SX_iX_j\mathrm{d}x = 0,\ i \neq j. \qquad \square$$

*3.3.2 特征值与特征函数的存在性

为了保证特征函数存在, 并尽可能地引进现代数学的术语和方法, 我们在比光滑函数空间更大的空间中讨论特征值问题 (3.3.5), 并相应地把特征值问题的解理解为弱解. 下面就构造这些空间并给出弱解的定义.

记在 $[a,b]$ 上加权 $S(x)$ 平方可积函数空间为 $L_{2,S}$, 内积为

$$(y_1, y_2)_S \equiv \int_a^b S(x)y_1(x)y_2(x)\mathrm{d}x,\ \forall y_1,\ y_2 \in L_{2,S}, \tag{3.3.6}$$

其中, $S(x) > 0$ 是 $[a,b]$ 上的连续函数. 另外, 在 $C_0^1[a,b]$ 中规定内积

$$(y_1, y_2)_H \equiv \int_a^b [p(x)y_1'y_2' + q(x)y_1y_2]\mathrm{d}x,\ \forall y_1,\ y_2 \in C_0^1[a,b], \tag{3.3.7}$$

其中, $p(x)$, $q(x)$ 是 $[a,b]$ 上的连续函数, 且对某常数 $p_0 > 0$, 有 $p(x) \geqslant p_0$, $q(x) > 0$, $\forall x \in [a,b]$.

由 (3.3.7) 诱导的范数记为 $\|\cdot\|_H$, $C_0^1[a,b]$ 按此范数完备化所得的空间记为 $H_{p,q}^{0,1}$, 它是一个 Hilbert 空间.

现在, 继续考虑特征值问题 (3.3.5). 为简便计, 将 (3.3.5) 中的边值条件改为第一类, 并把 X 记为 y. 于是, 特征值问题为

$$\begin{cases} [p(x)y']' - qy + \lambda Sy = 0, \\ y(a) = y(b) = 0. \end{cases} \tag{3.3.8}$$

定义 3.3.3 若 $y \in H_{p,q}^{0,1}$, 对任一 $\eta \in C_0^1[a,b]$ 成立 $(y, \eta)_H = \lambda(y, \eta)_S$, 则称 y 是 (3.3.8) 的弱解.

易验证, 若 y 是问题 (3.3.8) 的古典解, 则它必是弱解; 反之, 若 (3.3.8) 的弱解属于 $C[a,b] \cap C^2(a,b)$, 则它必是古典解.

为了证明弱解的存在性, 考虑泛函

$$J(y) = \frac{(y, y)_H}{(y, y)_S},\ \forall y \in H_{p,q}^{0,1} \tag{3.3.9}$$

的变分问题. 先给出两个引理.

引理 3.3.4 (极小函数与弱解) 若 $0 \neq y_0 \in H_{p,q}^{0,1}$ 满足

$$J(y_0) = \inf_{y \in H_{p,q}^{0,1}} J(y),$$

则 y_0 必是问题 (3.3.8) 的弱解, 此时

$$\lambda = \frac{(y_0, y_0)_H}{(y_0, y_0)_S}.$$

证明 对任一 $\eta \in C_0^1[a,b]$ 及任一实数 α, 有

$$\begin{aligned}
P &\equiv (y_0 + \alpha\eta, y_0 + \alpha\eta)_H \\
&= (y_0, y_0)_H + 2\alpha(y_0, \eta)_H + \alpha^2(\eta, \eta)_H, \\
Q &\equiv (y_0 + \alpha\eta, y_0 + \alpha\eta)_S \\
&= (y_0, y_0)_S + 2\alpha(y_0, \eta)_S + \alpha^2(\eta, \eta)_S.
\end{aligned}$$

因为 $J[\alpha] \equiv J(y_0 + \alpha\eta)$ 在 $\alpha = 0$ 取极小值, 故有 $J'[0] = 0$, 即

$$\left(\frac{P}{Q}\right)' \bigg|_{\alpha=0} = 0.$$

通过计算得

$$(y_0, \eta)_H - \frac{(y_0, y_0)_H}{(y_0, y_0)_S}(y_0, \eta)_S = 0. \tag{3.3.10}$$

记

$$\lambda = \frac{(y_0, y_0)_H}{(y_0, y_0)_S},$$

则 (3.3.10) 可写为

$$(y_0, \eta)_H - \lambda(y_0, \eta)_S = 0.$$

所以, y_0 是问题 (3.3.8) 的弱解. $\qquad\square$

引理 3.3.5 (紧性) $H_{p,q}^{0,1}$ 中的有界集合在 $C[a,b]$ 中是紧集.

证明 设函数列 $\{y_n\} \subset H_{p,q}^{0,1}$, 且 $\|y_n\|_H \leqslant c$. 由于 $y_n \in H_{p,q}^{0,1}$, 故 y_n 有弱微商 y_n', 且 (参见第 5 章 5.5.2 小节)

$$y_n(x) = y_n(a) + \int_a^x y_n' \mathrm{d}x = \int_a^x y_n'(x) \mathrm{d}x.$$

于是有估计

$$\begin{aligned}
|y_n(x)| &\leqslant \int_a^x |y_n'(x)| \mathrm{d}x \\
&\leqslant \left(\int_a^x |y_n'|^2 \mathrm{d}x\right)^{1/2} \left(\int_a^x \mathrm{d}x\right)^{1/2}
\end{aligned}$$

$$\leqslant \left(\int_a^x \frac{p|y_n'|^2}{p_0} \mathrm{d}x \right)^{1/2} (b-a)^{1/2}$$

$$\leqslant \frac{(b-a)^{1/2}}{p_0^{1/2}} \|y_n\|_H$$

$$\leqslant \frac{c(b-a)^{1/2}}{p_0^{1/2}}, \ n = 1, 2, \cdots,$$

故 $y_n(x)(n = 1, 2, \cdots)$ 在 $C[a, b]$ 中一致有界. 另外, 对实数 h, 当 $x + h \in [a, b]$ 时, 同上估计可得

$$|y_n(x+h) - y_n(x)| \leqslant \int_x^{x+h} |y_n'| \mathrm{d}x \leqslant \frac{|h|^{1/2}}{p_0^{1/2}} \|y_n\|_H \leqslant \frac{c|h|^{1/2}}{p_0^{1/2}},$$

因此, $y_n(n = 1, 2, \cdots)$ 在 $[a, b]$ 上等度连续. 由 Arzelà-Ascoli (阿尔泽拉 – 阿斯科利) 定理知, $\{y_n\}$ 有子列在 $C[a, b]$ 中收敛, 即 $\{y_n\}$ 是 $C[a, b]$ 中的紧集. $\qquad \square$

现在给出本节的主要结果:

定理 3.3.6 (极小函数存在性)   存在 $y \in H_{p,q}^{0,1}$, 使得

$$J(y) = \inf_{z \in H_{p,q}^{0,1}} J(z).$$

证明   不失一般性, 只需证明存在 $y \in H_{p,q}^{0,1}$, 使对满足 $(z, z)_S = 1$ 的所有 $z \in H_{p,q}^{0,1}$ 有 $(y, y)_H = \inf(z, z)_H$. 记此等式右边的值为 λ, 因 $(z, z)_S = 1$, 于是

$$(z, z)_H = \|z\|_H^2 \geqslant \int_a^b q(x) z^2 \mathrm{d}x \ \geqslant \inf \frac{q(x)}{S(x)} \int_a^b S z^2 \mathrm{d}x$$

$$\geqslant \frac{\min q}{\max S} = c > 0.$$

从而, $\lambda > 0$. 下证存在 $y \in H_{p,q}^{0,1}$, 满足 $(y, y)_H = \lambda$. 记

$$K = \{z \in H_{p,q}^{0,1} \mid (z, z)_S = 1\}.$$

取极小化序列 $\{y_k\} \subset K$, 即当 $k \to \infty$ 时, 有

$$\|y_k\|_H^2 = (y_k, y_k)_H \to \lambda.$$

由平行四边形公式知

$$\|y_k + y_l\|_H^2 + \|y_k - y_l\|_H^2 = 2\|y_k\|_H^2 + 2\|y_l\|_H^2. \tag{3.3.11}$$

对 $\forall \varepsilon > 0$, 由 $\|y_k\|_H^2 \to \lambda (k \to \infty)$ 知, 当 k, l 充分大时, 有

$$\|y_k\|_H^2 < \lambda + \frac{\varepsilon}{4}, \quad \|y_l\|_H^2 < \lambda + \frac{\varepsilon}{4},$$

从而

$$2(\|y_k\|_H^2 + \|y_l\|_H^2) < 4\lambda + \varepsilon. \tag{3.3.12}$$

另外, 易知

$$\|y_k + y_l\|_H^2 \geqslant \lambda\|y_k + y_l\|_S^2. \tag{3.3.13}$$

把 (3.3.13) 和 (3.3.12) 代入 (3.3.11), 得

$$\|y_k - y_l\|_H^2 \leqslant 4\lambda + \varepsilon - \lambda\|y_k + y_l\|_S^2,$$

再一次用平行四边形公式, 得

$$\begin{aligned}
\|y_k - y_l\|_H^2 &\leqslant 4\lambda + \varepsilon - \lambda(2\|y_k\|_S^2 + 2\|y_l\|_S^2 - \|y_k - y_l\|_S^2) \\
&= 4\lambda + \varepsilon - \lambda(4 - \|y_k - y_l\|_S^2) \\
&= \varepsilon + \lambda\|y_k - y_l\|_S^2.
\end{aligned} \tag{3.3.14}$$

因 $\{y_k\}$ 是 $H_{p,q}^{0,1}$ 中有界序列, 由引理3.3.5 知它在 $C[a,b]$ 中是紧的, 故有子列, 仍记为 $\{y_k\}$, 满足

$$\max_{[a,b]}|y_k(x) - y_l(x)| \to 0, \ k, l \to \infty,$$

从而, 当 $k, l \to \infty$ 时, 有

$$\begin{aligned}
\|y_k - y_l\|_S^2 &= \int_a^b S(x)(y_k - y_l)^2 \mathrm{d}x \\
&\leqslant \max_{[a,b]}|y_k - y_l|^2 \int_a^b S(x)\mathrm{d}x \\
&\to 0.
\end{aligned}$$

因此, 当 k, l 充分大时, 有 $\|y_k - y_l\|_S^2 \leqslant \varepsilon/\lambda$. 于是, 当 k, l 充分大时, 由 (3.3.14) 得 $\|y_k - y_l\|_H^2 \leqslant 2\varepsilon$. 故 $\{y_k\}$ 是空间 $H_{p,q}^{0,1}$ 中的基本序列, 于是存在 $y \in H_{p,q}^{0,1}$ 使在 $H_{p,q}^{0,1}$ 中 $y_k \to y(k \to \infty)$. 由 $(y_k, y_k)_H \to \lambda$, 便得所证 $(y, y)_H = \lambda$. □

结合定理 3.3.6 与引理 3.3.4, 便解决了特征值问题 (3.3.8) 弱解的存在性. 现在就可以给出下面的定义:

定义 3.3.7 记 $K_1 = H_{p,q}^{0,1}$, 称

$$\lambda_1 = \inf_{\substack{y \in K_1 \\ y \neq 0}} \frac{(y,y)_H}{(y,y)_S}$$

是特征值问题 (3.3.8) 的第一个特征值, 又叫做主特征值, 而称使得

$$\frac{(y_1, y_1)_H}{(y_1, y_1)_S} = \lambda_1$$

成立的 $0 \neq y_1 \in K_1$ 是对应于特征值 λ_1 的特征函数.

由定理 3.3.6 知, 特征函数 y_1 是存在的. 若取

$$K_2 = \{y \in K_1 | (y, y_1)_S = 0\},$$

则类似于定理 3.3.6 的证明可知, 变分问题

$$\lambda_2 = \inf_{y \in K_2} \frac{(y, y)_H}{(y, y)_S}$$

的极小函数 $0 \neq y_2 \in K_2$ 存在, 使得

$$\lambda_2 = \frac{(y_2, y_2)_H}{(y_2, y_2)_S}.$$

一般地, 我们取

$$K_n = \{y \in K_1 | (y, y_1)_S = (y, y_2)_S = \cdots = (y, y_{n-1})_S = 0\},$$

则变分问题

$$\lambda_n = \inf_{y \in K_n} \frac{(y, y)_H}{(y, y)_S}$$

的极小函数 $0 \neq y_n \in K_n$ 存在, 使得

$$\lambda_n = \frac{(y_n, y_n)_H}{(y_n, y_n)_S}.$$

于是, 我们有

定理 3.3.8 (多个特征值与特征函数) 称 λ_2 是特征值问题 (3.3.8) 的第二个特征值, y_2 是 (3.3.8) 的对应于特征值 λ_2 的特征函数. 一般地, 称 $\lambda_n (n = 1, 2, \cdots)$ 是 (3.3.8) 的第 n 个特征值, $y_n (n = 1, 2, \cdots)$ 是 (3.3.8) 对应于特征值 λ_n 的特征函数.

显然, $0 < \lambda_1 < \lambda_2 < \cdots < \lambda_n < \lambda_{n+1} < \cdots$. 两个特征值不可能相等, 否则, 设 $\lambda_n = \lambda_{n+1}$, 则由定理3.3.1 知, 存在非零常数 c 使 $y_n = c y_{n+1}$, 这与 $(y_n, y_{n+1})_S = 0$ 矛盾.

*3.3.3 特征函数系的完备性

还有两个重要的问题需要解决: 其一, 特征值数列是否有有限的极限? 其二, 所有特征函数组成的函数系 $\{y_n, n = 1, 2, \cdots\}$ 是否完备? 下面, 我们依次回答这两个问题.

定理 3.3.9 (无界性) 当 $n \to \infty$ 时, $\lambda_n \to +\infty$.

证明 由各特征函数 $y_n(n = 1, 2, \cdots)$ 的作法知它们在空间 $L_{2,S}$ 中是正交的, 不妨设它们也是 $L_{2,S}$ 中的规范系, 即 $(y_n, y_n)_S = 1$, $n = 1, 2, \cdots$. 反证: 设 $n \to \infty$ 时, λ_n 不趋于 $+\infty$. 则因 $\{\lambda_n\}$ 是递增数列, 必存在常数 $k > 0$, 使 $\lambda_n < k^2$, $n = 1, 2, \cdots$. 由 λ_n 的定义知 $\|y_n\|_H < k$, $n = 1, 2, \cdots$, 即 $\{y_n\}$ 是 $H_{p,q}^{0,1}$ 中有界序列. 据引理 3.3.5, $\{y_n\}$ 是 $C[a, b]$ 中的紧序列, 易知, 它也是 $L_{2,S}$ 中的紧序列. 故有子列, 仍记为 $\{y_n\}$, 在 $L_{2,S}$ 中收敛, 即 $\|y_n - y_m\|_S^2 \to 0(n, m \to \infty)$, 但这与

$$\|y_n - y_m\|_S^2 = \|y_n\|_S^2 + \|y_m\|_S^2 - 2(y_n, y_m)_S$$
$$= 2, \ \forall m, n = 1, 2, \cdots, \ m \neq n$$

相矛盾. $\qquad\qquad\square$

定理 3.3.10 (完备正交性) 特征函数系 $\{y_n\}$ 是 $L_{2,S}$ 中的完备正交系.

证明 正交性显然, 现证完备性. 因为 $L_{2,S}$ 是 Hilbert (希尔伯特) 空间, 故只需证明 $\{y_n\}$ 的完全性即可. 先证: 若 $y \in L_{2,S} \cap H_{p,q}^{0,1}$ 且满足 $(y, y_n)_S = 0, n = 1, 2, \cdots$, 则 $y = 0$. 反证: 设 $y \neq 0$. 因 y 与所有 y_n 正交, 由 y_n 的定义便知 $y \in K_n, n = 1, 2, \cdots$. 所以

$$\frac{(y, y)_H}{(y, y)_S} \geqslant \lambda_n, \ n = 1, 2, \cdots.$$

但据定理 3.3.9, $\lambda_n \to +\infty(n \to \infty)$, 故上式不可能成立, 所以 $y = 0$. 由于 $H_{p,q}^{0,1}$ 在 $L_{2,S}$ 中稠密 (请读者自己验证), 故对任意 $y \in L_{2,S}$ 且满足 $(y, y_n)_S = 0, n = 1, 2, \cdots$, 也有 $y = 0$. 所以, $\{y_n\}$ 是完全的. $\qquad\qquad\square$

根据 Fourier 分析的理论, 由定理 3.3.10 的保证, 知对任意 $f \in L_{2,S}$, 有它的 Fourier 展开

$$f = \sum_{n=1}^{\infty} c_n y_n,$$

其中

$$c_n = (f, y_n)_S = \int_a^b S(x) f y_n \mathrm{d}x, \ n = 1, 2, \cdots$$

是 f 在规范正交特征函数系 $\{y_n\}$ 上的 Fourier 展开系数.

附注 1 以上对特征值问题 (3.3.8) 的讨论, 规定了第一类边值条件 $y(a) = y(b) = 0$. 若改为第二类或第三类边值条件, 上述定理仍然成立. 另外, 若把函数 $S(x) > 0$ 放宽为 $S(x) \geqslant 0$, $q(x) > 0$ 放宽为 $q(x) \geqslant 0$, 且 $S(x)$, $q(x)$ 都在 $[a, b]$ 上几乎处处不等于零, 所有定理仍然成立.

附注 2 需要指出的是, 我们在函数空间 $H_{p,q}^{0,1}$ 中证明了特征函数的存在性, 不能保证这些特征函数的二阶微商存在. 所以, 只能说它们是广义特征函数, 只有当它们二阶连续可微时, 才是一般所说的 (常义) 特征函数, 即满足 (3.3.8). 在

具体问题中, 若求出的特征函数具有二阶连续微商, 它就是常义特征函数. 实际上, 若取满足边值条件的一阶连续可微函数组成的函数空间代替空间 $H_{p,q}^{0,1}$ 讨论问题, 则在变分学中已经知道, 所讨论的变分问题恒有解存在, 而且此解具有连续的二阶微商, 所以必是常义特征函数.

现在解初边值问题 (3.3.1). 已得到它的特征值问题 (3.3.5). 由 S-L 理论及上述附注 1 知, 问题 (3.3.5) 的特征值 λ_n, $n = 1, 2, \cdots$ 存在, 特征函数系 $\{X_n\}$ 是 $L_{2,S}$ 中的完备正交系. 把 λ_n 代入关于 $T(t)$ 的二阶线性方程 (3.3.2), 得通解

$$T_n(t) = a_n T_n^*(t) + b_n T_n^{**}(t),$$

其中, T_n^* 与 T_n^{**} 是 (3.3.2) 的两个线性无关的特解, 满足

$$T_n^*(0) = 1, \ \frac{\mathrm{d}T_n^*}{\mathrm{d}t}(0) = 0,$$
$$T_n^{**}(0) = 0, \ \frac{\mathrm{d}T_n^{**}}{\mathrm{d}t}(0) = 1.$$

叠加得

$$u(x,t) = \sum_{n=1}^{\infty} (a_n T_n^* + b_n T_n^{**}) X_n. \tag{3.3.15}$$

由初值条件得

$$\sum_{n=1}^{\infty} a_n X_n = \varphi(x), \quad \sum_{n=1}^{\infty} b_n X_n = \psi(x).$$

只要 $\varphi(x), \psi(x) \in L_{2,S}$, 就有

$$a_n = \frac{1}{M} \int_a^b S(x)\varphi(x)X_n \mathrm{d}x,$$
$$b_n = \frac{1}{M} \int_a^b S(x)\psi(x)X_n \mathrm{d}x, \tag{3.3.16}$$

其中

$$M = \int_a^b S(x)X_n^2 \mathrm{d}x.$$

把 (3.3.16) 代入 (3.3.15), 便得初边值问题 (3.3.1) 的形式解.

3.3.4 例题

为提高读者的解题能力, 建议在用分离变量法求解定解问题时, 要进行具体的分析与运算, 不要套用本节现成的结论 (特征函数系的完备正交性也许例外). 下面给出几个例子.

例 3.3.1 已知热传导方程初边值问题

$$\begin{cases} u_t = a^2 u_{xx}, \ 0 < x < l, t > 0, \\ u(x,0) = \varphi(x), \ 0 \leqslant x \leqslant l, \\ u(0,t) = 0, \ u_x(l,t) + hu(l,t) = 0, \ t \geqslant 0, \end{cases} \tag{3.3.17}$$

其中, $h > 0$ 是常数. 试用分离变量法求解.

解 令 $u = X(x)T(t)$, 将其代入 (3.3.17), 并分离变量得

$$T'(t) + \lambda a^2 T(t) = 0 \tag{3.3.18}$$

和特征值问题

$$\begin{cases} X''(x) + \lambda X(x) = 0, 0 < x < l \\ X(0) = 0, X'(l) + hX(l) = 0, \ h > 0. \end{cases} \tag{3.3.19}$$

当 $\lambda = 0$ 时, 由 (3.3.19) 解得 $X \equiv 0$. 所以 $\lambda = 0$ 不是特征值.

下面证明特征值 λ 必是正实数. 由 (3.3.19) 知

$$\begin{aligned} \lambda \int_0^l |X|^2 \mathrm{d}x &= -\int_0^l X'' X \mathrm{d}x \\ &= -X'X|_0^l + \int_0^l |X'|^2 \mathrm{d}x \\ &= -X'(l)X(l) + \int_0^l |X'|^2 \mathrm{d}x \\ &= h|X(l)|^2 + \int_0^l |X'|^2 \mathrm{d}x \\ &\geqslant 0. \end{aligned}$$

若 $\lambda \neq 0$ 是特征值, 则上式中等号不可能成立, 否则, 有 $\int_0^l |X'|^2 \mathrm{d}x = 0$, 从而, $X' \equiv 0$, 所以 $X = $ 常数 $= 0$. 于是, 特征值 λ 必是大于零的实数. 从而, (3.3.19) 中方程的通解是

$$X(x) = C_1 \cos \sqrt{\lambda} x + C_2 \sin \sqrt{\lambda} x.$$

由边值条件 $X(0) = 0$ 得 $C_1 = 0$, 由 $x = l$ 端边值条件得

$$X'(l) + hX(l) = C_2(\sqrt{\lambda} \cos \sqrt{\lambda} l + h \sin \sqrt{\lambda} l) = 0.$$

所以, 特征值满足三角方程

$$-\sqrt{\lambda} = h \tan \sqrt{\lambda} l,$$

或写为

$$-\mu = hl\tan\mu,$$

其中, $\mu = \sqrt{\lambda}l$. 利用图解法或数值方法可得此三角方程的解 (图 3.6).

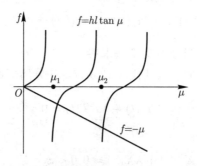

图 3.6　图解法

由图 3.6 知该方程有无穷多个解 μ_n, $n = 1, 2, \cdots$, 且 $\mu_n \to +\infty$. 于是, 得特征值

$$\lambda_n = \left(\frac{\mu_n}{l}\right)^2, \ n = 1, 2, \cdots \tag{3.3.20}$$

和对应的特征函数

$$X_n(x) = \sin\sqrt{\lambda_n}x = \sin\frac{\mu_n}{l}x, \ n = 1, 2, \cdots.$$

把 λ_n 代入 (3.3.18), 解得

$$T_n(t) = C_n e^{-a^2\lambda_n t}, \ n = 1, 2, \cdots.$$

记 $u_n(x,t) = C_n e^{-a^2\lambda_n t}\sin\sqrt{\lambda_n}x$, 并叠加所有 u_n, 得

$$u(x,t) = \sum_{n=1}^{\infty} C_n e^{-a^2\lambda_n t}\sin\sqrt{\lambda_n}x. \tag{3.3.21}$$

由初值条件, 应有

$$u(x,0) = \sum_{n=1}^{\infty} C_n \sin\sqrt{\lambda_n}x = \varphi(x).$$

为确定系数 C_n, 先证明特征函数系 $\{\sin\sqrt{\lambda_n}x\}$ 是空间 $L^2([0,l])$ 中的完备正交函数系. 完备性的证明留给读者, 下证正交性. 设 X_m 和 X_n 分别是对应于 λ_m 和 λ_n 的特征函数并且 $m \neq n$. 于是有

$$X_m'' + \lambda_m X_m = 0, \ \ X_n'' + \lambda_n X_n = 0.$$

以 X_n 和 X_m 分别乘上式中的第一式和第二式, 然后将所得二式相减, 继而在 $[0, l]$ 上积分, 得

$$(\lambda_n - \lambda_m) \int_0^l X_n X_m \mathrm{d}x = \int_0^l (X_m'' X_n - X_n'' X_m) \mathrm{d}x$$
$$= (X_m' X_n - X_n' X_m)|_0^l$$
$$= 0,$$

上边最后一步用到 X_m 和 X_n 所满足的边值条件. 因 $m \neq n$, 所以 $\lambda_m \neq \lambda_n$, 从而得正交性

$$\int_0^l X_m X_n \mathrm{d}x = \int_0^l \sin \sqrt{\lambda_n} x \sin \sqrt{\lambda_m} x \mathrm{d}x = 0, \ m \neq n.$$

记

$$M_n = \int_0^l \sin^2 \sqrt{\lambda_n} x \mathrm{d}x,$$

由特征函数的正交性得

$$C_n = \frac{1}{M_n} \int_0^l \varphi(x) \sin \sqrt{\lambda_n} x \mathrm{d}x.$$

将此式代入 (3.3.21), 便得初边值问题 (3.3.17) 的形式解

$$u(x, t) = \sum_{n=1}^\infty \frac{1}{M_n} \int_0^l \mathrm{e}^{-a^2 \lambda_n t} \varphi(\xi) \sin \sqrt{\lambda_n} \xi \sin \sqrt{\lambda_n} x \mathrm{d}\xi. \tag{3.3.22}$$

由于 $\mathrm{e}^{-a^2 \lambda_n t}$ 当 $\lambda_n \to +\infty$ 时很快地趋于零, 所以只需要求 $\varphi \in C^1$, 则由 (3.3.22) 式给出的形式解就是问题 (3.3.17) 的古典解. 仅利用数学分析的知识就可验证: 当 $t > 0$ 时, 解 $u(x, t)$ 关于 x 和 t 都可在无穷求和号内微分任意多次.

例 3.3.2 考虑二维波动方程在矩形域中的混合问题

$$\begin{cases} u_{tt} = u_{xx} + u_{yy}, \ t > 0, \ 0 < x < a, \ 0 < y < b, \\ u|_{t=0} = \varphi(x, y), \ u_t|_{t=0} = \psi(x, y), \ 0 \leqslant x \leqslant a, \ 0 \leqslant y \leqslant b, \\ u|_{x=0} = u|_{x=a} = u|_{y=0} = u|_{y=b} = 0. \end{cases} \tag{3.3.23}$$

设问题有分离变量形式的解 $u = T(t)V(x, y)$, 代入 (3.3.23) 中的方程并分离变量得

$$T''(t) + \lambda T(t) = 0, \tag{3.3.24}$$

$$V_{xx} + V_{yy} + \lambda V(x, y) = 0, \ V|_\Gamma = 0, \tag{3.3.25}$$

这里, Γ 是矩形的边界. 对 $V(x,y)$ 继续分离变量, 令 $V(x,y) = X(x)Y(y)$, 代入 (3.3.25) 得

$$X''Y + XY'' + \lambda XY = 0.$$

以 XY 除上式并移项得

$$\frac{Y''}{Y} + \lambda = -\frac{X''}{X}.$$

为使上式两边恒等, 两边应取常数值, 设为 μ. 于是, 结合 (3.3.23) 中的边值条件得到两个特征值问题

$$X''(x) + \mu X(x) = 0, \ X(0) = X(a) = 0;$$
$$Y''(y) + \beta Y(y) = 0, \ Y(0) = Y(b) = 0,$$

其中, $\beta = \lambda - \mu$. 容易解出这两个问题的特征值和特征函数分别为

$$\mu_n = \frac{n^2\pi^2}{a^2}, \ X_n = \sqrt{\frac{2}{a}}\sin\frac{n\pi}{a}x, \ n = 1, 2, \cdots;$$
$$\beta_m = \frac{m^2\pi^2}{b^2}, \ Y_m = \sqrt{\frac{2}{b}}\sin\frac{m\pi}{b}y, \ m = 1, 2, \cdots.$$

故得特征值问题 (3.3.25) 的特征值与特征函数为

$$\lambda_{mn} = \pi^2\left(\frac{n^2}{a^2} + \frac{m^2}{b^2}\right), \ m, n = 1, 2, \cdots,$$
$$V_{mn} = \frac{2}{\sqrt{ab}}\sin\frac{n\pi}{a}x\sin\frac{m\pi}{b}y, \ m, n = 1, 2, \cdots.$$

注意, 当 a 和 b 可通约时, 即存在整数 k 和 l 使 $ka = lb$ 时, 对同一个 λ_{mn} 有不同的 m 和 n. 例如, 取 m_1, n_1 使

$$\frac{m}{n_1} = \frac{k}{l} = \frac{m_1}{n},$$

则有

$$\left(\frac{n^2}{a^2} + \frac{m^2}{b^2}\right)\pi^2 = \lambda_{mn} = \lambda_{m_1n_1} = \left(\frac{n_1^2}{a^2} + \frac{m_1^2}{b^2}\right)\pi^2.$$

这时, 对应于一个特征值 λ_{mn}, 就有两个或多个不同的特征函数

$$V_{mn} = \frac{2}{\sqrt{ab}}\sin\frac{n\pi}{a}x\sin\frac{m\pi}{b}y,$$
$$V_{m_1n_1} = \frac{2}{\sqrt{ab}}\sin\frac{n_1\pi}{a}x\sin\frac{m_1\pi}{b}y.$$

这时称特征值 λ_{mn} 是多重的或简并的. 对简并现象的讨论略微复杂一些, 在此不再赘述. 当 a, b 不可通约时, 仿照一维波动方程的情况, 不难求出它的解 (留作练习).

例 3.3.3 求解单位圆上的 Dirichlet 问题

$$\begin{cases} \Delta u = 0, & \text{当 } x^2 + y^2 < 1\text{时}, \\ u = f(x, y), & \text{当 } x^2 + y^2 = 1\text{时}, \end{cases} \tag{3.3.26}$$

其中, f 是连续函数.

解 用平面极坐标 (r, θ) 重写问题 (3.3.26) 如下:

$$\begin{cases} r^2 u_{rr} + r u_r + u_{\theta\theta} = 0, \ r < 1, \ 0 \leqslant \theta < 2\pi, \\ u(1, \theta) = f(\theta). \end{cases} \tag{3.3.27}$$

设 $u(r, \theta) = R(r)\Theta(\theta)$, 代入 (3.3.27) 中的方程式, 分离变量得

$$r^2 R'' + r R' - \lambda R = 0, \tag{3.3.28}$$

$$\Theta'' + \lambda \Theta = 0. \tag{3.3.29}$$

由于 Θ 连续, 故它应以 2π 为周期, 即对任意 θ, 有

$$\Theta(\theta) = \Theta(\theta + 2\pi), \tag{3.3.30}$$

称此条件为周期条件. 由 (3.3.29) 和 (3.3.30) 组成特征值问题

$$\begin{cases} \Theta'' + \lambda \Theta = 0, \ 0 < \Theta < 2\pi, \\ \Theta(2\pi + \theta) = \Theta(\theta). \end{cases} \tag{3.3.31}$$

解得特征值为

$$\lambda_n = n^2, \ n = 0, 1, 2, \cdots$$

和对应的特征函数

$$\Theta_n(\theta) = a_n \cos n\theta + b_n \sin n\theta, \ n = 0, 1, 2, \cdots.$$

把特征值 λ_n 代入 (3.3.28), 解得

$$R_0 = c_0 + d_0 \ln r, \ \text{当 } n = 0\text{时};$$

$$R_n = c_n r^n + d_n r^{-n}, \ \text{当 } n = 1, 2, \cdots \text{时}.$$

注意到 $u = R\Theta$ 在 $r = 0$ 应是有界的, 故必有 $d_n = 0, \ n = 0, 1, 2, \cdots$. 这就是所谓的有界性条件. 把所有 $u_n(r, \theta) = R_n \Theta_n$ 叠加, 得

$$u(r, \theta) = \frac{a_0}{2} + \sum_{n=1}^{\infty} r^n (a_n \cos n\theta + b_n \sin n\theta). \tag{3.3.32}$$

由边值条件 $u(1,\theta)=f(\theta)$ 得

$$f(\theta)=\frac{a_0}{2}+\sum_{n=1}^{\infty}(a_n\cos n\theta+b_n\sin n\theta).$$

由三角函数系的完备正交性知

$$a_n=\frac{1}{\pi}\int_0^{2\pi}f(\theta)\cos n\theta\mathrm{d}\theta,$$

$$b_n=\frac{1}{\pi}\int_0^{2\pi}f(\theta)\sin n\theta\mathrm{d}\theta. \tag{3.3.33}$$

把 a_n 和 b_n 代入 (3.3.32), 便得 Dirichlet 问题 (3.3.27) 的形式解. 进一步论证可知, 只要 $f(\theta)$ 连续, 则由 (3.3.32) 确定的形式解就是问题 (3.3.27) 的古典解, 并且 $u\in C^{\infty}$ (证明留作练习).

3.4 高维波动方程的初值问题

三维波动方程描述声波、电磁波和光波等在空间中的传播, 称这类波为球面波; 二维波动方程描述平面上薄膜的振动和浅水面上波的传播等现象, 称它们为柱面波. 本节求解这些波动方程的初值问题.

3.4.1 球面平均法 Kirchhoff 公式

考虑三维齐次波动方程的初值问题

$$\begin{cases} u_{tt}-a^2\Delta u=0,\ x=(x_1,x_2,x_3)\in\mathbb{R}^3,\ t>0,\\ u|_{t=0}=\varphi(x),\ u_t|_{t=0}=\psi(x), \end{cases} \tag{3.4.1}$$

其中, $u=u(x,t)$, $\Delta=\Delta_x\equiv\dfrac{\partial^2}{\partial x_1^2}+\dfrac{\partial^2}{\partial x_2^2}+\dfrac{\partial^2}{\partial x_3^2}$. 先看一种特殊类型, 即 (3.4.1) 中初始函数是形如 $\varphi(x)=\varphi(r)$, $\psi(x)=\psi(r)$ 且 $\varphi(0)=\psi(0)=0$ 的径向函数. 其中, $r=|x|=\sqrt{x_1^2+x_2^2+x_3^2}$. 此时, 可尝试求形如 $u=u(r,t)$ 的关于空间变量的径向解. 于是, 问题 (3.4.1) 中的方程可化为

$$u_{tt}=a^2\left(u_{rr}+\frac{2}{r}u_r\right).$$

令 $ru=w$, 则得关于 w 的方程及初值条件

$$\begin{cases} w_{tt}=a^2w_{rr}, r>0,\ t>0,\\ w|_{t=0}=r\varphi(r),\ w_t|_{t=0}=r\psi(r),\ r\geqslant 0. \end{cases}$$

将 φ 和 ψ 奇延拓到 $(-\infty, 0)$, 在 $-\infty < r < +\infty$, $t > 0$ 上考虑上述问题, 由 d'Alembert 公式, 仿照例 3.1.1, 得

$$
u(r,t) = \begin{cases}
\dfrac{1}{2r}[(r+at)\varphi(r+at) + (r-at)\varphi(r-at)] + \dfrac{1}{2ar}\displaystyle\int_{r-at}^{r+at} \tau\psi(\tau)\mathrm{d}\tau, \\
\qquad\qquad\qquad\qquad\qquad\qquad\qquad\qquad \text{当 } r \geqslant at \geqslant 0 \text{ 时}, \\
\dfrac{1}{2r}[(r+at)\varphi(r+at) + (r-at)\varphi(at-r)] + \dfrac{1}{2ar}\displaystyle\int_{-r+at}^{r+at} \tau\psi(\tau)\mathrm{d}\tau, \\
\qquad\qquad\qquad\qquad\qquad\qquad\qquad\qquad \text{当 } 0 \leqslant r \leqslant at \text{ 时}.
\end{cases}
$$

对于初始函数不是球对称的情形, 由于直观上认为三维空间中的波可能具有球对称性以及把高维问题化为一维问题容易求解, 所以就产生了下面的解法, 称为球面平均法.

任意固定 $x \in \mathbb{R}^3$, S_r 表示以 x 为球心, $r = |y - x|$ 为半径的球面, y 是球面 S_r 上的变点. 引进 u 的球面平均函数

$$
\widehat{M}u(r,t) \equiv \frac{1}{4\pi r^2} \int_{S_r} u(y,t)\mathrm{d}S_y, \tag{3.4.2}
$$

其中, $\mathrm{d}S_y$ 是球面的面元. 令 $\omega = \dfrac{y-x}{r}$, 则 $|\omega| = 1$, 它表示单位球面 S_1, 而且向量 ω 就是球面 S_r 的单位外法向. 若用 $\mathrm{d}S_\omega$ 表示单位球面的面元, 我们有 $\mathrm{d}S_y = r^2\mathrm{d}S_\omega$. 于是, (3.4.2) 式变为

$$
\widehat{M}u \equiv \frac{1}{4\pi} \int_{|\omega|=1} u(x+\omega r, t)\mathrm{d}S_\omega. \tag{3.4.3}
$$

比较 (3.4.2) 与 (3.4.3) 得

$$
\int_{S_r} u(y,t)\mathrm{d}S_y = r^2 \int_{S_1} u(x+\omega r, t)\mathrm{d}S_\omega. \tag{3.4.4}
$$

对 (3.4.1) 中的方程在球体 $|y - x| \leqslant r$ 上积分, 用散度定理 (3.0.1) 将体积分化为面积分, 并用 (3.4.4) 式, 得

$$
\begin{aligned}
\int_{|y-x|\leqslant r} u_{tt}\mathrm{d}y &= \int_{|y-x|\leqslant r} a^2 \Delta u(y,t)\mathrm{d}y \\
&= a^2 \int_{S_r} \frac{\partial u}{\partial \omega}(y,t)\mathrm{d}S_y \\
&= a^2 \sum_{i=1}^{3} \int_{S_r} \omega_i u_{y_i}(y,t)\mathrm{d}S_y \\
&= a^2 r^2 \sum_{i=1}^{3} \int_{|\omega|=1} \omega_i u_{y_i}(x+\omega r, t)\mathrm{d}S_\omega
\end{aligned}
$$

$$= a^2 r^2 \int_{|\omega|=1} \frac{\partial}{\partial r} u(x+\omega r, t) \mathrm{d} S_\omega$$

$$= 4\pi a^2 r^2 \frac{\partial}{\partial r} (\widehat{M}u).$$

由此得

$$4\pi a^2 r^2 (\widehat{M}u)_r = \int_{|y-x| \leqslant r} u_{tt}(y,t) \mathrm{d} y$$

$$= \int_0^r \mathrm{d}\rho \int_{S_\rho} u_{tt}(y,t) \mathrm{d} S_y.$$

上式关于 r 求偏微商, 并注意 $y = x + \omega r$ 和 $\mathrm{d} S_y = r^2 \mathrm{d} S_\omega$, 得

$$4\pi a^2 (r^2 (\widehat{M}u)_r)_r = \int_{S_r} u_{tt}(y,t) \mathrm{d} S_y$$

$$= \left[r^2 \int_{|\omega|=1} u(x+\omega r, t) \mathrm{d} S_\omega \right]_{tt}$$

$$= 4\pi (r^2 \widehat{M}u)_{tt}.$$

两边同除以 $4\pi r \neq 0$, 得

$$(r\widehat{M}u)_{tt} - a^2 (r\widehat{M}u)_{rr} = 0.$$

这是一维波动方程, (3.1.7) 式表明它的通解是

$$r\widehat{M}u = w_1(r+at) + w_2(r-at),$$

其中, w_1, w_2 是两个任意二次连续可微函数. 在上式中令 $r \to 0$, 得 $w_1(at) = -w_2(-at)$. 于是上式又可写为

$$r\widehat{M}u = w_1(r+at) - w_1(at-r). \tag{3.4.5}$$

上式对 r 求偏微商, 而后令 $r \to 0$ 取极限, 得

$$\lim_{r \to 0} \widehat{M}u = 2w_1'(at).$$

而由 (3.4.3), 得

$$\lim_{r \to 0} \widehat{M}u = \frac{1}{4\pi} \int_{|\omega|=1} u(x,t) \mathrm{d} S_\omega = u(x,t).$$

由以上二式立得

$$u(x,t) = 2w_1'(at). \tag{3.4.6}$$

由此可见, 只要从问题 (3.4.1) 的初值条件唯一地确定函数 w_1', 就得到了该问题的解. 首先, (3.4.5) 式分别对 r 和 t 求偏微商得

$$(r\widehat{M}u)_r = w_1'(r+at) + w_1'(at-r),$$

$$\frac{1}{a}(r\widehat{M}u)_t = w_1'(r+at) - w_1'(at-r),$$

令 $t \to 0$, 然后二式相加, 得

$$(r\widehat{M}u)_r|_{t=0} + \frac{1}{a}(r\widehat{M}u)_t|_{t=0} = 2w_1'(r).$$

左边二式分别为

$$(r\widehat{M}u)_r|_{t=0} = \left[\frac{r}{4\pi}\int_{S_1}\varphi(x+\omega r)\mathrm{d}S_\omega\right]_r = (r\widehat{M}\varphi)_r,$$

$$\frac{1}{a}(r\widehat{M}u)_t|_{t=0} = \frac{r}{4\pi a}\int_{S_1}\psi(x+\omega r)\mathrm{d}S_\omega = \frac{r}{a}\widehat{M}\psi.$$

因此

$$\begin{aligned}
u(x,t) &= 2w_1'(at) = t\widehat{M}\psi + (t\widehat{M}\varphi)_t \\
&= \frac{1}{4\pi a^2 t}\int_{S_{at}}\psi(y)\mathrm{d}S + \left[\frac{1}{4\pi a^2 t}\int_{S_{at}}\varphi(y)\mathrm{d}S\right]_t.
\end{aligned} \tag{3.4.7}$$

称此式为波动方程初值问题 (3.4.1) 解的 Kirchhoff (基尔霍夫) 公式. 该公式在球面坐标系 (at, θ, ϕ) 中的表示为

$$\begin{aligned}
u(x,t) = &\frac{t}{4\pi}\int_0^{2\pi}\int_0^{\pi}\psi(x_1+\alpha at, x_2+\beta at, x_3+\gamma at)\mathrm{d}S+ \\
&\frac{\partial}{\partial t}\left[\frac{t}{4\pi}\int_0^{2\pi}\int_0^{\pi}\varphi(x_1+\alpha at, x_2+\beta at, x_3+\gamma at)\mathrm{d}S\right],
\end{aligned} \tag{3.4.8}$$

在上式中, $\alpha = \sin\theta\cos\phi$, $\beta = \sin\theta\sin\phi$, $\gamma = \cos\theta$, $\mathrm{d}S = \sin\theta\mathrm{d}\theta\mathrm{d}\phi$.

由 Kirchhoff 公式的导出过程可知, 初值问题 (3.4.1) 的任何在 $t > 0$, $x \in \mathbb{R}^3$ 上属于 C^2 类的解可由 Kirchhoff 公式 (3.4.7) 表出, 因此有解必唯一. 反之, 对任何 $\varphi \in C^3(\mathbb{R}^3)$, $\psi \in C^2(\mathbb{R}^3)$, 由 Kirchhoff 公式 (3.4.7) 表示的函数 $u(x,t)$ 属于 C^2 类并满足问题 (3.4.1)(验证留作练习). 另外, 从公式 (3.4.8) 易知, 对任意给定的 $\varepsilon > 0$, 可以找到正数 δ, 使得只要

$$|\varphi - \bar\varphi| < \delta, \ |\psi - \bar\psi| < \delta, \ |\mathrm{D}\varphi - \mathrm{D}\bar\varphi| < \delta, \tag{3.4.9}$$

则在有限时间 $0 \leqslant t \leqslant T$ 内总有

$$|u(x,t) - \bar u(x,t)| < \varepsilon, \tag{3.4.10}$$

其中, u, $\bar{u}$ 是分别对应于初值 φ, ψ 与 $\bar{\varphi}$, $\bar{\psi}$ 问题 (3.4.1) 的解. 于是, 我们证得

定理 3.4.1 (适定性) 若 $\varphi \in C^3(\mathbb{R}^3)$, $\psi \in C^2(\mathbb{R}^3)$, 则三维波动方程的初值问题 (3.4.1) 在 $x \in \mathbb{R}^3$, $t \geqslant 0$ 中存在唯一的古典解, 且由 Kirchhoff 公式 (3.4.7) 表示. 另外, 在 (3.4.9) 和 (3.4.10) 的意义下, 解在有限时间内对初值是一致稳定的.

3.4.2 降维法 Poisson 公式

考虑二维波动方程的初值问题

$$\begin{cases} u_{tt} - a^2(u_{x_1 x_1} + u_{x_2 x_2}) = 0, \ (x_1, x_2) \in \mathbb{R}^2, \ t > 0, \\ u|_{t=0} = \varphi(x_1, x_2), \ u_t|_{t=0} = \psi(x_1, x_2). \end{cases} \tag{3.4.11}$$

如果把 (3.4.11) 中的未知函数 u 和初始函数看作关于空间变量是在三维空间 $\mathbb{R}^3$ 上定义的函数, 但与三维空间变量 (x_1, x_2, x_3) 的第三个分量 x_3 无关, 则由 Kirchhoff 公式的推导过程可知, 此时所得的 Kirchhoff 公式将不含变量 x_3, 且满足问题 (3.4.11). 这种由高维问题的解直接求低维问题的解的方法称为降维法, 是由 J. Hadamard 最早提出的.

现在, 我们就从 Kirchhoff 公式 (3.4.7) 直接写出问题 (3.4.11) 的解. 这需要计算一个第一型的曲面积分. 因为初始数据与 x_3 无关, 所以在 S_{at} 上的积分 (3.4.7) 可由在圆域

$$\Sigma_{at}^M : (\xi - x_1)^2 + (\eta - x_2)^2 \leqslant (at)^2$$

上的积分得到. 这里, 圆域 Σ_{at}^M 的圆心在点 $M(x_1, x_2)$, 半径为 at. 由 S_{at} 的方程

$$S_{at} : (\xi - x_1)^2 + (\eta - x_2)^2 + (\zeta - x_3)^2 = (at)^2$$

知 S_{at} 的上半球面 S_{at}^+ 的方程为

$$\zeta = \sqrt{(at)^2 - (\xi - x_1)^2 - (\eta - x_2)^2} + x_3.$$

则有

$$\iint_{S_{at}^+} \frac{\psi}{4\pi a^2 t} \mathrm{d}S = \frac{1}{4\pi a} \iint_{S_{at}^+} \frac{\psi}{at} \mathrm{d}S$$

$$= \frac{1}{4\pi a} \iint_{\Sigma_{at}^M} \frac{\psi}{at} \sqrt{1 + (\zeta_\xi')^2 + (\zeta_\eta')^2} \mathrm{d}\xi \mathrm{d}\eta$$

$$= \frac{1}{4\pi a} \iint_{\Sigma_{at}^M} \frac{\psi(\xi, \eta)}{\sqrt{(at)^2 - (\xi - x_1)^2 - (\eta - x_2)^2}} \mathrm{d}\xi \mathrm{d}\eta.$$

由于 ψ 与 x_3 无关, 故上式中的被积函数在下半球面 S_{at}^- 上的积分与上式的结果相同. 因此

$$\iint_{S_{at}} \frac{\psi}{4\pi a^2 t} \mathrm{d}S = \frac{1}{2\pi a} \iint_{\Sigma_{at}^M} \frac{\psi(\xi,\eta)}{\sqrt{(at)^2 - r^2}} \mathrm{d}\xi \mathrm{d}\eta,$$

其中, $r^2 = (\xi - x_1)^2 + (\eta - x_2)^2$. 可类似地计算 Kirchhoff 公式 (3.4.7) 中关于函数 φ 的积分, 从而得到问题 (3.4.11) 的解

$$
\begin{aligned}
& u(x_1, x_2, t) \\
&= \frac{1}{2\pi a} \left[\iint_{\Sigma_{at}^M} \frac{\psi(\xi,\eta)}{\sqrt{(at)^2 - r^2}} \mathrm{d}\xi \mathrm{d}\eta + \frac{\partial}{\partial t} \iint_{\Sigma_{at}^M} \frac{\varphi(\xi,\eta)}{\sqrt{(at)^2 - r^2}} \mathrm{d}\xi \mathrm{d}\eta \right] \\
&= \frac{1}{2\pi a} \left[\int_0^{at} \int_0^{2\pi} \frac{\psi(x_1 + r\cos\theta, x_2 + r\sin\theta)}{\sqrt{(at)^2 - r^2}} r \mathrm{d}\theta \mathrm{d}r + \right. \\
& \qquad \left. \frac{\partial}{\partial t} \int_0^{at} \int_0^{2\pi} \frac{\varphi(x_1 + r\cos\theta, x_2 + r\sin\theta)}{\sqrt{(at)^2 - r^2}} r \mathrm{d}\theta \mathrm{d}r \right],
\end{aligned}
\tag{3.4.12}
$$

公式 (3.4.12) 叫做二维波动方程初值问题解的 Poisson 公式. 类似地, 可以从三维波动方程初值问题的 Kirchhoff 公式 (3.4.7) 出发, 利用降维法直接得到一维波动方程初值问题 (3.1.2) 解的 d'Alembert 公式 (3.1.5)(证明留作练习).

不难理解, 由于降维法本身的特点, 可以从三维问题的适定性 (定理3.4.1) 直接得到二维问题的适定性. 请读者自己写出这个适定性定理.

考察问题 (3.4.11) 的解在一点 (x_1^0, x_2^0, t^0) 的值. 由 (3.4.12) 式知此值仅由平面 $t = 0$ 上圆域

$$\Sigma_{at^0}^M : (x_1^0 - x_1)^2 + (x_2^0 - x_2)^2 \leqslant (at^0)^2 \tag{3.4.13}$$

上的初始数据 φ 和 ψ 的值决定, 与此圆外的初始数据无关. 所以称圆域 (3.4.13) 是点 (x_1^0, x_2^0, t^0) 的依赖区域, 而称以 (x_1^0, x_2^0, t^0) 为顶点, 以圆域 (3.4.13) 为底的圆锥体 (图 3.7)

$$(x_1 - x_1^0)^2 + (x_2 - x_2^0)^2 \leqslant a^2(t - t^0)^2$$

是圆域 (3.4.13) 的决定区域, 这是因为圆锥体内任一点的依赖区域都含在圆锥体底面区域内. 由依赖区域的概念, 很自然地把满足不等式

$$(x_1 - x_1^0)^2 + (x_2 - x_2^0)^2 \leqslant (at)^2, \quad t > 0$$

的点 (x_1, x_2, t) 的全体组成的锥体叫做点 $(x_1^0, x_2^0, 0)$ 的影响区域 (图 3.8), 因为此域中各点的依赖区域均包含点 $(x_1^0, x_2^0, 0)$. 它在 (x_1, x_2, t) 空间中构成一个以 $(x_1^0, x_2^0, 0)$ 为顶点倒立的无界圆锥体, 其母线与 t 轴的交角是 $\arctan a$. 由此易知,

初始平面 $t = 0$ 上某一区域 Ω 的影响区域是 Ω 中各点的影响区域的包络面所围成的区域. 可见, 锥面

$$(x_1 - x_1^0)^2 + (x_2 - x_2^0)^2 = a^2(t - t^0)^2$$

在研究波动方程时起重要作用, 称它是二维方程的特征锥面.

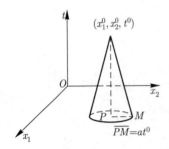

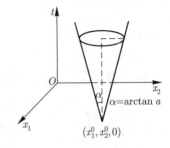

图 3.7　依赖区域与决定区域　　　　　图 3.8　$(x_1^0, x_2^0, 0)$ 的影响区域

仿照以上讨论, 不难得到三维波动方程的相应概念. 特别地, 有三维波动方程的特征锥面

$$(x_1 - x_1^0)^2 + (x_2 - x_2^0)^2 + (x_3 - x_3^0)^2 = a^2(t - t^0)^2,$$

称它是三维波动方程的特征面.

3.4.3　非齐次方程　Duhamel 原理

本小节介绍解非齐次波动方程初值问题的方法. 它是把求解非齐次方程的问题归结为解一个齐次方程的问题, 是常微分方程中的常数变易法在线性偏微分方程中的推广. 通常称这个方法为 Duhamel (杜阿梅尔) 原理, 又称为齐次化原理, 或从物理学的角度称为冲量原理. 下面, 我们以求解三维非齐次波动方程的初值问题为例, 说明这个方法的思想. 考虑问题

$$\begin{cases} u_{tt} - a^2 \Delta u = f(x, t), & x \in \mathbb{R}^3, \ t > 0, \\ u|_{t=0} = 0, \quad u_t|_{t=0} = 0, & x \in \mathbb{R}^3. \end{cases} \tag{3.4.14}$$

不难验证, 若 $w(x, t; \tau)$ 是问题

$$\begin{cases} w_{tt} - a^2 \Delta_x w(x, t; \tau) = 0, & x \in \mathbb{R}^3, \ t > \tau, \\ w|_{t=\tau} = 0, \quad w_t|_{t=\tau} = f(x, \tau), & x \in \mathbb{R}^3 \end{cases} \tag{3.4.15}$$

的解, 则函数

$$u(x, t) = \int_0^t w(x, t; \tau) \mathrm{d}\tau \tag{3.4.16}$$

是问题 (3.4.14) 的解. 下面解 (3.4.15).

令 $v(x,t;\tau) = w(x,t+\tau;\tau)$, 则 v 满足问题

$$\begin{cases} v_{tt} - a^2\Delta_x v(x,t;\tau) = 0, \ x \in \mathbb{R}^3, \ t > 0, \\ v(x,0;\tau) = 0, \ v_t(x,0;\tau) = f(x,\tau). \end{cases} \quad (3.4.17)$$

由 Kirchhoff 公式得

$$v(x,t;\tau) = \frac{1}{4\pi a^2 t} \int_{|y-x|=at} f(y,\tau)\mathrm{d}S_y.$$

只要 $f(x,t) \in C^2$, 则上式所表示的 v 便是问题 (3.4.17) 的解, 将它代入 (3.4.16), 得

$$\begin{aligned} u(x,t) &= \int_0^t v(x,t-\tau;\tau)\mathrm{d}\tau \\ &= \frac{1}{4\pi a^2} \int_0^t \frac{\mathrm{d}\tau}{t-\tau} \int_{|y-x|=a(t-\tau)} f(y,\tau)\mathrm{d}S_y \\ &= \frac{1}{4\pi a^2} \int_0^{at} \mathrm{d}r \int_{|y-x|=r} \frac{f\left(y,t-\dfrac{r}{a}\right)}{r}\mathrm{d}S_y, \end{aligned}$$

其中, $r = a(t-\tau)$. 因此, 问题 (3.4.14) 的解为

$$u(x,t) = \frac{1}{4\pi a^2} \int_{|y-x|\leqslant at} \frac{f\left(y,t-\dfrac{|y-x|}{a}\right)}{|y-x|}\mathrm{d}y. \quad (3.4.18)$$

可见, 函数 u 于时刻 t 在点 x 处的值由已知函数 f 在时刻 $\tau = t-|y-x|/a$ 时在球体 $|y-x| \leqslant at$ 上值的积分来表示. 时差 $|y-x|/a$ 给出了波以速度 a 由点 y 传播到点 x 所需的时间, 所以在物理学中称 (3.4.18) 式为推迟势.

以上讨论了初值问题的解法. 对于初边值问题, 一般很难求得解的表达式. 但对规则区域, 可用分离变量法和反射法求解. 下面给出一个在规则区域上求解初边值问题的例子, 用以演示如何用我们学过的知识解决似乎陌生的问题.

例 3.4.1 求解 $\mathbb{R}^3$ 中上半空间上的三维波动方程初边值问题

$$\begin{cases} u_{tt} - a^2\Delta u = f(x,t), \ x \in \overline{\mathbb{R}^3_+}, \ t > 0, \\ u(x,0) = \varphi(x), \ u_t(x,0) = \psi(x), \\ u|_{x_1=0} = \mu(x_2,x_3,t), \end{cases} \quad (3.4.19)$$

这里, $x = (x_1, x_2, x_3)$, $\mathbb{R}^3_+ = \{x \in \mathbb{R}^3 | x_1 > 0\}$. 衔接条件为

$$\varphi(0,x_2,x_3) = \mu(x_2,x_3,0), \ \psi(0,x_2,x_3) = \mu_t(x_2,x_3,0).$$

以下仅给出求解过程, 并设在运算中出现的对 f, φ, ψ, μ 的微商存在且连续. 设 $u(x,t)$ 是问题 (3.4.19) 的解, 并记

$$\Delta_2 \mu = \mu_{x_2 x_2} + \mu_{x_3 x_3},$$

则有

$$u_{x_1 x_1}(0, x_2, x_3, t) = -\frac{f(0, x_2, x_3, t)}{a^2} + \frac{\mu_{tt}(x_2, x_3, t)}{a^2} - \Delta_2 \mu$$
$$\equiv h(x_2, x_3, t).$$

令

$$u(x,t) = v(x,t) + \mu(x_2, x_3, t) + \frac{1}{2} x_1^2 h(x_2, x_3, t), \tag{3.4.20}$$

则 $v(0, x_2, x_3, t) = 0$, 并且 v 满足问题

$$v_{tt} - a^2 \Delta v = f - f(0, x_2, x_3, t) - \frac{1}{2} x_1^2 (h_{tt} - a^2 \Delta_2 h) \equiv G(x,t),$$

$$v(x,0) = \varphi(x) - \mu(x_2, x_3, 0) - \frac{1}{2} x_1^2 h(x_2, x_3, 0) \equiv \Phi(x),$$

$$v_t(x,0) = \psi(x) - \mu_t(x_2, x_3, 0) - \frac{1}{2} x_1^2 h_t(x_2, x_3, 0) \equiv \Psi(x),$$

其中, $-\infty < x_2, x_3 < +\infty$, $x_1 \geqslant 0$, $t > 0$, 且不难发现

$$G(0, x_2, x_3, t) = \Phi(0, x_2, x_3) = \Psi(0, x_2, x_3) = 0.$$

于是, 可奇延拓 G, Φ 和 Ψ 到 $-\infty < x_1 < 0$ 上, 并记奇延拓后的函数分别为 G^*, Φ^* 和 Ψ^*, 则得如下初值问题

$$\begin{cases} v_{tt} - a^2 \Delta v = G^*(x,t), \ x \in \mathbb{R}^3, \ t > 0, \\ v(x,0) = \Phi^*(x), \ v_t(x,0) = \Psi^*(x). \end{cases}$$

利用叠加原理, 将上述问题分解为已经讲过的两个基本问题 (3.4.1) 和 (3.4.14) 分别求解, 二解之和就是上述问题的解 v. 将求得的 v 代入 (3.4.20), 并限制自变量的范围为 $-\infty < x_2, x_3 < +\infty$, $x_1 \geqslant 0$, $t \geqslant 0$, 就得到初边值问题 (3.4.19) 的解 $u(x,t)$.

3.4.4 Huygens 原理　波的弥散

Kirchhoff 公式 (3.4.7) 和 Poisson 公式 (3.4.12) 分别表示三维波和二维波的传播规律, a 是波的传播速度. 由于 (3.4.7) 和 (3.4.12) 分别是沿球面和圆域的积分, 而圆域是圆柱的截口, 所以称 (3.4.7) 与 (3.4.12) 所表达的解分别为球面波和柱面波. 这两种波的传播规律有本质的差别.

先看球面波的传播. 设初始扰动 φ, ψ 发生在三维有界区域 G 内, 即在 G 外 $\varphi = \psi = 0$, 在 G 内 φ, ψ 非零. 在时刻 $t > 0$, 在任意一点 x_0 处的扰动为

$$u(x_0, t) = \frac{1}{4\pi a^2 t} \int_{|y-x_0|=at} \psi(y) \mathrm{d}S_y + \frac{\partial}{\partial t}\left[\frac{1}{4\pi a^2 t} \int_{|y-x_0|=at} \varphi(y) \mathrm{d}S_y \right].$$

若记 $d = \mathrm{dist}(x_0, G) > 0$, $D = \sup\limits_{z \in G} |x_0 - z|$ (图 3.9). 当 $0 \leqslant t \leqslant d/a$ 时, 球面 $|y - x_0| = at$ 与区域 G 不交, 从而 $u(x_0, t) = 0$, 表明 x_0 点静止, 尚未受到扰动; 当 $d/a < t < D/a$ 时, 球面 $|y - x_0| = at$ 与区域 G 相交, 一般来说, $u(x_0, t) \neq 0$, 表明 x_0 点受到扰动; 当 $D/a \leqslant t < +\infty$ 时, 球面 $|y - x_0| = at$ 与区域 G 不交, G 含在球面 $|y - x_0| = at$ 内部, 从而 $u(x_0, t) = 0$, 即扰动已经过去, x_0 恢复静止状态.

现在, 在时刻 $t = t_0$ 时, 观察扰动的全局性态 $u(x, t_0)$. 此时的扰动区域是

$$\Omega = \{x | S_{at_0}^x \cap G \neq \varnothing\} = \bigcup_{x \in G} S_{at_0}^x,$$

此处, $S_{at_0}^x$ 表示以 x 为心, at_0 为半径的球面. 扰动区域的边界 $\partial \Omega$ 是球面族 $\left\{ \bigcup\limits_{x \in G} S_{at_0}^x \right\}$ 的包络面. 若记 d^* 为 G 的直径, 于是当 $t_0 > d^*/a$ 时, 在空间中有清晰的外包络面与内包络面, 分别叫做波的前阵面与后阵面, 图 3.10 画出了当 G 是直径为 $2R$ 的球体时波的前阵面与后阵面, 它们分别是半径为 $at_0 + R$ 与 $at_0 - R(at_0 > R)$ 的与 G 同心的球面, 这是物理学中称三维波动方程的解为球面波的原因之一. 综上所述, 三维空间中的初始局部扰动对空间中每一点 x_0 只引起在有限时间内的扰动而无持久后效, 且波的传播有清晰的前阵面与后阵面, 称这种现象为 Huygens (惠更斯) 原理.

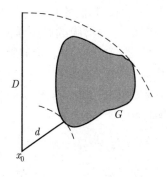

图 3.9　局部扰动的传播

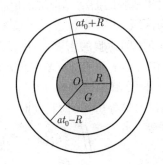

图 3.10　波的前阵面与后阵面

再看柱面波的传播. 设初始扰动集中在二维有界区域 G 内, d 与 D 的意义同前文. x_0 是二维空间中任一点. 我们观察该点的扰动情况. 由 Poisson 公式知

$$u(x_0, t) = \frac{1}{2\pi a} \int_{\Sigma_{at}^{x_0}} \frac{\psi(x)}{\sqrt{(at)^2 - |x - x_0|^2}} \mathrm{d}x +$$
$$\frac{1}{2\pi a} \frac{\partial}{\partial t} \int_{\Sigma_{at}^{x_0}} \frac{\varphi(x)}{\sqrt{(at)^2 - |x - x_0|^2}} \mathrm{d}x.$$

当 $0 < t \leqslant d/a$ 时, $u(x_0, t) = 0$, 即 x_0 点尚未开始扰动. 当 $t > d/a$ 时, 一般 $u(x_0, t) \neq 0$, 即 x_0 点开始扰动, 特别当 $t > D/a$ 时, 整个初始扰动区域 D 完全包含在积分区域 $\Sigma_{at}^{x_0}$ 之内, 积分运算实际上在 D 上进行, 一般 $u(x_0, t) \neq 0$. 理论上, x_0 点一旦扰动就永远扰动下去, 但当 $t \to \infty$ 时, 由 D 的有界性和被积函数趋于零, 知 $u(x_0, t) \to 0$. 也就是说, x_0 点从时刻 $t = d/a$ 开始扰动, 在某时刻后, 振幅开始衰减, 直到静止下来. 其特点是, 一点的扰动一旦开始, 将持续扰动下去. 不像球面波那样, 初始扰动对 x_0 点的影响仅在有限时段内起作用. 由此可知, 若从全局看初始扰动的影响即波的传播, 它有清晰的前阵面而无后阵面, 这种现象叫做波的弥散. 如同在平静的水面上投入一石块而引起的波的传播. 理论上, 可以把二维波动看作由在无限长柱体内的初始扰动引起的波的传播. 于是, 柱体外的任一点从某时刻起将持续不断地受到柱体各点初始扰动的影响, 从而一直扰动下去. 所以, 人们称二维波为柱面波.

3.5 能量法 解的唯一性与稳定性

本节讨论二维与三维波动方程定解问题解的唯一性和稳定性. 所用方法称为能量法, 其思想来源于物理学. 即利用波传播过程中的能量守恒或能量衰减的关系建立下文所述的能量等式和能量不等式, 用它们分别证明所论问题解的唯一性与稳定性, 这种方法通常叫做能量法. 为直观和简便计, 我们仅讨论二维波动方程, 所论思想和方法可推广到高维波动方程, 并无本质的困难.

对于薄膜的振动, 其动能和位能可用二重积分表示, 它们的和称为能量积分. 设平面区域 Ω 有界且边界逐段光滑. 考虑张在 Ω 上的薄膜的微小横振动. 设薄膜均匀, 即薄膜的密度 ρ 和张力系数 T 都是常数, $u(x, y, t)$ 表示薄膜上的点 (x, y) 在时刻 t 垂直于 (X, Y) 坐标平面的位移. 另外, 设有垂直于 (X, Y) 坐标平面的外力, 其面密度为 $F(x, y, t)$, 而沿边界 $\partial\Omega$ 的线密度为 $p(s, t)$, s 是自然参数. 通过力学分析知, 薄膜在时刻 t 的动能 $K(t)$ 和位能 $P(t)$ 分别为

$$K(t) = \iint_\Omega \frac{\rho}{2} u_t^2(x, y, t) \mathrm{d}x\mathrm{d}y,$$
$$P(t) = \iint_\Omega \left[\frac{T}{2}(u_x^2 + u_y^2) - Fu \right] \mathrm{d}x\mathrm{d}y + \int_{\partial\Omega} \left(-pu + \frac{\sigma}{2} u^2 \right) \mathrm{d}s,$$

这里, 常数 $\sigma > 0$ 是边界弹性支撑的劲度系数. 于是, 薄膜在时刻 t 具有的总能量为

$$E(t) = \iint_{\Omega} \left[\frac{\rho}{2} u_t^2 + \frac{T}{2} (u_x^2 + u_y^2) - Fu \right] \mathrm{d}x\mathrm{d}y +$$
$$\int_{\partial\Omega} \left(-pu + \frac{\sigma}{2} u^2 \right) \mathrm{d}s. \tag{3.5.1}$$

以上各式都可以用数学中的微元分析法结合物理学概念推导出来. 读者可以试一试.

3.5.1 能量等式 初边值问题解的唯一性

由物理学知道, 当薄膜系统不受外力时, 即 $F \equiv p \equiv 0$, 系统的总能量守恒, 即 $E(t) =$ 常数. 下面, 从数学上导出这个等式, 即证 $\dfrac{\mathrm{d}E}{\mathrm{d}t} = 0$.

薄膜的微小横振动在无外力时, 其位移函数 $u(x,y,t)$ 满足齐次波动方程和齐次边值条件

$$\begin{cases} u_{tt} = a^2(u_{xx} + u_{yy}), \ a^2 = \dfrac{T}{\rho}, \\[2mm] \left(T\dfrac{\partial u}{\partial \nu} + \sigma u \right)\Big|_{\partial\Omega} = 0, \end{cases} \tag{3.5.2}$$

其中, ν 是 $\partial\Omega$ 的单位外法向. 此时, (3.5.1) 式变为

$$E(t) = \iint_{\Omega} \left[\frac{\rho}{2} u_t^2 + \frac{T}{2} (u_x^2 + u_y^2) \right] \mathrm{d}x\mathrm{d}y + \int_{\partial\Omega} \frac{\sigma}{2} u^2 \mathrm{d}s. \tag{3.5.3}$$

则

$$\frac{\mathrm{d}E(t)}{\mathrm{d}t} = \iint_{\Omega} \left[\rho u_t u_{tt} + T(u_x u_{xt} + u_y u_{yt}) \right] \mathrm{d}x\mathrm{d}y + \int_{\partial\Omega} \sigma u u_t \mathrm{d}s.$$

由二重积分的 Green (格林) 公式, 得

$$\iint_{\Omega} u_x u_{xt} \mathrm{d}x\mathrm{d}y = \iint_{\Omega} (u_x u_t)_x \mathrm{d}x\mathrm{d}y - \iint_{\Omega} u_{xx} u_t \mathrm{d}x\mathrm{d}y$$
$$= \int_{\partial\Omega} u_x u_t \cos(\nu, x) \mathrm{d}s - \iint_{\Omega} u_{xx} u_t \mathrm{d}x\mathrm{d}y,$$

类似地, 有

$$\iint_{\Omega} u_y u_{yt} \mathrm{d}x\mathrm{d}y = \int_{\partial\Omega} u_y u_t \cos(\nu, y) \mathrm{d}s - \iint_{\Omega} u_{yy} u_t \mathrm{d}x\mathrm{d}y.$$

于是, 注意到 (3.5.2) 式, 得

$$\frac{\mathrm{d}E(t)}{\mathrm{d}t} = \rho \iint_{\Omega} u_t \left[u_{tt} - a^2(u_{xx} + u_{yy}) \right] \mathrm{d}x\mathrm{d}y + \int_{\partial\Omega} u_t \left(T\frac{\partial u}{\partial \nu} + \sigma u \right) \mathrm{d}s$$
$$= 0.$$

所以

$$E(t) = 常数 = E(0). \tag{3.5.4}$$

称此式为能量等式. 下面给出它在证明解的唯一性时的应用.

设有二维非齐次波动方程的初边值问题

$$\begin{cases} u_{tt} - a^2(u_{xx} + u_{yy}) = f(x, y, t), \ (x, y) \in \Omega, \ t > 0, \\ u(x, y, 0) = \varphi(x, y), \ u_t(x, y, 0) = \psi(x, y), \ (x, y) \in \overline{\Omega}, \\ \left(T\dfrac{\partial u}{\partial \nu} + \sigma u\right)\Big|_{\partial \Omega} = p(s, t), \ t \geqslant 0, \end{cases} \tag{3.5.5}$$

其中, $f \not\equiv 0$ 表示振动系统受到外力, $\sigma \geqslant 0$, ν 是 $\partial\Omega$ 的单位外法向. 我们有

定理 3.5.1 (唯一性)　问题 (3.5.5) 最多一个解.

证明　设有两个解 u_1, u_2, 令 $u = u_1 - u_2$. 由叠加原理知 u 满足问题 (3.5.2), 从而对 u 成立能量等式 (3.5.4). 注意到 $u|_{t=0} = u_t|_{t=0} = 0$, 便得 $E(0) = 0$, 于是 $E(t) = E(0) = 0$. 即

$$E(t) = \iint_\Omega \left[\frac{\rho}{2}u_t^2 + \frac{T}{2}(u_x^2 + u_y^2)\right]\mathrm{d}x\mathrm{d}y + \int_{\partial\Omega}\frac{\sigma}{2}u^2\mathrm{d}s = 0.$$

由各被积函数非负连续知, 在 $\partial\Omega$ 上 $u = 0$, 在 Ω 上 $u_x = u_y = u_t = 0$, 所以 $u = $ 常数 $= u|_{t=0} = 0$, 即 $u_1 = u_2$. □

3.5.2　能量不等式　初边值问题解的稳定性

为得到问题 (3.5.5) 解关于初值的稳定性结果, 先建立所谓能量不等式. 设 $u(x, y, t)$ 是满足问题 (3.5.2) 的任一函数, 记

$$E_0(t) = \iint_\Omega u^2(x, y, t)\mathrm{d}x\mathrm{d}y.$$

于是

$$\begin{aligned} \frac{\mathrm{d}E_0(t)}{\mathrm{d}t} &= 2\iint_\Omega uu_t\mathrm{d}x\mathrm{d}y \\ &\leqslant 2\left(\iint_\Omega u^2\mathrm{d}x\mathrm{d}y\right)^{\frac{1}{2}}\left(\iint_\Omega u_t^2\mathrm{d}x\mathrm{d}y\right)^{\frac{1}{2}} \\ &\leqslant 2[E_0(t)]^{\frac{1}{2}}\left[\frac{2}{\rho}E(t)\right]^{\frac{1}{2}}. \end{aligned}$$

解此不等式, 并注意到 $E(t) = E(0)$, 便得

$$\sqrt{E_0(t)} - \sqrt{E_0(0)} \leqslant \sqrt{\frac{2}{\rho}}\int_0^t\sqrt{E(\tau)}\mathrm{d}\tau = \sqrt{\frac{2}{\rho}}\sqrt{E(0)}t. \tag{3.5.6}$$

由此得能量不等式

$$E_0(t) \leqslant 2E_0(0) + \frac{4t^2}{\rho}E(0). \tag{3.5.7}$$

不难证明另一形式的能量不等式 (留作习题)

$$E_0(t) \leqslant \mathrm{e}^t E_0(0) + \frac{2}{\rho}(\mathrm{e}^t - 1)E(0). \tag{3.5.8}$$

比较以上二式可知, 当 t 较大时, 估计式 (3.5.7) 比 (3.5.8) 强, 但当 t 较小时, (3.5.8) 比 (3.5.7) 强. 事实上, 我们可以得到一个比 (3.5.8) 在任意时刻 $t \geqslant 0$ 都强的能量不等式. 事实上, 由 (3.5.6) 得

$$E_0(t) \leqslant E_0(0) + \frac{2t^2}{\rho}E(0) + 2t\sqrt{E_0(0)}\sqrt{\frac{2}{\rho}}\sqrt{E(0)},$$

最后一项用 Young 不等式

$$2ab \leqslant \varepsilon a^2 + \frac{1}{\varepsilon}b^2, \ \forall \varepsilon > 0$$

放大, 得

$$E_0(t) \leqslant (1+\varepsilon)E_0(0) + \left(1 + \frac{1}{\varepsilon}\right)\frac{2t^2}{\rho}E(0). \tag{3.5.9}$$

不难验证, 若在 (3.5.9) 式中取 $\varepsilon = t + \frac{t^2}{2} + \frac{t^3}{6}$, $t > 0$, 则所得能量不等式比 (3.5.8) 强.

下面用能量不等式证明二维波动方程初边值问题 (3.5.5) 的解关于初值的稳定性. 设问题 (3.5.5) 的解是 u. 当初值发生扰动而变为 $\varphi(x,y) + \varepsilon_1(x,y)$ 和 $\psi(x,y) + \varepsilon_2(x,y)$ 时, 对应问题 (3.5.5) 的解为 $u + \eta(x,y,t)$. 则由叠加原理知 η 满足问题

$$\begin{cases} \eta_{tt} - a^2(\eta_{xx} + \eta_{yy}) = 0, \ (x,y) \in \Omega, \ t > 0, \\ \eta(x,y,0) = \varepsilon_1(x,y), \ \eta_t(x,y,0) = \varepsilon_2(x,y), \\ \left(T\dfrac{\partial \eta}{\partial \nu} + \sigma \eta\right)\bigg|_{\partial\Omega} = 0. \end{cases} \tag{3.5.10}$$

于是, 关于 η 在初始时刻 $t = 0$ 的各能量为

$$E_0(0) = \iint_\Omega \varepsilon_1^2 \mathrm{d}x\mathrm{d}y,$$

$$E(0) = \frac{\rho}{2}\left\{\iint_\Omega [\varepsilon_2^2 + a^2(\varepsilon_{1,x}^2 + \varepsilon_{1,y}^2)]\mathrm{d}x\mathrm{d}y + \frac{\sigma}{\rho}\int_{\partial\Omega}\varepsilon_1^2 \mathrm{d}s\right\}.$$

对任意固定的 $t_0 > 0$, 当 $t \in [0,t_0]$ 时, 由能量不等式 (3.5.7) 知

$$\iint_\Omega \eta^2(x,y,t)\mathrm{d}x\mathrm{d}y$$

$$\leqslant 2\iint_\Omega \varepsilon_1^2 \mathrm{d}x\mathrm{d}y + 2t_0^2\left\{\iint_\Omega [\varepsilon_2^2 + a^2(\varepsilon_{1,x}^2 + \varepsilon_{1,y}^2)]\mathrm{d}x\mathrm{d}y + \frac{\sigma}{\rho}\int_{\partial\Omega}\varepsilon_1^2 \mathrm{d}s\right\}.$$

于是得到

定理 3.5.2 (稳定性) 二维波动方程初边值问题 (3.5.5) 的解在下述意义下关于初值是稳定的: 只要初始数据的变化量

$$\|\varepsilon_1\|_{L_2(\Omega)}, \quad \|\varepsilon_{1,x}\|_{L_2(\Omega)}, \quad \|\varepsilon_{1,y}\|_{L_2(\Omega)}, \quad \|\varepsilon_2\|_{L_2(\Omega)}, \quad \|\varepsilon_1\|_{L_2(\partial\Omega)}$$

都微小, 则解相应的变化量 $\|\eta\|_{L_2(\Omega)}$ 及 $\|\eta\|_{L_2(Q)}$ 也微小, 其中, $Q = \Omega \times [0, t_0]$.

下面考察问题 (3.5.5) 的解对非齐次项 $f(x, y, t)$ 的稳定性. 大家知道, 此项表示振动薄膜在 Ω 内受到外力. 为此, 仍采用前文的思想, 先建立有外力作用时的能量不等式, 然后用此不等式证明解的稳定性.

设 $u(x, y, t)$ 满足问题

$$\begin{cases} u_{tt} - a^2(u_{xx} + u_{yy}) = f(x, y, t), \ (x, y) \in \Omega, \ t > 0, \\ u(x, y, 0) = 0, \ u_t(x, y, 0) = 0, \\ \left(T\dfrac{\partial u}{\partial \nu} + \sigma u \right)\Big|_{\partial\Omega} = 0. \end{cases} \quad (3.5.11)$$

记

$$F(t) = \iint_\Omega f^2(x, y, t)\mathrm{d}x\mathrm{d}y.$$

把由 (3.5.3) 式所确定的能量函数 $E(t)$ 作为出发点, 此式两边对 t 求导, 整理得

$$\begin{aligned} \dfrac{\mathrm{d}E(t)}{\mathrm{d}t} = &\rho \iint_\Omega u_t[u_{tt} - a^2(u_{xx} + u_{yy})]\mathrm{d}x\mathrm{d}y + \\ &\int_{\partial\Omega} u_t\left(T\dfrac{\partial u}{\partial \nu} + \sigma u \right)\mathrm{d}s. \end{aligned}$$

注意到 (3.5.11), 得

$$\begin{aligned} \dfrac{\mathrm{d}E(t)}{\mathrm{d}t} &= \rho \iint_\Omega u_t f \mathrm{d}x\mathrm{d}y \\ &\leqslant \rho \left(\iint_\Omega u_t^2 \mathrm{d}x\mathrm{d}y \right)^{\frac{1}{2}} \left(\iint_\Omega f^2 \mathrm{d}x\mathrm{d}y \right)^{\frac{1}{2}} \\ &\leqslant \rho \left[\dfrac{2}{\rho} E(t) \right]^{\frac{1}{2}} \sqrt{F(t)} \\ &= \sqrt{2\rho E(t) F(t)}. \end{aligned}$$

解此微分不等式, 得

$$\sqrt{E(t)} - \sqrt{E(0)} \leqslant \sqrt{\dfrac{\rho}{2}} \int_0^t \sqrt{F(\tau)}\mathrm{d}\tau \leqslant \sqrt{\dfrac{\rho t}{2}} \left[\int_0^t F(\tau)\mathrm{d}\tau \right]^{\frac{1}{2}},$$

所以

$$E(t) \leqslant 2E(0) + \rho t \int_0^t F(\tau)\mathrm{d}\tau. \tag{3.5.12}$$

注意到在推导能量不等式 (3.5.7) 时, 有

$$\sqrt{E_0(t)} - \sqrt{E_0(0)} \leqslant \sqrt{\frac{2}{\rho}} \int_0^t \sqrt{E(\tau)}\mathrm{d}\tau,$$

这时因有外力 $f(x,y,t)$, 故 $E(t)$ 已不守恒. 但是, 有估计

$$\sqrt{E_0(t)} - \sqrt{E_0(0)} \leqslant \sqrt{\frac{2}{\rho}} \int_0^t \sqrt{E(\tau)}\mathrm{d}\tau \leqslant \sqrt{\frac{2t}{\rho}} \left[\int_0^t E(\tau)\mathrm{d}\tau \right]^{\frac{1}{2}},$$

故有

$$E_0(t) \leqslant 2E_0(0) + \frac{4t}{\rho} \int_0^t E(\tau)\mathrm{d}\tau.$$

把 (3.5.12) 代入上式, 便得所需要的能量不等式

$$E_0(t) \leqslant 2E_0(0) + \frac{8t^2}{\rho}E(0) + 2t^3 \int_0^t F(\tau)\mathrm{d}\tau. \tag{3.5.13}$$

利用此式, 仿照定理3.5.2的证明, 可以得到问题 (3.5.5) 的解对非齐次项 $f(x,y,t)$ 的稳定性 (证明留作练习).

3.5.3 初值问题解的唯一性

本小节用能量法证明二维波动方程初值问题解的唯一性. 为此, 只需证明齐次问题

$$\begin{cases} u_{tt} - (u_{xx} + u_{yy}) = 0, \ (x,y) \in \mathbb{R}^2, \ t > 0, \\ u(x,y,0) = 0, \ u_t(x,y,0) = 0 \end{cases} \tag{3.5.14}$$

只有平凡解 $u \equiv 0$. 不失一般性, 取波动方程中的常数 $a = 1$. 注意, 由于此时积分

$$E(t) = \iint_{\mathbb{R}^2} (u_t^2 + u_x^2 + u_y^2)\mathrm{d}x\mathrm{d}y$$

可能发散, 故不能由此式出发证明解的唯一性.

任取坐标平面上一点 $M_0 = (x_0, y_0)$ 及实数 $R > 0$, 作特征锥 (图 3.11)

$$K : (x - x_0)^2 + (y - y_0)^2 \leqslant (R - t)^2, \ 0 \leqslant t \leqslant R.$$

锥体 K 在平面 $t = 0$ 上的截面是圆域

$$\Omega_0 : (x - x_0)^2 + (y - y_0)^2 \leqslant R^2.$$

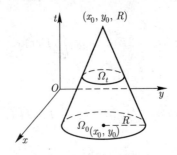

图 3.11　特征锥

由于锥体 K 是圆域 Ω_0 的决定区域, 故在时刻 t 时, 区域

$$\Omega_t:\ (x - x_0)^2 + (y - y_0)^2 \leqslant (R - t)^2,\ 0 < t < R$$

内各点的函数值 $u(x, y, t)$ 由 Ω_0 内的初值条件完全决定. 所以, Ω_t 中的能量不应超过 Ω_0 中的能量. 特别地, 若 Ω_0 中能量为零, 则 Ω_t 中能量也应该是零. 以下证实这个猜想. 记

$$E(t) = \frac{1}{2} \iint_{\Omega_t} (u_t^2 + u_x^2 + u_y^2) \mathrm{d}x \mathrm{d}y$$

$$= \frac{1}{2} \int_0^{R-t} \mathrm{d}r \int_{C(M_0, r)} (u_t^2 + u_x^2 + u_y^2) \mathrm{d}l.$$

其中, $C(M_0, r)$ 是与 Ω_t 位于同一平面上以 M_0 为圆心, 以 r 为半径的圆周. 则

$$\frac{\mathrm{d}E(t)}{\mathrm{d}t} = \iint_{\Omega_t} (u_t u_{tt} + (u_x u_{xt} + u_y u_{yt})) \mathrm{d}x \mathrm{d}y -$$

$$\frac{1}{2} \int_{C(M_0, R-t)} (u_t^2 + u_x^2 + u_y^2) \mathrm{d}l$$

$$= \iint_{\Omega_t} u_t (u_{tt} - (u_{xx} + u_{yy})) \mathrm{d}x \mathrm{d}y +$$

$$\int_{C(M_0, R-t)} u_t \frac{\partial u}{\partial \nu} \mathrm{d}l - \frac{1}{2} \int_{C(M_0, R-t)} (u_t^2 + u_x^2 + u_y^2) \mathrm{d}l$$

$$= \int_{C(M_0, R-t)} u_t \frac{\partial u}{\partial \nu} \mathrm{d}l - \frac{1}{2} \int_{C(M_0, R-t)} (u_t^2 + u_x^2 + u_y^2) \mathrm{d}l.$$

因

$$u_t \frac{\partial u}{\partial \nu} \leqslant |u_t||Du| \leqslant \frac{1}{2} (u_t^2 + u_x^2 + u_y^2),$$

将此式代入前式得 $\dfrac{\mathrm{d}E(t)}{\mathrm{d}t} \leqslant 0$, 所以, $E(t) \leqslant E(0) = 0$, 从而 $E(t) \equiv 0$. 于是, 由 $0 < t < R$ 任意性知在整个锥体 K 中, $u_t = u_x = u_y = 0$, 由此知在 K 中 $u =$ 常

数 $= u(x, y, 0) = 0$. 由点 M_0 及正实数 R 的任意性, 我们证得 $u \equiv 0$ 在 $\mathbb{R}^2 \times \mathbb{R}^+$ 中, 故有

定理 3.5.3 (唯一性)　二维波动方程的初值问题

$$\begin{cases} u_{tt} - (u_{xx} + u_{yy}) = f(x, y, t), \ (x, y) \in \mathbb{R}^2, \ t > 0, \\ u(x, y, 0) = \varphi(x, y), \ u_t(x, y, 0) = \psi(x, y) \end{cases} \tag{3.5.15}$$

的解唯一.

上述证明方法, 即能量法, 适用于高维空间同类问题的证明. 关于初值问题 (3.5.15) 的解对初值的稳定性的论证, 与对初边值问题 (3.5.5) 的讨论类似. 在此不再赘述.

习　题　3

1. 用 3.1.1 小节最后的附注中所说的特征线法导出问题 (3.1.2) 的解的 d'Alembert 公式.

2. 设 $u \in C^2(\mathbb{R} \times [0, +\infty))$ 是初值问题 (3.1.2)(令 $a = 1$) 的解, 并且 $\varphi(x), \psi(x)$ 有紧支集. 记振动系统的动能 $K(t)$ 与势能 $P(t)$ 分别为

$$K(t) = \frac{1}{2} \int_{-\infty}^{+\infty} u_t^2(x, t) \mathrm{d}x,$$

$$P(t) = \frac{1}{2} \int_{-\infty}^{+\infty} u_x^2(x, t) \mathrm{d}x.$$

证明:

(a) $K(t) + P(t) = $ 常数;

(b) 当 t 充分大时, $K(t) = P(t)$.

3. 求解初值问题

$$\begin{cases} u_{tt} - u_{xx} = 0, x \in \mathbb{R}, \ t > ax, \\ u|_{t=ax} = \varphi(x), x \in \mathbb{R}, \\ u_t|_{t=ax} = \psi(x), x \in \mathbb{R}, \end{cases}$$

其中, $a \neq \pm 1$. 若初值只给定在 $a \leqslant x \leqslant b$ 上, 试问: 在什么区域上能确定解?

4. 证明初值问题

$$\begin{cases} u_{tt} - u_{xx} = 6(x + t), \ \ x \in \mathbb{R}, \ t > x, \\ u|_{t=x} = 0, \ \ u_t|_{t=x} = \psi(x), \ \ x \in \mathbb{R} \end{cases}$$

有解的充分必要条件是 $\psi(x) - 3x^2 = $ 常数, 并且若有解, 则解不唯一. 请解释: 若把初值给定在直线 $t = ax$ 上, 为什么当 $a = \pm 1$ 与 $a \neq \pm 1$ 时, 关于解的存在唯一性的结论不一样?

5. 求解下列定解问题:

(a) $\begin{cases} u_{tt} - a^2 u_{xx} = 0, \ x \in \mathbb{R}, \ t > 0, \\ u|_{x-at=0} = \varphi(x), \ u|_{x+at=0} = \psi(x), \ \varphi(0) = \psi(0); \end{cases}$

(b) $\begin{cases} u_{tt} - a^2 u_{xx} = 0, \ x \in \mathbb{R}, \ t > 0, \\ u|_{t=0} = \varphi(x), \ u|_{x-at=0} = \psi(x), \ \varphi(0) = \psi(0); \end{cases}$

(c) $\begin{cases} u_{xx} + 2(\cos x)u_{xy} - (\sin^2 x)u_{yy} - (\sin x)u_y = 0, \\ u|_{y=\sin x} = \varphi(x), \ u_y|_{y=\sin x} = \psi(x), \ x, y \in \mathbb{R}; \end{cases}$

(d) $\begin{cases} u_{xx} + yu_{yy} + \frac{1}{2}u_y = 0, \ x \in \mathbb{R}, \ y < 0, \\ u|_{y=0} = \varphi(x), \ u_y|_{y=0} = 有限量; \end{cases}$

(e) $\begin{cases} y^2 u_{yy} - x^2 u_{xx} = 0, \ x \in \mathbb{R}, \ y > 1, \\ u|_{y=1} = f(x), \ u_y|_{y=1} = g(x). \end{cases}$

6. 证明方程

$$\frac{\partial}{\partial x}\left(\left(1 - \frac{x}{h}\right)^2 \frac{\partial u}{\partial x}\right) = \frac{1}{a^2}\left(1 - \frac{x}{h}\right)^2 \frac{\partial^2 u}{\partial t^2}$$

的通解是

$$u(x,t) = \frac{1}{h-x}[F(x-at) + G(x+at)],$$

其中, F, G 是任意二阶连续可微函数. 由此求解该方程的初值问题

$$u|_{t=0} = \varphi(x), \ u_t|_{t=0} = \psi(x).$$

7. 求方程 $u_{tt} = a^2(u_{xx} + u_{yy} + u_{zz})$ 的形如 $u = u(r,t)$ 的所谓径向解, 其中, $r = \sqrt{x^2 + y^2 + z^2}$.

8. 在例3.1.1 中, 将边值条件 $u(0,t) = 0$ 改为 $u(0,t) = f(t)$, 并要求

$$f, g, h \in C^2, \ f(0) = g(0), \ f'(0) = h(0), \ f''(0) = g''(0).$$

试求解此初边值问题, 并验证所得解在特征线 $x = t$ 上有连续的二阶微商.

9. 若记 $w(x,t;\tau)$ 是定解问题

(A) $\begin{cases} w_{tt} - a^2 w_{xx} = 0, \ x \in \mathbb{R}, \ t > \tau, \\ w|_{t=\tau} = 0, \ w_t|_{t=\tau} = f(x,\tau) \end{cases}$

的解, 试证明函数

$$u(x,t) = \int_0^t w(x,t;\tau)\mathrm{d}\tau$$

是定解问题

(B) $\begin{cases} u_{tt} - a^2 u_{xx} = f(x,t), \ x \in \mathbb{R}, \ t > 0, \\ u|_{t=0} = 0, \ u_t|_{t=0} = 0 \end{cases}$

的解. 这个解非齐次方程初值问题的方法称为 Duhamel 原理, 也称齐次化原理.

10. 试推导问题 (B) 的解为

$$u(x,t) = \frac{1}{2a} \int_0^t \int_{x-a(t-\tau)}^{x+a(t-\tau)} f(y,\tau) \mathrm{d}y \mathrm{d}\tau.$$

11. 利用叠加原理叙述问题

$$\begin{cases} u_{tt} - a^2 u_{xx} = f(x,t), \ x \in \mathbb{R}, \ t > 0, \\ u(x,0) = \varphi(x), \ u_t(x,0) = \psi(x) \end{cases}$$

的求解过程, 并写出解的表达式.

12. 用分离变量法求解方程

$$u_{tt} - a^2 u_{xx} = 0, \ 0 < x < l, \ t > 0$$

的下列初边值问题:

(a) $\begin{cases} u(x,0) = x^2 - 2lx, \ u_t(x,0) = 0, \\ u(0,t) = u_x(l,t) = 0; \end{cases}$

(b) $\begin{cases} u(x,0) = \begin{cases} \dfrac{hx}{c}, & \text{当 } 0 \leqslant x \leqslant c \text{ 时,} \\ h\dfrac{l-x}{l-c}, & \text{当 } c < x \leqslant l \text{ 时,} \end{cases} \\ u_t(x,0) = 0, \\ u(0,t) = u(l,t) = 0, \ t \geqslant 0. \end{cases}$

13. 求解下列初边值问题:

(a) $\begin{cases} u_{tt} - a^2 u_{xx} = Ax, \ 0 < x < l, \ t > 0, \\ u(x,0) = u_t(x,0) = 0, \ 0 \leqslant x \leqslant l, \\ u(0,t) = u(l,t) = 0, \ t \geqslant 0; \end{cases}$

(b) $\begin{cases} u_{tt} - a^2 u_{xx} = 0, \ 0 < x < l, \ t > 0, \\ u(x,0) = u_t(x,0) = 0, \ 0 \leqslant x \leqslant l, \\ u(0,t) = 0, \ u(l,t) = A(\sin \omega t - \omega t), \ t \geqslant 0; \end{cases}$

(c) $\begin{cases} u_{tt} - a^2 u_{xx} = bx, \ 0 < x < l, \ t > 0, \\ u(x,0) = u_t(x,0) = 0, \ 0 \leqslant x \leqslant l, \\ u(0,t) = 0, \ u(l,t) = Bt, \ t \geqslant 0. \end{cases}$

14. 在半径为 R, 顶角为 α 的扇形域中解下述边值问题:

$$\begin{cases} u_{xx} + u_{yy} = 0, \ 0 < r < R, \ 0 < \varphi < \alpha, \\ u|_{\varphi=0} = u|_{\varphi=\alpha} = 0, \ u|_{r=R} = f(x,y). \end{cases}$$

其中, $r = \sqrt{x^2 + y^2}$.

[提示: 利用极坐标.]

15. 解初边值问题

$$\begin{cases} u_{tt} + a^2 u_{xxxx} = 0, \ 0 < x < l, \ t > 0, \\ u(x,0) = x(x-l), \ u_t(x,0) = 0, \ 0 \leqslant x \leqslant l, \\ u(0,t) = u(l,t) = u_{xx}(0,t) = u_{xx}(l,t) = 0, \ t \geqslant 0. \end{cases}$$

16. 解初边值问题

$$\begin{cases} u_t = a^2 u_{xx} - b^2 u, \ 0 < x < l, \ t > 0, \\ u(x,0) = u_0, \ u(0,t) = 0, \ u_x(l,t) + hu(l,t) = 0. \end{cases}$$

其中, 常数 $h > 0$.

17. 解初边值问题

$$\begin{cases} u_t = a^2(u_{xx} + u_{yy}), \ 0 < x < a, \ 0 < y < b, \ t > 0, \\ u(x,y,0) = A, \\ u(0,y,t) = u_x(a,y,t) = 0, \\ u_y(x,0,t) = u(x,b,t) = 0. \end{cases}$$

18. 设 a, b 不可公约, 试求出例 3.3.2 的形式解.

19. 设特征值问题

$$\begin{cases} [p(x)X'(x)]' - q(x)X(x) + \lambda\rho(x)X(x) = 0, \\ p \geqslant p_0 > 0, \ \rho \geqslant \rho_0 > 0, \ q \geqslant 0, \ 0 < x < l, \\ A_0 X(0) + B_0 X'(0) = 0, \ A_1 X(l) + B_1 X'(l) = 0, \\ A_0^2 + B_0^2 \neq 0, \ A_1^2 + B_1^2 \neq 0 \end{cases}$$

存在特征值. 其中, $A_i, \ B_i \ (i = 0, \ 1)$ 是常数且 $B_0 \leqslant 0$, 其他常数非负. 证明: 特征值必大于零, 且对应于不同特征值的特征函数加权 $\rho(x)$ 正交, 即

$$\int_0^l \rho(x)X_m(x)X_n(x)\mathrm{d}x = 0, \ m \neq n.$$

20. 证明例 3.3.1 中的特征函数系 $\{\sin\sqrt{\lambda_n}x\}$ 是空间 $L^2[0,l]$ 中的完备函数系.

21. 利用能量积分函数

$$E(t) = \frac{1}{2}\int_0^l (ku_x^2 + \rho u_t^2 + qu^2)\mathrm{d}x$$

证明定解问题

$$\begin{cases} \rho(x)u_{tt} = \big(k(x)u_x\big)_x - q(x)u, \ 0 < x < l, \ t > 0, \\ u(x,0) = u_t(x,0) = 0, \ 0 \leqslant x \leqslant l, \\ u(0,t) = u(l,t) = 0, \ t \geqslant 0 \end{cases}$$

的解 $u \equiv 0$. 其中, $k(x) \geqslant k_0 > 0$, $q(x) \geqslant 0$, $\rho(x) \geqslant \rho_0 > 0$, 而 k_0, ρ_0 是常数.

$\Big[$提示: 考虑 $\dfrac{\mathrm{d}E}{\mathrm{d}t}.\Big]$

22. 若记 $w(x,t;\tau)$ 是问题

$$\begin{cases} w_{tt} - a^2 w_{xx} = 0, \ 0 < x < l, \ t > \tau, \\ w|_{x=0} = w|_{x=l} = 0, \ t \geqslant \tau, \\ w|_{t=\tau} = 0, \ w_t|_{t=\tau} = f(x,\tau), \ 0 \leqslant x \leqslant l \end{cases}$$

的解, 证明函数

$$u(x,t) = \int_0^t f(x,t;\tau)\mathrm{d}\tau$$

是问题

$$\begin{cases} u_{tt} - a^2 u_{xx} = f(x,t), \ 0 < x < l, \ t > 0, \\ u(0,t) = u(l,t) = 0, \ t \geqslant 0, \\ u(x,0) = u_t(x,0) = 0, \ 0 \leqslant x \leqslant l \end{cases}$$

的解. 这就是求解非齐次方程混合问题的 Duhamel 原理, 也称齐次化原理.

23. 在例 3.3.3 中, 证明由 (3.3.32) 式 (系数 a_n, b_n 由 (3.3.33) 式确定) 表示的函数 $u(r,\theta)$ 是定解问题 (3.3.27) 的解, 且 $u \in C^\infty$.

24. 假设 $E = (E_1, E_2, E_3)$ 和 $B = (B_1, B_2, B_3)$ 是 Maxwell (麦克斯韦) 方程组

$$\begin{cases} E_t = \mathrm{rot}\, B, \\ B_t = -\mathrm{rot}\, E, \\ \mathrm{div}\, B = \mathrm{div}\, E = 0 \end{cases}$$

的解. 证明: $u_{tt} - \Delta u = 0$, 其中, $u = E_i$ 或 B_i $(i = 1, 2, 3)$.

25. 用 Kirchhoff 公式求解初值问题

$$\begin{cases} u_{tt} = a^2(u_{xx} + u_{yy} + u_{zz}), \ (x,y,z) \in \mathbb{R}^3, \ t > 0, \\ u|_{t=0} = x^3 + y^2 z, \ u_t|_{t=0} = 0. \end{cases}$$

26. 设 $u(x,t) \in C^m(\mathbb{R}^n \times [0,+\infty))$ 是 n 维波动方程初值问题

$$\begin{cases} u_{tt} - \Delta u = 0, \ x \in \mathbb{R}^n, \ t > 0, \\ u|_{t=0} = h(x), \ u_t|_{t=0} = g(x), \ x \in \mathbb{R}^n \end{cases}$$

的解. 对任意固定的 $x \in \mathbb{R}^n$, 定义 u 的球面平均函数

$$U(x;r,t) = \frac{1}{n\omega_n r^{n-1}} \int_{|y-x|=r} u(y,t)\mathrm{d}S_y,$$

其中, ω_n, $n\omega_n$ 分别是 n 维单位球的体积和表面积. 类似定义 h,g 的球面平均函数 $H(x;r), G(x;r)$. 试证明:

$$U \in C^m(\overline{\mathbb{R}}_+ \times [0,+\infty)),$$

并且满足下述 Euler-Poisson-Darboux (欧拉 – 泊松 – 达布) 方程的初值问题

$$\begin{cases} U_{tt} - U_{rr} - \dfrac{n-1}{r}U_r = 0, \ r > 0, \ t > 0, \\ U|_{t=0} = H, \ U_t|_{t=0} = G, \ x \in \mathbb{R}_+. \end{cases}$$

27. 设 $u(x,t)$ 是三维波动方程初值问题 (3.4.1) 的解, 初值 φ, ψ 足够光滑且具有紧支集. 证明存在常数 C, 使得

$$|u(x,t)| \leqslant C/t, \ x \in \mathbb{R}^3, t > 0.$$

28. 用降维法从 (3.4.7) 导出弦振动方程初值问题 (3.1.2) 解的 d'Alembert 公式.

29. 证明: 若问题 (3.4.1) 中的 $\varphi \in C^3(\mathbb{R}^3)$, $\psi \in C^2(\mathbb{R}^3)$, 则由 Kirchhoff 公式 (3.4.7) 表示的函数 $u(x,t)$ 属于 C^2 类, 并满足问题 (3.4.1).

30. 求解二维波动方程的初值问题

$$\begin{cases} u_{tt} = a^2(u_{xx} + u_{yy}), \ (x,y) \in \mathbb{R}^2, \ t > 0, \\ u|_{t=0} = x^2(x+y), \ u_t|_{t=0} = 0. \end{cases}$$

31. 求解二维波动方程 $u_{tt} = a^2(u_{xx} + u_{yy})$ 的轴对称解 $u = u(r,t)$, 其中, $r = \sqrt{x^2 + y^2}$.

32. 求解二维波动方程的初值问题

$$\begin{cases} u_{tt} = a^2(u_{xx} + u_{yy}) + c^2 u, \ (x,y) \in \mathbb{R}^2, \ t > 0, \\ u|_{t=0} = \varphi(x,y), \ u_t|_{t=0} = \psi(x,y). \end{cases}$$

[提示: 作变换 $v(x,y,z) = \mathrm{e}^{cz/a}u(x,y)$, 用 Kirchhoff 公式求解 v.]

33. 设 $u(x, y, t)$ 是初值问题

$$\begin{cases} u_{tt} - 4(u_{xx} + u_{yy}) = 0, (x, y) \in \mathbb{R}^2, \ t > 0, \\ u|_{t=0} = \varphi(x, y), \ u_t|_{t=0} = \psi(x, y) \end{cases}$$

的解, 其中

$$\varphi(x, y), \psi(x, y) = \begin{cases} 0, & (x, y) \in \Omega, \\ 10, & (x, y) \in \mathbb{R}^2 \backslash \Omega, \end{cases}$$

Ω 是正方形 $\{(x, y) \mid |x| \leqslant 1, |y| \leqslant 1\}$. 试指出当 $t > 0$ 时, $u(x, y, t) \equiv 0$ 的区域.

34. 试用 3.4.3 小节的方法导出二维非齐次波动方程初值问题

$$\begin{cases} u_{tt} = a^2(u_{xx} + u_{yy}) + f(x, y, t), \ (x, y) \in \mathbb{R}^2, \ t > 0, \\ u|_{t=0} = 0, \ u_t|_{t=0} = 0 \end{cases}$$

的解的积分表达式.

35. 利用降维法由公式 (3.4.18) 求解 34 题.

36. 求解三维非齐次波动方程初值问题

$$\begin{cases} u_{tt} = \Delta u + 2(y - t), \ (x, y, z) \in \mathbb{R}^3, \ t > 0, \\ u|_{t=0} = 0, \ u_t|_{t=0} = x^2 + yz. \end{cases}$$

[提示: 分解为两个方程, 用叠加原理.]

37. 证明问题 (3.5.5) 的解关于非齐次项 f 的稳定性.

38. 受摩擦力作用的端点固定的有界弦 $(0 < x < l)$ 的振动满足方程 $u_{tt} = a^2 u_{xx} - c u_t, \ c > 0$. 证明其能量是减小的, 并由此证明初边值问题

$$\begin{cases} u_{tt} = a^2 u_{xx} - c u_t + f(x, t), \ 0 < x < l, \ t > 0, \\ u(0, t) = u(l, t) = 0, \\ u(x, 0) = \varphi(x), \ u_t(x, 0) = \psi(x) \end{cases}$$

解的唯一性以及分别关于初值条件和非齐次项 f 的稳定性.

39. 考虑在区域 $G = \{(x, t) \mid 0 < x < l, \ 0 < t < T\}$ 上的混合问题

$$\begin{cases} u_{tt} = (k(x)u_x)_x - q(x)u + f(x, t), \ (x, t) \in G, \\ u(0, t) = u(l, t) = 0, \\ u(x, 0) = \varphi(x), \ u_t(x, 0) = \psi(x), \end{cases}$$

其中, $k(x) > 0$, $q(x) > 0$ 和 $f(x, t)$ 都是 $\overline{G}$ 上充分光滑的函数. 试证明: 若 $f(x, t)$ 在 $\overline{G}$ 上有微小扰动, 则由此引起解在 $\overline{G}$ 上的扰动也很微小.

[提示: 利用 21 题中的能量积分函数.]

40. 设 $u(x, y, t)$ 是问题 (3.5.2) 的解, 并记

$$E(t) = \iint_\Omega \left[\frac{\rho}{2} u_t^2 + \frac{T}{2} (u_x^2 + u_y^2) \right] \mathrm{d}x\mathrm{d}y + \int_{\partial\Omega} \frac{\sigma}{2} u^2 \mathrm{d}s,$$

$$E_0(t) = \iint_\Omega u^2(x, y, t) \mathrm{d}x\mathrm{d}y.$$

试证成立能量不等式:

$$E_0(t) \leqslant \mathrm{e}^t E_0(0) + \frac{2}{\rho} (\mathrm{e}^t - 1) E(0).$$

41. 设 $u(x, y, t)$ 是二维齐次波动方程 $u_{tt} = a^2(u_{xx} + u_{yy})$ 在特征锥 K(图 3.11) 内的解, 若记

$$E(\Omega_t) = \iint_{\Omega_t} \left[u_t^2 + a^2(u_x^2 + u_y^2) \right] \mathrm{d}x\mathrm{d}y,$$

$$E_0(\Omega_t) = \iint_{\Omega_t} u^2(x, y, t) \mathrm{d}x\mathrm{d}y.$$

试证:

$$E(\Omega_t) \leqslant E(\Omega_0),$$
$$E_0(\Omega_t) \leqslant \mathrm{e}^t E_0(\Omega_0) + (\mathrm{e}^t - 1) E(\Omega_0).$$

42. 利用上题结果证明二维波动方程初值问题 (3.5.15) 的解关于初值在下述意义下的稳定性: 对任意给定的 $\varepsilon > 0$, 存在正数 δ, 使当初值条件的差 $\varphi_1 - \varphi_2$, $\psi_1 - \psi_2$ 的 $L^2(\Omega_0)$ 范数以及差 $\varphi_{1,x} - \varphi_{2,x}$, $\varphi_{1,y} - \varphi_{2,y}$ 的 $L^2(\Omega_0)$ 范数都不超过 δ 时, 则在锥体 K(图 3.11) 内对应的解的差 $u_1 - u_2$ 的 $L^2(K)$ 范数必不超过 ε.

第 4 章　热传导方程

设 Ω 是 $\mathbb{R}^n(n \geqslant 2)$ 中开集, 则 n 维齐次热传导方程是

$$u_t - a^2 \Delta u = 0, \ x \in \Omega, \ t > 0, \tag{4.0.1}$$

其中, $a > 0$ 是常数.

热传导方程是偏微分方程发展史上最早的方程之一, 它是抛物型方程的典型代表, 具有丰富的物理学背景. 例如, 设有一个由均匀且各向同性的介质组成的物体占有三维空间有界区域 Ω, 并设体内无热源. 令 $u(x,t)$ 为物体在点 x 于时刻 t 的温度, $J(x,t)$ 是在点 (x,t) 的热流速度. 则在单位时间通过光滑曲面 Σ 流向曲面单位法向 ν 一侧的热量为

$$\int_\Sigma J \cdot \nu \mathrm{d}S.$$

由此知, 对 Ω 的任一具有光滑边界的有界子域 G, 在单位时间内流出 G 的热量是

$$\int_{\partial G} J \cdot \nu \mathrm{d}S,$$

其中, ν 是 ∂G 的单位外法向. 由热学定律知, 由温度高处流向温度低处的热流速度正比于温度函数的梯度, 即 $J = -k\mathrm{D}_x u$, 这里, $k > 0$ 是常数, 称为介质的热传导系数. 所以上式变为

$$-\int_{\partial G} k\mathrm{D}_x u \cdot \nu \mathrm{d}S. \tag{4.0.2}$$

根据另一条热学定律: 体积微元 $\mathrm{d}x$ 的温度升高正比于流入 $\mathrm{d}x$ 内的热量. 于是, 在点 (x,t) 处单位时间内流入微元 $\mathrm{d}x$ 的热量是 $cu_t\mathrm{d}x$, 其中, $c > 0$ 是介质单位体积内的热容量, 对均匀的且各向同性介质, c 是常数. 于是

$$-\int_G cu_t\mathrm{d}x = 单位时间内流出 G 的热量.$$

由 (4.0.2) 便得

$$-\int_G cu_t\mathrm{d}x = -\int_{\partial G} k\mathrm{D}_x u \cdot \nu \mathrm{d}S. \tag{4.0.3}$$

将散度定理 (3.0.1) 用于 (4.0.3) 式右端, 得

$$\int_G (cu_t - k\Delta u)\mathrm{d}x = 0.$$

由被积函数的连续性和 $G \subset \Omega$ 的任意性, 便得三维热传导方程

$$u_t - a^2 \Delta u = 0, \ x \in \Omega, \ t > 0, \tag{4.0.4}$$

其中, $a^2 = k/c > 0$. 同样, 若考虑一张侧面绝热的薄片中的热传导, 可得到二维热传导方程. 若考虑一根均匀同性细杆中的热传导, 设侧面绝热且温度的分布在同一垂直截面上处处相同, 则温度函数仅与截面在细杆上的位置 x 和时间 t 有关, 它满足一维热传导方程

$$u_t - a^2 u_{xx} = 0.$$

另外, 在研究扩散现象时, 例如气体的扩散、液体的渗透和半导体材料中杂质的扩散等, 也会得到类似的方程. 本章将讨论该方程的定解问题及解的性质. 不失一般性, 下文将设方程 (4.0.1) 中系数 $a = 1$.

4.1 初 值 问 题

对一维齐次热传导方程的具有齐次边值条件的初边值问题, 或在某些规则区域上的二维甚至三维齐次热传导方程带有齐次边值条件的初边值问题, 可以用上一章介绍的分离变量法求解. 现在考虑高维齐次热传导方程的初值问题

$$\begin{cases} u_t - \Delta u = 0, \ x \in \mathbb{R}^n, \ 0 < t \leqslant T, \\ u(x,0) = \varphi(x), \ x \in \mathbb{R}^n, \end{cases} \tag{4.1.1}$$

这里及下文, $u = u(x,t) = u(x_1, x_2, \cdots, x_n, t)$, $\Delta u = \sum\limits_{i=1}^{n} \dfrac{\partial^2 u}{\partial x_i^2}$.

不难验证以 y 为参数的函数

$$E(x-y,t) = \frac{1}{t^{n/2}} \mathrm{e}^{-\frac{|x-y|^2}{4t}} \tag{4.1.2}$$

满足 (4.1.1) 中的方程, 称它为热传导方程 (4.0.1) 的基本解. 与三维和二维波动方程的解相比较, 我们发现热传导方程的解对空间维数的依赖关系是很规律的, 故本章直接讨论高维热传导方程. 上文提到, 对有界区域上的热传导方程, 其初边值问题可以用分离变量法求解, 得到的解实质上是 Fourier 级数形式的. 对有界区域上的初值问题, 学过 Fourier 分析的读者, 会自然想到应该用 Fourier 级数求解, 因为 Fourier 级数在无穷域上的表现就是 Fourier 积分. 另外, 由下面对 Fourier 变换的介绍可知, 应用 Fourier 变换的微分性质, 可将一个在无穷区间上定义的偏微分方程的初值问题化为一个常微分方程的初值问题求解, 使问题简化. 下面, 我们先介绍 Fourier 变换的概念和简单性质及其在解热传导方程初值问题时的应用. 对 Fourier 变换的严格的数学理论将在第 8 章中叙述.

4.1.1 Fourier 变换及其性质

设函数 $f(x)$ 在 $x \in \mathbb{R}^n (n \geqslant 1)$ 上连续可微且绝对可积, 则有它的 Fourier 变换

$$\hat{f}(\xi) = \int_{\mathbb{R}^n} f(x) \mathrm{e}^{-\mathrm{i} x \cdot \xi} \mathrm{d}x$$

及 $\hat{f}(\xi)$ 的 Fourier 逆变换

$$f(x) = \frac{1}{(2\pi)^n} \int_{\mathbb{R}^n} \hat{f}(\xi) \mathrm{e}^{\mathrm{i} x \cdot \xi} \mathrm{d}\xi,$$

其中, 内积 $x \cdot \xi = x_1 \xi_1 + x_2 \xi_2 + \cdots + x_n \xi_n$. 在不强调函数的自变量的情况下, 一个函数的 Fourier 变换与逆变换也可分别记作 $F[f]$ 和 $F^{-1}[f]$. 显然, Fourier 变换是线性变换. 另外, 后文将用到它的以下三条基本性质:

(1) 微分性质

若 f 和 f'_{x_j} 的 Fourier 变换都存在, 且当 $|x| \to +\infty$ 时, $f(x) \to 0$, 则有

$$F[f'_{x_j}] = \mathrm{i} \xi_j F[f],$$

其中, i 是虚数单位.

一般地, 有

$$F[\mathrm{D}^\alpha f] = (\mathrm{i}\xi)^\alpha F[f],$$

其中, $\alpha = (\alpha_1, \alpha_2, \cdots, \alpha_n)$ 称为多重指标, $\alpha_i \ (i = 1, 2, \cdots, n)$ 是非负整数, 并且规定

$$|\alpha| \equiv \alpha_1 + \alpha_2 + \cdots + \alpha_n,$$

$$\mathrm{D}^\alpha \equiv \frac{\partial^{|\alpha|}}{\partial x_1^{\alpha_1} \partial x_2^{\alpha_2} \cdots \partial x_n^{\alpha_n}},$$

$$x^\alpha \equiv (x_1)^{\alpha_1} (x_2)^{\alpha_2} \cdots (x_n)^{\alpha_n}.$$

这里要求 f 适当光滑, 式中出现的 f 的各阶微商都可进行 Fourier 变换, 且当 $|x| \to +\infty$ 时, 各阶微商都趋于零. 利用分部积分公式不难证明此性质成立.

(2) 幂乘性质

若 $f(x)$ 和 $x_j f(x)$ 都可进行 Fourier 变换, 则有

$$F[-\mathrm{i} x_j f] = \frac{\partial}{\partial \xi_j} F[f],$$

一般的有

$$F[(-\mathrm{i})^{|\alpha|} x^\alpha f] = \mathrm{D}^\alpha F[f],$$

其中, 要求 f 足够光滑且所涉及的变换都存在.

(3) 卷积性质

(a) 若函数 f, g 都可进行 Fourier 变换, 则它们的卷积

$$f*g(x) \equiv \int_{\mathbb{R}^n} f(y)g(x-y)\mathrm{d}y$$

也可进行 Fourier 变换, 且有

$$F[f*g] = F[f]F[g];$$

(b) 若 f, g 和它们的乘积 fg 都可进行 Fourier 逆变换, 那么有

$$F^{-1}[fg] = F^{-1}[f]*F^{-1}[g].$$

证明　仅证 (a), (b) 类似可证. 由 f, g 在 $\mathbb{R}^n$ 上绝对可积, 用 Fubini (富比尼) 定理, 有

$$
\begin{aligned}
F[f*g] &= F\left[\int_{\mathbb{R}^n} f(y)g(x-y)\mathrm{d}y\right] \\
&= \int_{\mathbb{R}^n} \mathrm{e}^{-\mathrm{i}x\cdot\xi}\mathrm{d}x \int_{\mathbb{R}^n} f(y)g(x-y)\mathrm{d}y \\
&= \int_{\mathbb{R}^n} f(y)\mathrm{d}y \int_{\mathbb{R}^n} g(z)\mathrm{e}^{-\mathrm{i}(y+z)\cdot\xi}\mathrm{d}z \\
&= \int_{\mathbb{R}^n} f(y)\mathrm{e}^{-\mathrm{i}y\cdot\xi}\mathrm{d}y \int_{\mathbb{R}^n} g(z)\mathrm{e}^{-\mathrm{i}z\cdot\xi}\mathrm{d}z \\
&= F[f]F[g]. \qquad\qquad\qquad \square
\end{aligned}
$$

例 4.1.1　求函数 $f(x) = \mathrm{e}^{-a|x|}$ 的 Fourier 变换, 其中, $x \in \mathbb{R}, a > 0$.

解

$$
\begin{aligned}
\hat{f}(\xi) &= \int_{\mathbb{R}} \mathrm{e}^{-a|x|}\mathrm{e}^{-\mathrm{i}x\xi}\mathrm{d}x \\
&= \int_{\mathbb{R}} \mathrm{e}^{-a|x|}(\cos x\xi - \mathrm{i}\sin x\xi)\mathrm{d}x \\
&= 2\int_0^{+\infty} \mathrm{e}^{-ax}\cos x\xi\,\mathrm{d}x \\
&= \frac{2a}{\xi^2 + a^2}.
\end{aligned}
$$

例 4.1.2　求函数 $f(\xi) = \mathrm{e}^{-|\xi|^2 t}$ 的 Fourier 逆变换, 其中, $\xi \in \mathbb{R}^n$, $t > 0$.

解

$$
\begin{aligned}
F^{-1}[f] &= \frac{1}{(2\pi)^n} \int_{\mathbb{R}^n} \mathrm{e}^{-|\xi|^2 t}\mathrm{e}^{\mathrm{i}x\cdot\xi}\mathrm{d}\xi \\
&= \left(\frac{1}{2\pi} \int_{-\infty}^{+\infty} \mathrm{e}^{-t\xi_k^2 + \mathrm{i}x_k\xi_k}\mathrm{d}\xi_k\right)^n
\end{aligned}
$$

$$= \left(\frac{1}{\pi} \int_0^{+\infty} e^{-t\xi_k^2} \cos x_k \xi_k d\xi_k \right)^n.$$

记

$$I(x_k) = \frac{1}{\pi} \int_0^{+\infty} e^{-t\xi_k^2} \cos x_k \xi_k d\xi_k.$$

由 Euler 公式

$$\int_0^{+\infty} e^{-x^2} dx = \frac{\sqrt{\pi}}{2},$$

知

$$I(0) = \frac{1}{2} \sqrt{\frac{1}{\pi t}}.$$

对 $I(x_k)$ 求导并进行一次分部积分, 得

$$\frac{dI(x_k)}{dx_k} + \frac{x_k}{2t} I(x_k) = 0.$$

解此方程并注意到 $I(0)$ 的值, 得

$$I(x_k) = \frac{1}{2} \sqrt{\frac{1}{\pi t}} e^{-\frac{x_k^2}{4t}},$$

所以

$$F^{-1}[f] = \prod_{k=1}^n I(x_k) = (4\pi t)^{-n/2} e^{-\frac{|x|^2}{4t}}.$$

4.1.2 解初值问题

设初值问题 (4.1.1) 的解 $u(x,t)$ 和初始数据 $\varphi(x)$ 都可关于变量 x 进行 Fourier 变换, 并记

$$\hat{u}(\xi,t) = \int_{\mathbb{R}^n} u(x,t) e^{-ix\cdot\xi} dx,$$

$$\hat{\varphi}(\xi) = \int_{\mathbb{R}^n} \varphi(x) e^{-ix\cdot\xi} dx.$$

于是, 对 (4.1.1) 中的方程和初始数据进行 Fourier 变换, 便得关于 $\hat{u}(\xi,t)$ 的常微分方程初值问题

$$\begin{cases} \dfrac{d\hat{u}(\xi,t)}{dt} + |\xi|^2 \hat{u}(\xi,t) = 0, \\ \hat{u}(\xi,0) = \hat{\varphi}(\xi). \end{cases} \tag{4.1.3}$$

易得其解为 $\hat{u}(\xi,t) = \hat{\varphi}(\xi) e^{-|\xi|^2 t}$, 对它作 Fourier 逆变换, 并利用例 4.1.2, 得

$$u(x,t) = F^{-1}[\hat{u}(\xi,t)]$$

$$= F^{-1}[\hat{\varphi}(\xi)\mathrm{e}^{-|\xi|^2 t}]$$

$$= F^{-1}[\hat{\varphi}(\xi)]*F^{-1}[\mathrm{e}^{-|\xi|^2 t}]$$

$$= (4\pi t)^{-n/2} \int_{\mathbb{R}^n} \varphi(y)\mathrm{e}^{\frac{-|x-y|^2}{4t}} \mathrm{d}y$$

$$= (4\pi)^{-n/2} \int_{\mathbb{R}^n} E(x-y,t)\varphi(y)\mathrm{d}y,$$

其中, $E(x-y,t) = t^{-n/2}\mathrm{e}^{-\frac{|x-y|^2}{4t}}$ 叫做 (4.1.1) 中热传导方程的基本解, 而称

$$K(x-y,t) = (4\pi)^{-n/2}E(x-y,t)$$

$$= (4\pi t)^{-n/2}\mathrm{e}^{-\frac{|x-y|^2}{4t}} \tag{4.1.4}$$

是初值问题 (4.1.1) 的解核. 于是, (4.1.1) 的形式解可表为

$$u(x,t) = \int_{\mathbb{R}^n} \varphi(y)K(x-y,t)\mathrm{d}y. \tag{4.1.5}$$

为了后文的应用, 在此给出解核的以下几条性质:

(1) $K(x-y,t) > 0$, $K(x-y,t) \in C^\infty$, $\forall x \in \mathbb{R}^n$, $y \in \mathbb{R}^n$, $t > 0$;

(2) $\left(\dfrac{\partial}{\partial t} - \Delta\right)K(x-y,t) = 0$, $\forall x \in \mathbb{R}^n$, $y \in \mathbb{R}^n$, $t > 0$, 这里, $\Delta = \Delta_x$ 或 Δ_y;

(3) $\displaystyle\int_{\mathbb{R}^n} K(x-y,t)\mathrm{d}y = 1$, $\forall x \in \mathbb{R}^n$, $t > 0$;

(4) 对任意正数 δ, 下式成立:

$$\lim_{t \to 0^+} \int_{|y-x|>\delta} K(x-y,t)\mathrm{d}y = 0, \quad \forall x \in \mathbb{R}^n.$$

由 K 的表达式 (4.1.4) 易知性质 (1) 和 (2) 显然成立. 为证性质 (3), 对积分作变量代换 $y = x + (4t)^{1/2}\eta$, 则得

$$\int_{\mathbb{R}^n} K(x-y,t)\mathrm{d}y = \pi^{-n/2} \int_{\mathbb{R}^n} \mathrm{e}^{-|\eta|^2}\mathrm{d}\eta = 1,$$

这里, 用了 Euler 积分

$$\int_{\mathbb{R}^n} \mathrm{e}^{-|\eta|^2}\mathrm{d}\eta = \left(\int_{-\infty}^{+\infty} \mathrm{e}^{-s^2}\mathrm{d}s\right)^n = \pi^{n/2}.$$

关于性质 (4), 在积分式中仍然作上述变换, 得

$$\lim_{t \to 0^+} \int_{|y-x|>\delta} K(x-y,t)\mathrm{d}y = \lim_{t \to 0^+} \pi^{-n/2} \int_{|\eta|>\delta/\sqrt{4t}} \mathrm{e}^{-|\eta|^2}\mathrm{d}\eta.$$

由于 Euler 积分是收敛的, 故上述极限等于零.

4.1.3　解的存在性

在上面推导问题 (4.1.1) 的形式解 (4.1.5) 的过程中, 假设了初始函数 $\varphi(x)$ 的 Fourier 变换存在, 并用到还原公式 $F^{-1}[\hat{\varphi}] = \varphi$. 这通常要求 $\varphi(x)$ 绝对可积且有连续的一阶微商. 其实, 在对 $\varphi(x)$ 附加弱得多的条件下, 就可证明由 (4.1.5) 所表示的函数 $u(x,t)$ 是问题 (4.1.1) 的古典解.

定理 4.1.1 (存在性)　若 $\varphi(x) \in C(\mathbb{R}^n)$, 且存在常数 $M > 0$ 和 $A > 0$ 使

$$|\varphi(x)| \leqslant M e^{A|x|^2}, \ \forall x \in \mathbb{R}^n \tag{4.1.6}$$

成立. 则由 (4.1.5) 式确定的函数 $u(x,t)$ 是问题 (4.1.1) 在区域 $\Omega = \{(x,t) | x \in \mathbb{R}^n, \ 0 < t \leqslant T\}$ 上的古典解, 且在 Ω 上无穷次可微, 其中, $T < \dfrac{1}{4A}$.

证明　(1) 先证 $u(x,t)$ 连续. 任取常数 $a > 0$, $0 < t_0 < T$, 并记

$$L = \{(x,t) \ | \ |x| \leqslant a, \ t_0 \leqslant t \leqslant T\}.$$

于是, 若 $(x,t) \in L$, 则由 (4.1.5) 式知

$$\begin{aligned}
|u(x,t)| &\leqslant M \int_{\mathbb{R}^n} K(x-y,t) e^{A|y|^2} \mathrm{d}y \\
&\leqslant cM \int_{\mathbb{R}^n} \exp\left(A|y|^2 - \frac{|x-y|^2}{4T}\right) \mathrm{d}y,
\end{aligned} \tag{4.1.7}$$

其中, $c = (4\pi t_0)^{-n/2}$. 若记 $\overline{A} = -\dfrac{1}{4T}$, 并对上式被积函数中的指数配方, 得

$$A|y|^2 + \overline{A}|x-y|^2 = (A+\overline{A})\left|y - \frac{\overline{A}}{A+\overline{A}}x\right|^2 + \frac{A\overline{A}}{A+\overline{A}}|x|^2,$$

此式代入 (4.1.7), 若 $A + \overline{A} < 0$, 即 $T < \dfrac{1}{4A}$, 则得估计

$$\begin{aligned}
|u(x,t)| &\leqslant cM e^{\frac{A\overline{A}}{A+\overline{A}}|x|^2} \int_{\mathbb{R}^n} \exp\left((A+\overline{A})\left|y - \frac{\overline{A}}{A+\overline{A}}x\right|^2\right) \mathrm{d}y \\
&= cM \left(\frac{-\pi}{A+\overline{A}}\right)^{\frac{n}{2}} e^{\frac{A\overline{A}}{A+\overline{A}}|x|^2}.
\end{aligned} \tag{4.1.8}$$

由 (4.1.8) 可知 (4.1.5) 中的积分在 L 上绝对且一致收敛, 从而, 此积分所确定的函数 $u(x,t)$ 在 L 上连续. 由正实数 a 和 t_0 的取法知 $u(x,t)$ 在区域 Ω 上连续.

(2) 次证 $u(x,t) \in C^\infty(\mathbb{R}^n \times (0,T])$, 且满足方程. 对任意多重指标 $\alpha = (\alpha_0, \alpha_1, \cdots, \alpha_n)$, $K(x-y,t)$ 关于变量 (t,x) 求偏微商得

$$\mathrm{D}^\alpha K(x-y,t) = \psi\left(x_i - y_i, \frac{1}{\sqrt{t}}\right) e^{-\frac{|x-y|^2}{4t}},$$

其中, $\psi\left(x_i - y_i, \dfrac{1}{\sqrt{t}}\right)$ 是 $x_i - y_i$ 和 $\dfrac{1}{\sqrt{t}}$ 的多项式. 如同在第 (1) 步证明中对 (4.1.5) 中积分的估计, 可对积分

$$\int_{\mathbb{R}^n} \varphi(y) D^\alpha K(x-y,t) \mathrm{d}y$$

进行类似的估计, 得到该积分也在 L 上绝对且一致收敛. 于是, 在 L 上, 进而在 Ω 上对 (4.1.5) 式中的函数 $u(x,t)$ 可在积分号内微分任意多次, 即

$$D^\alpha u(x,t) = \int_{\mathbb{R}^n} \varphi(y) D^\alpha K(x-y,t) \mathrm{d}y,$$

所以, $u(x,t) \in C^\infty(\Omega)$. 用解核的性质 (2) 立得

$$\left(\frac{\partial}{\partial t} - \Delta\right) u(x,t) = \int_{\mathbb{R}^n} \varphi(y) \left(\frac{\partial}{\partial t} - \Delta\right) K(x-y,t) \mathrm{d}y = 0.$$

(3) 证明 $u(x,t)$ 满足初值条件, 即证对任意 $x_0 \in \mathbb{R}^n$, 有

$$\lim_{x \to x_0, t \to 0^+} u(x,t) = \varphi(x_0).$$

不失一般性, 设 $x_0 = 0$, 并记 $v_0(x) = \varphi(x) - \varphi(0)$, 则 $\varphi(x) = \varphi(0) + v_0(x)$. 由 (4.1.5) 式及解核的性质 (3) 知

$$u(x,t) = \int_{\mathbb{R}^n} \varphi(0) K(x-y,t) \mathrm{d}y + \int_{\mathbb{R}^n} v_0(y) K(x-y,t) \mathrm{d}y$$
$$= \varphi(0) + \int_{\mathbb{R}^n} v_0(y) K(x-y,t) \mathrm{d}y.$$

因 $v_0(x)$ 连续且 $v_0(0) = 0$, 故对任意取定的实数 $\varepsilon > 0$, 存在正数 $\delta(\varepsilon)$, 使当 $|x| < \delta(\varepsilon)$ 时, $|v_0(x)| < \varepsilon$. 由定理所设知, $|v_0(x)| \leqslant 2Me^{A|x|^2}$, 故存在正数 $B(\varepsilon)$ 足够大, 使当 $|x| > \delta$ 时, 有 $|v_0(x)| \leqslant \varepsilon e^{B(\varepsilon)|x|^2}$. 从而, 对任意 $x \in \mathbb{R}^n$, 有

$$\left| \int_{\mathbb{R}^n} v_0(y) K(x-y,t) \mathrm{d}y \right| \leqslant \frac{\varepsilon}{(4\pi t)^{n/2}} \int_{\mathbb{R}^n} \exp\left(B(\varepsilon)|y|^2 - \frac{|x-y|^2}{4t} \right) \mathrm{d}y.$$

上式右端与 (4.1.7) 式中的积分式相比较, 并利用估计式 (4.1.8) 的结果, 得

$$\left| \int_{\mathbb{R}^n} v_0(y) K(x-y,t) \mathrm{d}y \right| \leqslant \frac{\varepsilon}{(1-4Bt)^{n/2}} e^{\frac{B|x|^2}{1-4Bt}},$$

此即

$$|u(x,t) - \varphi(0)| \leqslant \frac{\varepsilon}{(1-4Bt)^{n/2}} e^{\frac{B|x|^2}{1-4Bt}}.$$

其中, $t > 0$ 足够小, 使 $B(\varepsilon) - \dfrac{1}{4t} < 0$. 在上式中, 令 $t \to 0^+$, $x \to 0$, 得 $\lim\limits_{x \to 0, \ t \to 0^+} |u(x,t) - \varphi(0)| \leqslant \varepsilon$, 由 ε 的任意性便得

$$\lim_{x \to 0, \ t \to 0^+} u(x,t) = \varphi(0). \qquad \square$$

附注 1 由解核的性质 (1) 和 (3), 从 (4.1.5) 可得, 对有界的 $\varphi(x)$, 有

$$u(x,t) \leqslant \left[\int_{\mathbb{R}^n} K(x-y,t)\mathrm{d}y \right] \left[\sup_{y \in \mathbb{R}^n} \varphi(y) \right] = \sup_{y \in \mathbb{R}^n} \varphi(y).$$

更一般地, 当 $x \in \mathbb{R}^n$, $t > 0$ 时, 得

$$\inf_{y \in \mathbb{R}^n} \varphi(y) \leqslant u(x,t) \leqslant \sup_{y \in \mathbb{R}^n} \varphi(y).$$

这与热传导方程描写的物理现象是一致的: 在没有热源及没有热量传入的情况下, 任何时刻温度场中的温度不会超过初始最高温度, 也不会低于初始最低温度.

附注 2 由定理可见, $A > 0$ 越小, 对 t 而言的解的存在范围越大. 当 $\varphi(x)$ 只是有界连续函数时, 则在定理 4.1.1 中 $A > 0$ 可任意小, 于是, (4.1.5) 所确定的函数 $u(x,t)$ 就是初值问题 (4.1.1) 在 $\mathbb{R}^n \times (0, \infty)$ 上的解.

附注 3 同样的推理可以证明: 将 φ 改为可测函数而定理的其他条件不变, 则 (4.1.5) 所确定的函数 $u(x,t)$ 仍然是问题 (4.1.1) 的无穷次可微的解, 且在 $\varphi(x)$ 的连续点 y, 当 $x \to y$, $t \to 0$ 时, $u(x,t) \to \varphi(y)$. 这说明即使初始数据有间断点时, 解仍然是无穷次可微的. 相比之下, 波动方程的解就没有如此好的性质 (见定理 3.4.1).

附注 4 由 (4.1.5) 可以看出, 当 $t > 0$ 时, $u(x,t)$ 依赖于 $\varphi(y)$ 在所有点上的值 (注意到与波动方程的解的明显不同, 见 3.4.2 小节中对影响区域的论述), 即 φ 在一点 y 附近的值片刻之后将影响所有 x 点上 $u(x,t)$ 的值, 不管 x 点距 y 点多么远, 虽然在远距离处的影响微小. 通常把这种性质称为热传导方程使得初始扰动 (即初始数据) 具有无穷传播速度. 因此, 在物理现象中严格应用热传导方程有明显的局限性. 反观波动方程, 人们称波动方程使初始扰动具有有限传播速度, 由第三章中对 Huygens 原理和波的弥散现象的分析, 读者不难理解这一点.

附注 5 对非齐次热传导方程带有非齐次初值条件的初值问题

$$\begin{cases} u_t - \Delta u = f(x,t), x \in \mathbb{R}^n & 0 < t \leqslant T, \\ u(x,0) = \varphi(x), & x \in \mathbb{R}^n, \end{cases} \tag{4.1.9}$$

如同波动方程那样, 可用齐次化原理求解: 设 $w(x,t;\tau)$ 是问题

$$\begin{cases} w_t - \Delta_x w = 0, x \in \mathbb{R}^n, t > \tau, \\ w(x,\tau;\tau) = f(x,\tau), x \in \mathbb{R}^n \end{cases}$$

的解. 则 $u(x,t) = \int_0^t w(x,t;\tau)\mathrm{d}\tau$ 是问题 $\begin{cases} u_t - \Delta u = f(x,t), x \in \mathbb{R}^n, t > 0, \\ u(x,0) = 0 \end{cases}$ 的解.

由叠加原理, 问题 (4.1.9) 的解为

$$u(x,t) = \int_{\mathbb{R}^n} \varphi(y) K(x-y,t)\mathrm{d}y + \frac{1}{(4\pi)^{\frac{n}{2}}} \int_0^t \int_{\mathbb{R}^n} \frac{f(\xi,\tau)}{(t-\tau)^{\frac{n}{2}}} \mathrm{e}^{-\frac{|x-\xi|^2}{4(t-\tau)}} \mathrm{d}\xi \mathrm{d}\tau.$$

4.2 最大值原理及其应用

4.2.1 最大值原理

设有 $\mathbb{R}^{n+1}(n \geqslant 2)$ 中有界柱体

$$Q_T = \{(x,t) | x \in \Omega, \ 0 < t \leqslant T\},$$

其中, Ω 是 $\mathbb{R}^n$ 中有界开集, T 是取定的正常数. 记由柱体的侧面和底面组成的边界部分为 Γ_T, 称其为 Q_T 的抛物边界, 即 $\Gamma_T = \overline{Q}_T - Q_T$ (图4.1).

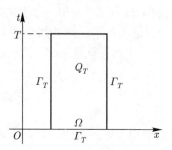

图 4.1 有界柱体及其抛物边界

若函数 $u(x,t)$ 在 Q_T 上关于 x 的所有二阶连续偏微商及关于 t 的一阶连续偏微商存在, 则记为 $u \in C^{2,1}(Q_T)$.

若 $u \in C^{2,1}(Q_T)$ 且满足 $u_t - \Delta u \leqslant (\geqslant)0$, 则称 u 是热传导方程 $u_t - \Delta u = 0$ 在 Q_T 上的下解 (上解). 我们有

定理 4.2.1 (下解的最大值原理) 设 $u(x,t) \in C^{2,1}(Q_T)$ 在 $\overline{Q}_T$ 上连续, 且是热传导方程 $u_t - \Delta u = 0$ 在 Q_T 上的下解. 则它在 $\overline{Q}_T$ 上的最大值必在抛物边界上取到, 即

$$\max_{\overline{Q}_T} u(x,t) = \max_{\Gamma_T} u(x,t).$$

特别地, 若在 Q_T 上成立严格的不等式 $u_t - \Delta u < 0$, 则 u 的最大值只能在抛物边界上取到.

证明 (1) 先设 $u_t - \Delta u < 0$. 因 $u \in C(\overline{Q}_T)$, 故存在点 $(x,t) \in \overline{Q}_T$, 使得 $u(x,t) = \max\limits_{\overline{Q}_T} u$. 若 $(x,t) \in Q_T$, 则在该点有 $u_t \geqslant 0$, $\Delta u \leqslant 0$, 于是 $u_t - \Delta u \geqslant 0$, 这与所设矛盾. 所以, $(x,t) \in \Gamma_T$, 即

$$\max_{\overline{Q}_T} u = \max_{\Gamma_T} u.$$

(2) 在 Q_T 内 $u_t - \Delta u \leqslant 0$. 对任意正数 k, 令

$$v(x,t) = u(x,t) - kt,$$

则 v 满足 $v_t - \Delta v = u_t - \Delta u - k < 0$, 于是用第 (1) 步证明的结论得 $\max\limits_{\overline{Q}_T} v = \max\limits_{\Gamma_T} v$, 注意到

$$\max_{\overline{Q}_T} u = \max_{\overline{Q}_T}(v + kt) \leqslant \max_{\overline{Q}_T} v + kT$$

$$= \max_{\Gamma_T} v + kT \leqslant \max_{\Gamma_T} u + kT,$$

令 $k \to 0$, 得

$$\max_{\overline{Q}_T} u \leqslant \max_{\Gamma_T} u.$$

相反的不等式显然成立, 所以, $\max\limits_{\overline{Q}_T} u = \max\limits_{\Gamma_T} u.$ □

附注 若 $u(x,t)$ 是热传导方程 $u_t - \Delta u = 0$ 在 Q_T 上的上解, 则 $-u$ 必是下解, 由定理立得关于上解的最小值原理

$$\min_{\overline{Q}_T} u(x,t) = \min_{\Gamma_T} u(x,t).$$

由定理 4.2.1 及上述附注立得关于热传导方程解的最大值原理 (证明留作练习).

定理 4.2.2 (解的最大值原理) 设 $u(x,t) \in C^{2,1}(Q_T)$ 在 $\overline{Q}_T$ 上连续, 且是热传导方程 $u_t - \Delta u = 0$ 在 Q_T 上的解. 则 $|u|$ 在 $\overline{Q}_T$ 上的最大值必在抛物边界上取到, 即

$$\max_{\overline{Q}_T} |u(x,t)| = \max_{\Gamma_T} |u(x,t)|.$$

定理 4.2.3 (比较原理) (a) 设 $u^{(1)}$ 和 $u^{(2)}$ 都满足定理 4.2.2 的条件, 若在 Γ_T 上有 $u^{(1)} \leqslant u^{(2)}(u^{(1)} \geqslant u^{(2)})$, 则在 $\overline{Q}_T$ 上也有 $u^{(1)} \leqslant u^{(2)}(u^{(1)} \geqslant u^{(2)})$.

(b) 设 u 和 v 都满足定理 4.2.2 的条件并且 $v \geqslant 0$, 若在 Γ_T 上有 $|u| \leqslant v$, 则在 $\overline{Q}_T$ 上也有 $|u| \leqslant v$.

这就是热传导方程的解的比较原理 (证明留作练习). 由最大值原理可以证明 (a), 利用 (a) 可以得到 (b). 其实, (a) 就是比较原理的基本内容, 此处写出 (b) 是为了方便后文对该原理的应用.

4.2.2　初边值问题解的唯一性与稳定性

本小节及下一小节叙述最大值原理在证明热传导方程定解问题解的唯一性与稳定性时的应用.

定理 4.2.4 (唯一性与稳定性)　初边值问题

$$\begin{cases} u_t - \Delta u = f(x,t), \ (x,t) \in Q_T, \\ u|_{\Gamma_T} = \varphi(x,t) \end{cases} \tag{4.2.1}$$

的解唯一且关于初边值是稳定的.

证明　若问题 (4.2.1) 有两个解 u_1 和 u_2, 则由叠加原理, 它们的差 $u = u_1 - u_2$ 满足问题

$$\begin{cases} u_t - \Delta u = 0, \ (x,t) \in Q_T, \\ u|_{\Gamma_T} = 0. \end{cases}$$

由解的最大值原理 (定理 4.2.2), 得

$$\max_{\overline{Q}_T} |u| = \max_{\Gamma_T} |u| = 0.$$

于是, 在 $\overline{Q}_T$ 上 $u \equiv 0$, 即 $u_1 \equiv u_2$, 故解唯一. 下证稳定性. 若 $u^{(i)}$ $(i = 1, 2)$ 满足问题

$$\begin{cases} u_t^{(i)} - \Delta u^{(i)} = f(x,t), \ (x,t) \in Q_T, \\ u^{(i)}|_{\Gamma_T} = \varphi^{(i)}(x,t), \end{cases}$$

则 $u = u^{(1)} - u^{(2)}$ 满足问题

$$\begin{cases} u_t - \Delta u = 0, \ (x,t) \in Q_T, \\ u|_{\Gamma_T} = \varphi^{(1)} - \varphi^{(2)}. \end{cases}$$

由解的最大值原理 (定理4.2.2), 得

$$\max_{\overline{Q}_T} |u| = \max_{\Gamma_T} |\varphi^{(1)} - \varphi^{(2)}|.$$

所以, 对任意给定的正数 ε, 若 $\max\limits_{\Gamma_T} |\varphi^{(1)} - \varphi^{(2)}| < \varepsilon$, 立得

$$\max_{\overline{Q}_T} |u^{(1)} - u^{(2)}| < \varepsilon.$$

即解关于初边值在连续函数空间范数下是稳定的.　　　　　□

4.2.3　初值问题解的唯一性与稳定性

由定理 4.1.1 知, 只要 $\varphi(x)$ 在 $\mathbb{R}^n$ 上连续且满足增长阶条件 (4.1.6) , 则由 (4.1.5) 确定的函数

$$u(x,t) = \int_{\mathbb{R}^n} \varphi(y) K(x - y, t) \mathrm{d}y$$

就是问题 (4.1.1) 的在 $x \in \mathbb{R}^n$, $0 \leqslant t \leqslant T \left(T < \dfrac{1}{4A} \right)$ 上的解. 下面证明: 如果解的增长阶具有形如 (4.1.6) 的限制, 即存在常数 $M_1 > 0, A_1 \geqslant 0$ 使下式成立:

$$|u(x,t)| \leqslant M_1 \mathrm{e}^{A_1 |x|^2}, \quad \forall x \in \mathbb{R}^n, \quad 0 \leqslant t \leqslant T, \tag{4.2.2}$$

则这类解必唯一.

定理 4.2.5 (唯一性)　若问题 (4.1.1) 的解 u 满足增长条件 (4.2.2), 则这类解必唯一.

证明　(1) 设 $u^{(1)}$, $u^{(2)}$ 同是问题 (4.1.1) 的解, 则函数 $u = u^{(1)} - u^{(2)}$ 满足问题

$$\begin{cases} u_t - \Delta u = 0, \ x \in \mathbb{R}^n, \ 0 < t \leqslant T, \\ u(x,0) = 0, \ x \in \mathbb{R}^n. \end{cases} \tag{4.2.3}$$

故只需证明问题 (4.2.3) 在区域 $\{x \in \mathbb{R}^n, \ 0 \leqslant t \leqslant T\}$ 上仅有平凡解 $u \equiv 0$.

(2) 任意取定 $\mathbb{R}^n$ 中一闭球 $|x| \leqslant b$, 选取 ε 使 $0 < \varepsilon < M_1$, 并设常数 $A' > A_1$. 取常数 $a > 0$ 充分大, 使 $M_1 \mathrm{e}^{A_1 a^2} < \varepsilon \mathrm{e}^{A' a^2}$, 不妨设 $a > b$. 于是, 由 (4.2.2) 知

$$|u(x,t)| \leqslant \varepsilon \mathrm{e}^{A' a^2}, \ \text{当} \ |x| = a \ \text{时}. \tag{4.2.4}$$

在闭域 $D = \left\{ (x,t) \middle| |x| \leqslant a, \ 0 \leqslant t \leqslant \dfrac{1}{8A'} \right\}$ 上作辅助函数

$$v(x,t) = \frac{\varepsilon}{(\sqrt{1 - 4A't})^n} \exp\left(\frac{A'|x|^2}{1 - 4A't} \right).$$

容易验证它满足问题 (4.2.3) 中方程, 且在闭域 D 的边界部分 $|x| = a$ 上有

$$v(x,t) = \frac{\varepsilon}{(\sqrt{1 - 4A't})^n} \exp\left(\frac{A' a^2}{1 - 4A't} \right) \geqslant \varepsilon \mathrm{e}^{A' a^2},$$

而在 D 的底面 $t = 0$ 上有 $v(x,0) \geqslant \varepsilon > 0$. 用 (4.2.4) 式和初值条件 $u(x,0) = 0$ 比较 u 和 v 知, 在 D 的抛物边界上有 $|u(x,t)| \leqslant v(x,t)$, 则由比较原理 (定理 4.2.3), 在 D 内也有此式成立. 特别地, 当 $|x| \leqslant b$, $0 \leqslant t \leqslant \dfrac{1}{8A'}$ 时, 有

$$|u(x,t)| \leqslant \varepsilon \left(\frac{1}{2} \right)^{-\frac{n}{2}} \mathrm{e}^{2A' b^2}.$$

令 $\varepsilon \to 0$, 便得在闭域 $\left\{ |x| \leqslant b, \ 0 \leqslant t \leqslant \dfrac{1}{8A'} \right\}$ 中 $u(x,t) = 0$. 由 $b > 0$ 的任意性, 知在区域 $\left\{ x \in \mathbb{R}^n, \ 0 \leqslant t \leqslant \dfrac{1}{8A'} \right\}$ 内 $u = 0$.

(3) 在区域 $\left\{ x \in \mathbb{R}^n, \ \dfrac{1}{8A'} \leqslant t \leqslant \dfrac{1}{4A'} \right\}$ 中重复在第 (2) 步中的论证, 可得在该域内 $u = 0$. 因 T 是有限数, 如此延拓证明有限次后便所证, 唯一性证毕. □

若 $u^{(i)} \ (i = 1, 2)$ 是问题 (4.1.1) 对应于初始数据 $\varphi^{(i)} \ (i = 1, 2)$ 的解, 对任意给定的正数 δ, 设 $\max\limits_{\mathbb{R}^n} |\varphi^{(1)} - \varphi^{(2)}| < \delta$. 则由解的表达式 (4.1.5) 和解核 $K(x - y, t)$ 的性质 (3) 得

$$\max_{x \in \mathbb{R}^n, 0 \leqslant t \leqslant T} |u^{(1)} - u^{(2)}| \leqslant \max_{x \in \mathbb{R}^n} |\varphi^{(1)} - \varphi^{(2)}| \int_{\mathbb{R}^n} K(x - y, t) \mathrm{d}y < \delta. \qquad (4.2.5)$$

于是, 我们证得

定理 4.2.6 (稳定性) 初值问题 (4.1.1) 的解在连续函数空间范数下对初始数据是稳定的.

4.2.4 例题

本小节给出几个在不同方面具有代表性的例题. 首先, 在讨论热传导方程初值问题解的唯一性时, 对解的增长阶有限制条件 (4.2.2). 下面是 A. N. Tychonov (吉洪诺夫) 给出的例子, 说明这个限制条件是不可去的.

例 4.2.1 (A. N. Tychonov) 对一维热传导方程的初值问题

$$\begin{cases} u_t - u_{xx} = 0, \ x \in \mathbb{R}, \ t > 0, \\ u(x, 0) = 0, \end{cases}$$

除非解满足条件 $|u(x, t)| \leqslant M e^{A|x|^2}$, 否则解不唯一.

解 设 $g(t)$ 是 $\mathbb{R}$ 中无穷次可微函数, 则方程 $u_t - u_{xx} = 0$ 的解可由级数

$$u(x, t) = \sum_{k=0}^{\infty} \frac{\mathrm{d}^k g(t)}{\mathrm{d}t^k} \frac{x^{2k}}{(2k)!}, \quad -\infty < x, \ t < +\infty \qquad (4.2.6)$$

给出. 事实上, 假设级数 (4.2.6) 的收敛性足够好, 则有

$$u_{xx} = \sum_{k=1}^{\infty} \frac{\mathrm{d}^k g(t)}{\mathrm{d}t^k} \frac{x^{2k-2}}{(2k-2)!} = \sum_{k=0}^{\infty} \frac{\mathrm{d}^{k+1} g(t)}{\mathrm{d}t^{k+1}} \frac{x^{2k}}{(2k)!},$$

$$u_t = \sum_{k=0}^{\infty} \frac{\mathrm{d}^{k+1} g(t)}{\mathrm{d}t^{k+1}} \frac{x^{2k}}{(2k)!}.$$

由此可知, 级数 (4.2.6) 满足方程 $u_t - u_{xx} = 0$. 现在, 取

$$g(t) = \begin{cases} \exp(-t^{-\alpha}), \ \alpha > 1, & t > 0, \\ 0, & t \leqslant 0. \end{cases}$$

它关于 t 无穷次可微, 但在点 $t = 0$ 不解析. 故相应的级数 (4.2.6) 的收敛性依赖于微商 $\dfrac{\mathrm{d}^k g(t)}{\mathrm{d}t^k}$ 的估计. 由解析函数微商的 Cauchy 公式得

$$\frac{\mathrm{d}^k g(t)}{\mathrm{d}t^k} = \frac{k!}{2\pi\mathrm{i}} \int_\Gamma \frac{\mathrm{e}^{-z^{-\alpha}}}{(z-t)^{k+1}} \mathrm{d}z,$$

这里, $t > 0$, Γ 是积分路径: $|z - t| = \theta t$, $0 < \theta < 1$, 对 $\mathrm{Re}\, z > 0$, 定义 z^α 作为函数的主值. 对实数 λ, 位于 Γ 上的点 z 可表为

$$z = t + \theta t \mathrm{e}^{\mathrm{i}\lambda} = t(1 + \theta\mathrm{e}^{\mathrm{i}\lambda}),$$
$$\mathrm{Re}(-z^{-\alpha}) = -t^{-\alpha}\mathrm{Re}(1 + \theta\mathrm{e}^{\mathrm{i}\lambda})^{-\alpha}.$$

显然, 总可取 θ 充分小, 使对所有实数 λ 有

$$\mathrm{Re}(1 + \theta\mathrm{e}^{\mathrm{i}\lambda})^{-\alpha} > \frac{1}{2},$$

因此

$$\mathrm{Re}(-z^{-\alpha}) < -\frac{1}{2}t^{-\alpha},$$
$$\left| \frac{\mathrm{d}^k g(t)}{\mathrm{d}t^k} \right| \leqslant \frac{k!}{(\theta t)^k} \mathrm{e}^{-\frac{1}{2t^\alpha}}.$$

又因 $\dfrac{k!}{(2k)!} < \dfrac{1}{k!}$, 故由 (4.2.6) 可得估计

$$|u(x,t)| \leqslant \sum_{k=0}^\infty \frac{|x|^{2k}}{k!(\theta t)^k} \mathrm{e}^{-\frac{1}{2t^\alpha}} = \exp\left(\frac{1}{t} \left(\frac{|x|^2}{\theta} - \frac{1}{2}t^{1-\alpha} \right) \right).$$

可见, 在每一区间 $[x_0, x_1]$ 上, 当 $t \to 0^+$ 时, 一致地有 $u(x,t) \to 0$. 所以, 由 (4.2.6) 式所确定的函数 $u(x,t)$ 是初值问题

$$\begin{cases} u_t - \Delta u = 0, \ x \in \mathbb{R}^n, \ t > 0, \\ u(x,0) = 0, \ x \in \mathbb{R}^n \end{cases}$$

的解, 称它为 Tychonov 解.

如果求得初值问题 (4.1.1) 的一个解, 只要加上上述的 Tychonov 解, 就得到问题的另一个解, 从而, 解的唯一性就不成立. 故要保证解的唯一性, 条件 (4.2.2) 是不可去的.

从物理学方面看, 热传导方程描写的物理现象, 如热的传导、分子的扩散等, 都是由高到低、由密到稀的单向变化, 这种变化是不可逆的. 相应地, 在数学上表现为以 $-t$ 替换 t 得到不同的方程 $u_t + \Delta u = 0$. 与此相应的是对热传导方程在 $t < 0$ 上的初值问题一般是不适定的. 下面是 E. Rothe (罗兹) 的著名例子.

例 4.2.2 (E. Rothe)   考虑一维热传导方程 $u_t - u_{xx} = 0$ 的初值问题 $u(x,0) = \varphi(x)$, $-\infty < x < +\infty$.

解   若 $\varphi(x) = 0$, 则 $u(x,t) = 0$ 是一个解. 若

$$\varphi(x) = \lambda \sin \frac{x}{\lambda}, \ \lambda > 0,$$

则

$$u(x,t) = \lambda \mathrm{e}^{-\frac{t}{\lambda^2}} \sin \frac{x}{\lambda}$$

是解. 可以看出, 对充分小的 $\lambda > 0$, 初值 $\varphi(x)$ 可任意地接近于零, 而这个解仅当 $t > 0$ 时才随之接近于零. 当 $t < 0$ 时, 解不趋于零, 即解关于初值的稳定性不成立.

下面给出既可用延拓法又可用分离变量法求解一维热传导方程初边值问题的例子.

例 4.2.3   考虑有界杆的热传导问题

$$\begin{cases} u_t - u_{xx} = 0, \ 0 < x < l, \ t > 0, \\ u(x,0) = \varphi(x), \ 0 \leqslant x \leqslant l, \\ u(0,t) = u(l,t) = 0, \ t \geqslant 0, \end{cases} \tag{4.2.7}$$

其中, $\varphi \in C[0,l]$, $\varphi(0) = \varphi(l) = 0$.

解法一   设 $u(x,t)$ 是问题的解. 因 $u(0,t) = 0$, 可关于变量 x 奇延拓 $u(x,t)$ 到 $[-l,l]$ 上, 然后以 $2l$ 为周期继续延拓它到整个实轴上. 从而转化成无界杆的初值问题

$$\begin{cases} u_t - u_{xx} = 0, \ x \in \mathbb{R}, \ t > 0, \\ u(x,0) = \Phi(x), \ x \in \mathbb{R}, \end{cases}$$

其中, 函数 $\Phi(x)$ 满足

$$\Phi(x) = \varphi(x), \ 0 \leqslant x \leqslant l,$$
$$\Phi(x) = -\varphi(-x), \ -l \leqslant x \leqslant 0,$$
$$\Phi(x + 2l) = \Phi(x), \ x \in \mathbb{R}.$$

由于 $\varphi(x)$ 在 $[0,l]$ 上连续, 从而 $\Phi(x)$ 在 $\mathbb{R}$ 上连续有界, 故满足存在性定理 4.1.1 的条件, 所以问题的解是

$$u(x,t) = \int_{-\infty}^{+\infty} \Phi(y)K(x-y,t)\mathrm{d}y. \qquad (4.2.8)$$

由于 $\Phi(x)$ 是奇函数, 故有

$$u(0,t) = \int_{-\infty}^{+\infty} \Phi(y)K(y,t)\mathrm{d}y = 0.$$

同时, 由于 $\Phi(l-x)$ 是 x 的奇函数, 故有

$$u(l,t) = \int_{-\infty}^{+\infty} \Phi(y)K(l-y,t)\mathrm{d}y$$
$$= \int_{-\infty}^{+\infty} \Phi(l-y)K(y,t)\mathrm{d}y$$
$$= 0.$$

可见, 由 (4.2.8) 所确定的函数 $u(x,t)$ 当 $0 \leqslant x \leqslant l$, $t \geqslant 0$ 时就是问题 (4.2.7) 的解. 它可以写为

$$u(x,t) = \sum_{n=-\infty}^{+\infty} \int_{(2n-1)l}^{(2n+1)l} \Phi(y)K(x-y,t)\mathrm{d}y$$
$$= \sum_{n=-\infty}^{+\infty} \int_{-l}^{l} \Phi(y)K(x-y-2nl,t)\mathrm{d}y$$
$$= \sum_{n=-\infty}^{+\infty} \int_{0}^{l} \Phi(y)[K(x-y-2nl,t) - K(x+y-2nl,t)]\mathrm{d}y$$
$$= \int_{0}^{l} \varphi(y)G(x,y,t)\mathrm{d}y.$$

其中

$$G(x,y,t) = \frac{1}{2\sqrt{\pi t}} \sum_{n=-\infty}^{+\infty} \left\{ \exp\left(-\frac{(x-y-2nl)^2}{4t}\right) - \exp\left(-\frac{(x+y-2nl)^2}{4t}\right) \right\}.$$

解法二 设 $u(x,t) = X(x)T(t)$, 代入方程后分离变量得

$$\frac{T'}{T} = \frac{X''}{X},$$

令其公比常数为 $-\lambda$, 则得两个方程

$$T'' + \lambda T = 0, \quad X'' + \lambda X = 0. \qquad (4.2.9)$$

结合 $X(x)$ 应该满足的边值条件 $X(0) = X(l) = 0$, 构成特征值问题

$$\begin{cases} X''(x) + \lambda X(x) = 0, & 0 < x < l, \\ X(0) = X(l) = 0. \end{cases}$$

由 3.2.2 小节的讨论知该问题的特征值为

$$\lambda_n = \left(\frac{n\pi}{l}\right)^2, \ n = 1, 2, \cdots,$$

相应的特征函数为

$$X_n = \sin\frac{n\pi}{l}x, \ n = 1, 2, \cdots.$$

对应于 $\lambda_n = (n\pi/l)^2$, 由 (4.2.9) 第一式解得

$$T_n = a_n \mathrm{e}^{-(\frac{n\pi}{l})^2 t}.$$

于是, 问题 (4.2.7) 的解为

$$u(x,t) = \sum_{n=1}^{\infty} a_n \mathrm{e}^{-(\frac{n\pi}{l})^2 t} \sin\frac{n\pi}{l}x. \tag{4.2.10}$$

由初值条件知

$$\varphi(x) = \sum_{n=1}^{\infty} a_n \sin\frac{n\pi}{l}x.$$

于是

$$a_n = \frac{2}{l} \int_0^l \varphi(x) \sin\frac{n\pi}{l} x \mathrm{d}x.$$

因 $\varphi(x)$ 在 $[0, l]$ 上连续, 故存在常数 $K > 0$, 使 $|a_n| \leqslant K$ 对所有 n 成立. 因此, 对任意的 $t_1 > t_0 > 0$, 在闭矩形区域

$$\Sigma = \{(x,t) \mid 0 \leqslant x \leqslant l, \ t_0 \leqslant t \leqslant t_1\}$$

上, 有

$$\left| a_n \mathrm{e}^{-\frac{n^2\pi^2 t}{l^2}} \sin\frac{n\pi}{l}x \right| \leqslant K \mathrm{e}^{-\frac{n^2\pi^2 t_0}{l^2}}.$$

所以级数 (4.2.10) 在上面所示的矩形域 Σ 上绝对且一致收敛, 故其和函数 $u(x,t)$ 连续. 由 $t_0 > 0$ 的任意性知 $u(x,t)$ 在 $0 \leqslant x \leqslant l$, $t > 0$ 时连续. 于是, 对任意 $t > 0$ 有 $u(0,t) = u(l,t) = 0$.

另外, 对级数 (4.2.10) 关于 t 逐项微商一次及关于 x 逐项微商两次后分别得到的两个级数在 Σ 上仍然绝对且一致收敛, 从而 (4.2.10) 所确定的函数 $u(x,t)$ 满足问题 (4.2.7) 的方程. 所以 $u(x,t)$ 是问题的解.

下面给出一个技术意义较强的问题, 尝试用前文讲过的方法求解.

例 4.2.4 设有一根可以看作无限长的热传导细杆 $\{x \in \mathbb{R}\}$, 在 $-\infty < x < 0$ 和 $0 < x < +\infty$ 上分别由两种不同性质的物质组成. 在过渡点 $x = 0$, 温度及沿两个方向的热流必须一致, 左边的温度用 $u(x,t)$ 表示, 右边的温度用 $U(x,t)$ 表示. 于是, 描述该现象的定解问题为

$$\begin{cases} u_t - \gamma u_{xx} = 0, \ x < 0, \ t > 0, \\ U_t - \Gamma U_{xx} = 0, \ x > 0, \ t > 0, \\ u(x,0) = \varphi(x), \ x \leqslant 0, \\ U(x,0) = \Phi(x), \ x \geqslant 0, \\ u(0,t) = U(0,t), \ t \geqslant 0, \\ \omega u_x(0,t) = \Omega U_x(0,t), \ t \geqslant 0, \end{cases} \tag{4.2.11}$$

其中, $\varphi(0) = \Phi(0)$, ω 和 Ω 是热交换系数, γ 和 Γ 是热传导系数.

解 将问题延拓到整个实轴上. 首先, 设问题 (4.2.11) 有解 $u(x,t)$, $U(x,t)$, 定义函数

$$v(x,t) = au(-x,t) + bU\left(\sqrt{\frac{\Gamma}{\gamma}}x, t\right), \ x \geqslant 0, \tag{4.2.12}$$

其中, a, b 是待定常数. 不难验证 $v(x,t)$ 在 $x > 0$, $t > 0$ 时满足方程 $u_t - \gamma u_{xx} = 0$. 延拓函数 $u(x,t)$ 到整个实轴上:

$$u^*(x,t) = \begin{cases} u(x,t), \ x \leqslant 0, \\ v(x,t), \ x \geqslant 0. \end{cases}$$

显然, 它在 $x \in \mathbb{R} \backslash \{0\}$, $t > 0$ 上满足方程 $u_t^* - \gamma u_{xx}^* = 0$. 另外, $u^*(x,t)$ 及其微商 $u_x^*(x,t)$ 在 $x = 0$ 应有衔接条件:

$$\begin{cases} u(0,t) = v(0,t) = au(0,t) + bU(0,t), \\ u_x(0,t) = v_x(0,t) = -au_x(0,t) + b\sqrt{\dfrac{\Gamma}{\gamma}}U_x(0,t). \end{cases}$$

用 (4.2.11) 式中最后两个条件, 上式进一步化为

$$\begin{cases} u(0,t) = au(0,t) + bu(0,t), \\ \Omega u_x(0,t) = -a\Omega u_x(0,t) + b\omega\sqrt{\dfrac{\Gamma}{\gamma}}u_x(0,t). \end{cases}$$

由此得 $a + b = 1$, $-a\Omega + b\omega\sqrt{\dfrac{\Gamma}{\gamma}} = \Omega$. 解出 a, b, 将其代入 (4.2.12), 便可求出当 $x \geqslant 0$ 时 u^* 的初值

$$u^*(x, 0) = a\varphi(-x) + b\Phi\left(\sqrt{\frac{\Gamma}{\gamma}}x\right), \ x > 0.$$

定义函数

$$\varphi^*(x) = \begin{cases} \varphi(x), & x < 0, \\ a\varphi(-x) + b\Phi\left(\sqrt{\dfrac{\Gamma}{\gamma}}x\right), & x \geqslant 0. \end{cases}$$

于是得到延拓后的函数 $u^*(x, t)$ 的初值问题

$$\begin{cases} u_t^* - \gamma u_{xx}^* = 0, \ x \in \mathbb{R}, \ t > 0, \\ u^*(x, 0) = \varphi^*(x), \ x \in \mathbb{R}. \end{cases} \tag{4.2.13}$$

现在, 去掉 (4.2.11) 可解的假设, 直接求解 (4.2.13). 令 $y = x/\sqrt{\gamma}$, 把 (4.2.13) 中方程化为 (4.1.1) 中形式, 然后用 (4.1.5) 式得

$$u^*(x, t) = \frac{1}{2\sqrt{\pi t}} \int_{-\infty}^{+\infty} u^*(\sqrt{\gamma}y, 0) e^{-\left(\frac{x}{\sqrt{\gamma}} - y\right)^2/(4t)} \mathrm{d}y, \ x \in \mathbb{R}.$$

当限制 $x < 0$ 时, 上式就是问题 (4.2.11) 中的解 $u(x, t)$; 当限制 $x > 0$ 时, 上式就是 (4.2.12) 中的函数 $v(x, t)$, 由此便得到 (4.2.11) 的解 $U(x, t)$.

例 4.2.5 不用定理 4.2.1, 直接证明热传导方程 $u_t - \Delta u = 0$ 的最大值原理, 即定理 4.2.2.

证明 反证. 设 $u(x, t)$ 不在 Γ_T 上取到最大值, 由于 $u(x, t)$ 在 $\overline{Q}_T$ 上连续, 则必在某点 $(x^*, t^*) \in Q_T$ 取最大值, 设 $u(x^*, t^*) = M$, 在 Γ_T 上最大值为 m, 则 $M > m$. 记 Ω 的直径为 d, 作函数

$$v(x, t) = u(x, t) + \frac{M - m}{2nd^2}(x - x^*)^2.$$

易知在 Γ_T 上, $v(x, t) < m + (M - m)/(2n) = \theta M$, $0 < \theta < 1$, 而 $v(x^*, t^*) = M$, 所以 $v(x, t)$ 也不在 Γ_T 上取到最大值. 则 v 必在点 $(x_1, t_1) \in Q_T$ 取到最大值, 在该点有 $\Delta v \leqslant 0$, $v_t \geqslant 0$, 从而 $v_t - \Delta v \geqslant 0$. 但是, 直接计算得 $v_t - \Delta v = -(M - m)/d^2 < 0$, 矛盾. 所以, u 必在 Γ_T 上取到最大值, 以 $-u$ 代替 u 便知 u 也在 Γ_T 上取到最小值, 即 $\max\limits_{\overline{Q}_T} |u| = \max\limits_{\Gamma_T} |u|$. $\square$

*4.3 强最大值原理

前一节给出的最大值原理回避了热传导方程的解在 Q_T 上取到最大值的情形, 我们就称它为最大值原理. 本节我们讨论热传导方程的解在 Q_T 上取最大值的情形, 称它为强最大值原理.

定理 4.3.1 (强最大值原理) 设 $u \in C^{2,1}(Q_T) \cap C(\bar{Q})$ 是热传导方程的下解, 并且在点 $P^0 = (x^0, t^0) \in Q_T$ 取到它在 $\bar{Q}_T$ 上的最大值 M, 则在 Q_{t^0} 中 $u \equiv M$ (图 4.2).

为了证明这个定理, 我们先证明三个引理. 由 u 的连续性, 以下不妨设 $t_0 < T$.

引理 4.3.2 设 $u \in C^{2,1}(Q_T) \cap C(\bar{Q})$ 是热传导方程的下解并在 Q_T 内取到它在 $\bar{Q}_T$ 上的最大值 M. 如果在 Q_T 内存在这样的闭球

$$K: \quad (x - \bar{x})^2 + (t - \bar{t})^2 \leqslant r^2,$$

使在 K 内部有 $u < M$, 并且在 ∂K 上有最大值点 $P = (x^1, t^1)$, 则 $x^1 = \bar{x}$.

证明 (1) 不失一般性, 可设 P 是 u 在 ∂K 上的唯一最大值点. 否则, 可取 K 中的与 ∂K 仅有唯一公共点 P 的较小的闭球来讨论.

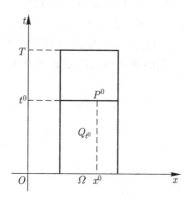

图 4.2 在 Q_{t^0} 上 $u \equiv M$

(2) 反证, 设 $x^1 \neq \bar{x}$, 作以 P 为球心, 以某个小于 $|x^1 - \bar{x}|$ 的正数为半径的闭球 K_1 (图 4.3). 记 $\Gamma_1 = K \cap \partial K_1$, $\Gamma_2 = \partial K_1 \backslash \Gamma_1$. 显然, 存在正常数 c 使得对所有 $(x, t) \in K_1$ 有 $|x - \bar{x}| > c$. 由于在 Γ_1 上 $u < M$, 故存在充分小正数 δ, 使得 $u < M - \delta$ 在 Γ_1 上成立. 引入函数

$$h(x, t) = e^{-\alpha[(x-\bar{x})^2 + (t-\bar{t})^2]} - e^{-\alpha r^2},$$

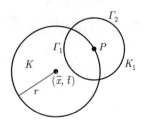

图 4.3 引理 4.3.2 的证明

其中, 常数 $\alpha > 0$ 待定. 易知, 在 K 内 $h > 0$, 在 ∂K 上 $h = 0$, 在 K 外 $h < 0$. 注意到

$$\frac{\partial h}{\partial t} - \Delta h = \mathrm{e}^{-\alpha[(x-\bar{x})^2 + (t-\bar{t})^2]}[2\alpha(n - t + \bar{t}) - 4\alpha^2|x - \bar{x}|^2]$$

$$\leqslant \mathrm{e}^{-\alpha[(x-\bar{x})^2 + (t-\bar{t})^2]}[2\alpha(n + T) - 4\alpha^2 c^2],$$

故可取 $\alpha > 0$ 足够大, 使在 K_1 上 $\dfrac{\partial h}{\partial t} - \Delta h < 0$.

(3) 令 $v = u + \varepsilon h$, 其中, 常数 $\varepsilon > 0$ 待定. 由第 (2) 步证明知, 在 K_1 上, $\dfrac{\partial v}{\partial t} - \Delta v < 0$. 由于在 Γ_1 上 $u < M - \delta$, 故可以取 $\varepsilon > 0$ 充分小使在 Γ_1 上 $v < M$; 在 Γ_2 上, 由 $h < 0$ 和 $u \leqslant M$ 可知 $v < M$, 从而在 ∂K_1 上 $v < M$. 由于在 ∂K 上 $h = 0$, 所以 $v(x^1, t^1) = M$. 以上论证说明: v 在 K_1 上的最大值在 K_1 内部取到, 但由下解的最大值原理 (定理 4.2.1), 这是不可能的. 所以, $x^1 = \bar{x}$. □

引理 4.3.3 设 $u \in C^{2,1}(Q_T) \cap C(\bar{Q})$ 是热传导方程的下解, 并且在点 $P^0 = (x^0, t^0) \in Q_T$ 取到它在 $\bar{Q}_T$ 上的最大值 M, 则在超平面 $S(t^0) = \{(x, t) \in Q_T | t = t^0\}$ 上, $u \equiv M$.

证明 (1) 反证, 设有点 $P^1 = (x^1, t^0) \in S(t^0)$, $u(P^1) < u(P^0)$, 用线段 γ 连接 P^1 与 P^0. 由 u 的连续性知, 存在点 $P^* \in \gamma$ 使得 $u(P^*) = u(P^0)$, 而在 γ 上介于 P^* 与 P^1 间的所有点 $P' = (x', t^0)$ 上, 都有 $u(P') < u(P^0)$. 在 γ 上 P^1 与 P^* 之间选取 $P' \in \gamma$, 使得 $\mathrm{dist}(P', \partial Q_T) \geqslant 2\overline{P'P^*}$.

(2) 由于 $u(P') < u(P^*)$, 由 u 在 Q_T 上的连续性知, 存在充分小区间 $I : x = x', t^0 - \delta \leqslant t \leqslant t^0 + \delta$, 使对所有点 $P \in I$ 有

$$u(P) < u(P^*). \tag{4.3.1}$$

(3) 考虑椭球族 (图 4.4)

$$E_\lambda : (x - x')^2 + \lambda(t - t^0)^2 \leqslant \lambda \delta^2, \ \lambda > 0.$$

则 I 的端点在 E_λ 的边界上, 并且当 $\lambda \to 0^+$ 时, $E_\lambda \to I$; 当 λ 由零连续增加时, 区域 $E_\lambda \cap \{t = t^0\}$ 连续增大. 由 (4.3.1) 知, 存在 λ 在增加过程中的第一个值 λ_0,

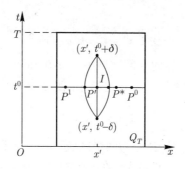

图 4.4　引理 4.3.3 的证明

使在 E_{λ_0} 内 $u < u(P^*)$, 并且存在某点 $Q = (y, t^0) \in \partial E_{\lambda_0}$ 满足 $u(y, t^0) = u(P^*)$.
由 (4.3.1) 知 $y \neq x'$, 这与引理 4.3.2 矛盾. □

引理 4.3.4　设 u 如引理 4.3.3 所述, 又设 R 是含于 Q_T 内的长方体,

$$R: \ t^0 - a_0 \leqslant t \leqslant t^0, |x_i^0 - x_i| \leqslant a_i, \ i = 1, 2, \cdots, n; 0 < a_0 < t^0.$$

则对任意 $P \in R$ 有 $u(P) = u(P^0)$.

证明　(1) 反证, 设 R 内一点 Q 使 $u(Q) < u(P^0)$ (图 4.5). 由 u 的连续性知, 在点 Q 的某邻域内也有 $u < u(P^0)$, 故可设 Q 不位于 $t = t^0$ 上, 而且在连接 Q 和 P^0 的线段 γ 上, 存在点 P' 使 $u(P') = u(P^0)$, 而在 γ 上位于点 Q 和 P' 之间的所有点 P 上都有 $u(P) < u(P')$. 不失一般性, 可设 $P' = P^0$, 且对某个正常数 $a_0 < t^0$, Q 位于 $t = t^0 - a_0$ 上. 否则, 可以在一个较小的立方体中讨论问题.

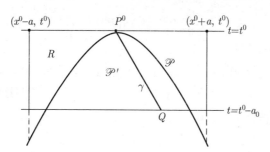

图 4.5　引理 4.3.4 的证明

(2) 记 R_0 是 R 除掉上顶面后的集合. 对任一点 $\bar{P} \in R_0$, 由第 (1) 步证明中 P' 和 Q 的取法知, $S(\bar{P})$ 必含有 γ 上一个点. 由于在 γ 上 $u < u(P^0)$, 故由引理 4.3.3, $u(\bar{P}) < u(P^0)$.

引入函数

$$h(x, t) = t^0 - t - k|x - x^0|^2, \ \text{常数} \ k > 0. \tag{4.3.2}$$

易知, 在抛物面

$$\mathscr{P}: \ t^0 - t = k|x - x^0|^2 \tag{4.3.3}$$

上 $h = 0$, 在以 $\mathscr{P}$ 为下边界的上部区域中 $h < 0$, 而在以 $\mathscr{P}$ 为上边界的下部区域中 $h > 0$. 取 (4.3.2) 中常数 $k > 0$ 足够小, 使 $2nk < 1$. 则在 R 内有

$$\frac{\partial h}{\partial t} - \Delta h = -1 + 2nk < 0. \tag{4.3.4}$$

(3) 抛物面 $\mathscr{P}$ 把立方体 R 分为两个区域, 以 $\mathscr{P}'$ 记下部区域. 则 $\mathscr{P}'$ 的上边界 $\mathscr{P} \cap R$ 仅在 P^0 处与 $t = t^0$ 接触, 在 $\mathscr{P}'$ 的其余边界部分上, 由于 $u < u(P^0)$, 故存在 $\delta > 0$ 使 $u < u(P^0) - \delta$. 由此知, 存在充分小的正数 ε 使在这部分边界上, 函数 $v \equiv u + \varepsilon h < u(P^0)$. 在 $\mathscr{P}'$ 的上边界上除 P^0 点外, 都有 $v = u < u(P^0)$, 并且 $v(P^0) = u(P^0)$. 在 $\mathscr{P}'$ 内, 由 (4.3.4) 式及 u 是热传导方程的下解, 便有

$$\frac{\partial v}{\partial t} - \Delta v < 0.$$

由下解的最大值原理 (定理 4.2.1) 知, 任 $P \in \mathscr{P}'$, 都有 $v(P) < v(P^0)$, 于是, $\frac{\partial v}{\partial t}(P^0) \geqslant 0$. 再由 $\frac{\partial h}{\partial t}(P^0) = -1 < 0$, 便得

$$\frac{\partial u}{\partial t}(P^0) = \frac{\partial v}{\partial t}(P^0) - \varepsilon \frac{\partial h}{\partial t}(P^0) > 0. \tag{4.3.5}$$

另一方面, 因为 u 是热传导方程的下解, 所以

$$\frac{\partial u}{\partial t} - \Delta u \leqslant 0$$

在 Q_T 上恒成立. 注意到 P^0 是 u 的最大值点, 就有 $\Delta u(P^0) \leqslant 0$, 从而

$$\frac{\partial u}{\partial t}(P^0) \leqslant \Delta u(P^0) \leqslant 0.$$

此式与 (4.3.5) 矛盾. $\qquad\square$

定理 4.3.1 的证明 (1) 反证, 设在 Q_{t^0} 内 $u \not\equiv u(P^0)$. 于是, 至少有一点 $P \in Q_{t^0}$ 满足 $u(P) \neq u(P^0)$, 则存在 $P' = (x', t') \in$ 线段 $\overline{PP^0}$ 满足 $u(P') = u(P^0)$, 而对线段 $\overline{PP'}$ 上所有点 $\bar{P}$ 有

$$u(\bar{P}) < u(P^0). \tag{4.3.6}$$

(2) 构造长方体 (图4.6)

$$Q': \ t' - a < t \leqslant t', \ x_i' - a \leqslant x_i \leqslant x_i' + a,$$
$$i = 1, 2, \cdots, n, \ x' = (x_1', x_2', \cdots, x_n'),$$

其中, 常数 $a > 0$ 充分小使长方体 $Q' \subset Q_T$. 由引理 4.3.4, 在此长方体 Q' 内 $u \equiv u(P')$, 故在线段 $\overline{PP'} \cap Q'$ 上 $u \equiv u(P') = u(P^0)$, 这与 (4.3.6) 矛盾. 定理得证. $\qquad\square$

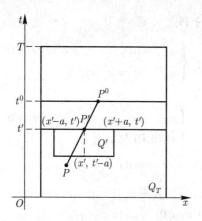

图 4.6   定理 4.3.1 的证明

习   题   4

1. 已知方程 $u_t - u_{xx} + xu = 0$, $x \in \mathbb{R}$, $t > 0$. 设其解 $u(x,t)$ 的 Fourier 变换为 $\hat{u}(\xi, t)$, 证明它满足方程

$$\hat{u}_t + \mathrm{i}\hat{u}_\xi + \xi^2\hat{u} = 0.$$

由此解出 $\hat{u}(\xi, t) = F(\xi - \mathrm{i}t)\mathrm{e}^{\frac{\mathrm{i}\xi^3}{3}}$, 其中, F 是一个连续可微的任意函数. 若 $u(x,0) = \varphi(x)(x \in \mathbb{R})$, 验证给定方程的初值问题的解是

$$u(x,t) = \frac{1}{2\sqrt{\pi t}}\mathrm{e}^{\frac{t^3}{3}}\int_{\mathbb{R}}\varphi(y)\exp\left(-ty - \frac{(t^2 - y + x)^2}{4t}\right)\mathrm{d}y.$$

2. 设实常数 $a > 0$, $b > 0$, 证明

$$\int_{\mathbb{R}}K(x - y, a)K(y, b)\mathrm{d}y = K(x, a + b);$$

定义算子

$$L_x^t[\varphi] \equiv \int_{\mathbb{R}}\varphi(y)K(x - y, t)\mathrm{d}y, \ t > 0,$$

则对任意的实数 $t_1 > 0$, $t_2 > 0$, 有

$$L_x^{t_1}[L_x^{t_2}[\varphi]] = L_x^{t_1 + t_2}[\varphi].$$

3. 证明函数

$$v(x, y, t, \xi, \eta, \tau) = \frac{1}{4\pi(t - \tau)}\mathrm{e}^{-\frac{(x - \xi)^2 + (y - \eta)^2}{4(t - \tau)}}$$

关于变量 (x, y, t) 满足方程 $v_t - (v_{xx} + v_{yy}) = 0$, 关于变量 (ξ, η, τ) 满足方程 $v_\tau + (v_{\xi\xi} + v_{\eta\eta}) = 0$.

4. 若 $u_1(x,t)$, $u_2(y,t)$ 分别是问题

$$\begin{cases} u_{1,t} - u_{1,xx} = 0, \ x \in \mathbb{R}, \ t > 0, \\ u_1(x,0) = \varphi_1(x) \end{cases}$$

和

$$\begin{cases} u_{2,t} - u_{2,yy} = 0, \ y \in \mathbb{R}, \ t > 0, \\ u_2(y,0) = \varphi_2(y) \end{cases}$$

的解, 试证明函数 $u(x,y,t) = u_1 u_2$ 是问题

$$\begin{cases} u_t - (u_{xx} + u_{yy}) = 0, \ (x,y) \in \mathbb{R}^2, \ t > 0, \\ u(x,y,0) = \varphi_1(x)\varphi_2(y) \end{cases}$$

的解.

5. 导出热传导方程初值问题

$$\begin{cases} u_t - (u_{xx} + u_{yy}) = 0, \ (x,y) \in \mathbb{R}^2, \ t > 0, \\ u(x,y,0) = \varphi(x,y) = \sum_{i=1}^{n} \alpha_i(x)\beta_i(y) \end{cases}$$

的解的表达式.

6. 已知在上半平面 $y > 0$ 上静电场的电位函数 $u(x,y)$ 满足 $u_{xx} + u_{yy} = 0$ 及 $u(x,0) = \varphi(x)$, $\lim\limits_{r \to +\infty} u = 0$, 其中, $r = \sqrt{x^2+y^2}$. 试用 Fourier 变换求解 $u(x,y)$.

7. 设半无限平面板 $y > 0$, 在边界 $y = 0$ 上 $|x| \leqslant a$ 处保持常温 $u = 1$, 在 $|x| > a$ 处 $u = 0$. 证明平板的定常温度是

$$u(x,y) = \frac{1}{\pi}\left(\arctan\frac{a+x}{y} + \arctan\frac{a-x}{y}\right).$$

8. 解初边值问题

$$\begin{cases} u_t - a^2 u_{xx} = 0, \ x > 0, \ t > 0, \\ u(x,0) = \varphi(x), \ u_x(0,t) = 0, \ \varphi(0) = \varphi'(0) = 0. \end{cases}$$

[提示: 用偶延拓法.]

9. 设 $v(x,t)$ 是问题

$$\begin{cases} v_t - a^2 v_{xx} = 0, \ x > 0, \ t > 0, \\ v(x,0) = 0, \ v(0,t) = 1 \end{cases}$$

的解, 验证 Duhamel 积分

$$u(x,t) = \frac{\partial}{\partial t}\int_0^t v(x,t-\tau)\mu(\tau)\mathrm{d}\tau$$

满足初边值问题

$$\begin{cases} u_t - a^2 u_{xx} = 0, \ x > 0, \ t > 0, \\ u(x,0) = 0, \ u(0,t) = \mu(t). \end{cases}$$

10. 求解一维热传导方程 $u_t - a^2 u_{xx} = 0 \ (x \in \mathbb{R}, \ t > 0)$ 在下列初值条件下的初值问题:

(a) $u(x,0) = \sin x$;

(b) $u(x,0) = x^2 + 1$.

11. 用延拓法求解半有界直线上热传导方程初边值问题

$$\begin{cases} u_t - a^2 u_{xx} = 0, \ x > 0, \ t > 0, \\ u(0,t) = 0, \ u(x,0) = \varphi(x), \ x \geqslant 0, \end{cases}$$

其中, $\varphi(x)$ 满足条件 $\varphi(0) = 0$.

12. 求解半无界杆的热传导问题:

$$\begin{cases} u_t - u_{xx} = 0, \ x > 0, \ t > 0, \\ u(x,0) = \varphi(x), \ x > 0, \\ u_x(0,t) + du(0,t) = 0, \ 0 < t < \infty. \end{cases}$$

13. 证明问题

$$\begin{cases} u_t - u_{xx} = 0, \ x \in \mathbb{R}, \ t > 0, \\ u(x,0) = 1, \ x > 0, \\ u(x,0) = -1, \ x < 0 \end{cases}$$

的解是

$$u(x,t) = \varphi\left(\frac{x}{2\sqrt{t}}\right),$$

其中, $\varphi(x)$ 是误差函数:

$$\varphi(x) = \frac{2}{\sqrt{\pi}} \int_0^x \mathrm{e}^{-t^2}\,\mathrm{d}t.$$

14. 用分离变量法求解问题

$$\begin{cases} u_t - u_{xx} = 0, \ 0 < x < l, \ t > 0, \\ u(x,0) = \varphi(x), \ 0 \leqslant x \leqslant l, \\ u(0,t) = 0, \ (u_x + \sigma u)|_{x=l} = 0, \ t \geqslant 0, \end{cases}$$

其中, 常数 $\sigma > 0$.

15. 证明定理 4.2.2 与定理 4.2.3.

16. 设 G 是 $\mathbb{R}^2$ 中的有界区域, 试利用证明热传导方程解的最大值原理的方法证明: 满足方程 $u_{xx} + u_{yy} = 0$ 的函数 $u(x,y)$ 在 $\overline{G}$ 上的最大值不会超过它在边界 ∂G 上的最大值.

17. 设 $u(x,t) \in C^{2,1}(Q_T) \cap C(\overline{Q}_T)$ 是问题

$$\begin{cases} u_t - a^2 u_{xx} = f, \ (x,t) \in Q_T = (0,l) \times (0,T], \\ u(x,0) = \varphi(x), \ 0 \leqslant x \leqslant l, \\ u(0,t) = g_1(t), \ u(l,t) = g_2(t), \ 0 \leqslant t \leqslant T \end{cases}$$

的解, 试证明:

$$\max_{\overline{Q}_T} |u| \leqslant FT + B,$$

其中, $F = \sup\limits_{Q_T} |f|$, $B = \max\left\{ \sup\limits_{[0,l]} |\varphi|, \ \sup\limits_{[0,T]} |g_1|, \ \sup\limits_{[0,T]} |g_2| \right\}$.

[提示: 考虑辅助函数 $w(x,t) = Ft + B \pm u(x,t)$.]

18. 证明上题中问题的解在 $C^{2,1}(Q_T) \cap C(\overline{Q}_T)$ 中是唯一的.

19. (最大值原理) 考虑一般形式的热传导方程

$$Lu = u_t - a^2 u_{xx} + b(x,t)u_x + c(x,t)u = f(x,t).$$

设 $c(x,t) \geqslant 0$, 又设 $u \in C^{2,1}(Q_T) \cap C(\overline{Q}_T)$ 且满足 $Lu \leqslant 0$, 则 u 在 $\overline{Q}_T$ 上的非负最大值必在抛物边界上达到, 即

$$\max_{\overline{Q}_T} u(x,t) \leqslant \max_{\Gamma_T} u^+(x,t),$$

其中, $u^+(x,t) = \max\{u(x,t), 0\}$.

[提示: 参考定理 4.2.1 的证明. 注意: 当放宽条件 $c(x,t) \geqslant 0$ 为 $c(x,t) \geqslant -c_0$ ($c_0 > 0$ 是常数) 时, 上述形式的最大值原理不再成立.]

20. (最大值原理) 考虑上题中的算子 Lu. 设 $c(x,t) \geqslant -c_0$, $c_0 > 0$ 是常数, 又设 $u \in C^{2,1}(Q_T) \cap C(\overline{Q}_T)$, 且满足 $Lu \leqslant 0$. 证明若 $\max\limits_{\Gamma_T} u(x,t) \leqslant 0$, 则必有 $\max\limits_{\overline{Q}_T} u(x,t) \leqslant 0$.

[提示: 令 $v = ue^{-c_0 t}$, 考虑 v 满足的方程, 而后用上题.]

21. (比较原理) 仍考虑上题中的算子 Lu. 设 $c(x,t) \geqslant c_0$ ($c_0 \geqslant 0$ 是常数), 又设 $u, v \in C^{2,1}(Q_T) \cap C(\overline{Q}_T)$ 且有 $Lu \leqslant Lv$, $u|_{\Gamma_T} \leqslant v|_{\Gamma_T}$, 证明在 $\overline{Q}_T$ 上,

$$u(x,t) \leqslant v(x,t).$$

22. 设有界开集 $\Omega \subset \mathbb{R}^n$, $n \geqslant 2$, $Q = \Omega \times (0, \infty)$, $\Gamma = \partial\Omega \times [0, \infty)$. 给定问题

$$\begin{cases} u_t - \Delta u = 0, \ (x, t) \in Q, \\ \left(\alpha \dfrac{\partial u}{\partial \nu} + \sigma u \right)\Big|_{\Gamma} = 0, \\ u(x, 0) = \varphi(x), \end{cases}$$

其中, ν 是 Γ 的单位外法向, α, σ 是不同时为零的非负常数. 考虑问题的 $C^{2,1}(Q) \cap C^{1,1}(\overline{Q})$ 解. 记

$$E(t) = \frac{1}{2} \int_{\Omega} u^2(x, t)\mathrm{d}x,$$

试证明:

(a) $E_t(t) \leqslant 0$, $\forall\, t \geqslant 0$;

[提示: 类似 3.5.2 小节中能量不等式的推导, 证明对任意 $t \geqslant 0$ 有 $E_t(t) \leqslant 0$. 也可以用 u 乘问题中方程两端, 而后在 Ω 上积分并利用边值条件导出 $E_t(t) \leqslant 0$. 在 $\mathbb{R}^n$ 中边界逐段光滑的有界区域上的分部积分公式为

$$\int_{\Omega} v u_{x_i}\mathrm{d}x = \int_{\partial\Omega} uv\nu_i\mathrm{d}S_x - \int_{\Omega} uv_{x_i}\mathrm{d}x, i = 1, 2, \cdots, n.]$$

(b) $\|u(\cdot, t)\|_{L_2(\Omega)} \leqslant \|\varphi\|_{L_2(\Omega)}$, $\forall\, t > 0$;

(c) 证明本题初边值问题解的唯一性.

23. 证明热传导方程初值问题的最大值原理: 设函数 $u(x, t)$ 在 $\mathbb{R}^n \times [0, T]$ 上连续, 在 $\mathbb{R}^n \times (0, T]$ 上 u_t, $u_{x_i x_j}$ $(i, j = 1, 2, \cdots, n)$ 连续, 且对常数 $M > 0$, $A \geqslant 0$ 满足不等式

$$u(x, t) \leqslant M \mathrm{e}^{A|x|^2}, \ \forall\, x \in \mathbb{R}^n, \ t \in [0, T]$$

及初值问题

$$\begin{cases} u_t - \Delta u = 0, \ x \in \mathbb{R}^n, \ t \in (0, T), \\ u(x, 0) = g(x). \end{cases}$$

则

$$\sup_{\mathbb{R}^n \times [0, T]} u(x, t) = \sup_{\mathbb{R}^n} g(x).$$

[提示: 先设 $4AT < 1$, 则对充分小的 $\varepsilon > 0$, $4A(T + \varepsilon) < 1$. 任意固定 $y \in \mathbb{R}^n$, $\mu > 0$, 在 $x \in \mathbb{R}^n$, $t > 0$ 上定义函数

$$v(x, t) = u(x, t) - \frac{\mu}{(T + \varepsilon - t)^{n/2}} \mathrm{e}^{-\frac{|x-y|^2}{4(T+\varepsilon-t)}}.$$

利用在有界域上的最大值原理证明 $v(x, t) \leqslant \sup\limits_{\mathbb{R}^n} g(x)$, 而后得 u 的结果. 当 $4AT < 1$ 不满足时, 可将 $[0, T]$ 划分为有限个区段 $[0, T_1], [T_1, T_2], \cdots, [T_{m-1}, T_m]$ 进行证明.]

24. 设 $\Phi : \mathbb{R} \to \mathbb{R}$ 是光滑凸函数, $u(x,t)$ 是热传导方程 $u_t - \Delta u = 0$ 的解. 试证明:

(a) $v = \Phi(u)$ 是热传导方程的下解;

(b) $v = |Du|^2 + u_t^2$ 也是下解.

25. 已知非齐次热传导方程的初值问题

$$\begin{cases} u_t - \Delta u = f(x,t), \ x \in \mathbb{R}^n, \ t > 0, \\ u(x,0) = 0, \ x \in \mathbb{R}^n. \end{cases}$$

其中, $f(x,t)$ 连续, 并且存在常数 $M > 0$, $A \geqslant 0$ 使得

$$|f(x,t)| \leqslant Me^{A|x|^2}$$

对 $t > 0$ 一致成立. 试用 Duhamel 原理导出该问题的解的积分表达式.

第 5 章 位 势 方 程

本章介绍位势方程

$$-\Delta u = f(x).$$

它是椭圆型方程的典型代表. 当 $f(x)$ 不恒等于零时, 称它为 Poisson 方程; 当 $f(x) \equiv 0$ 时, 称之为调和方程, 它是本章主要讨论的对象, 其具体形式为

$$-\Delta u = -\sum_{i=1}^{n} \frac{\partial^2 u}{\partial x_i^2} = 0, \tag{5.0.1}$$

其中, n 维自变量 $x = (x_1, x_2, \cdots, x_n) \in \Omega \subset \mathbb{R}^n$. 称调和方程 (5.0.1) 的解 u 为 Ω 中的调和函数.

调和方程描述的是平衡稳定的状态. 例如在第 3 章中描述的薄膜微小横振动, 如果薄膜处于平衡稳定状态, 则位移函数 $u(x, t)$ 与时间 t 无关, 于是 $u_{tt} = 0$, 从而方程 (3.0.2) 变为调和方程 $-\Delta u = 0$. 同样, 第 4 章引入热传导方程时, 若温度 $u(x, t)$ 处于稳定状态, 则它不随时间而变, 即 $u_t = 0$, 从而热传导方程 (4.0.1) 变为 $-\Delta u = 0$. 大家从普通物理学知道, 分布在三维空间区域 Ω 上的静电场的电位函数 $u(x, y, z)$, 若 Ω 内的电荷密度为 $\rho(x, y, z)$, 则 u 满足 Poisson 方程 $-\Delta u = 4\pi\rho(x, y, z)$; 若 Ω 中无电荷, 则 u 满足调和方程 (5.0.1).

为了理论和应用的需要, 我们进一步引入下述概念:

如果 $u \in C^2(\Omega)$, 并且在 Ω 中满足

$$-\Delta u \leqslant 0 \ (\geqslant 0), \tag{5.0.2}$$

则称 u 是 Ω 中的下调和 (上调和) 函数.

平面区域上的调和函数已在复变函数论中讨论过, 我们将主要讨论 $\mathbb{R}^n (n \geqslant 3)$ 中的情况, 如无特别指明, 本章中 Ω 均指连通区域.

5.1 基 本 解

调和方程的基本解在对方程及其解的研究中有重要的作用, 利用基本解及 Green 公式可以获得调和函数的一些基本的性质.

5.1.1 基本解 Green 公式

1. 基本解

记 $\mathbb{R}^n(n \geq 2)$ 中两点 x 与 y 的距离为

$$r = |x - y| \equiv \left[\sum_{i=1}^{n}(x_i - y_i)^2\right]^{\frac{1}{2}}.$$

下面, 我们求调和方程的径向对称解. 令 $u = u(r)$, 代入调和方程 (5.0.1) 得

$$\Delta u = u''(r) + \frac{n-1}{r}u'(r) = 0,$$

解得 $u' = cr^{1-n}$, 因此有

$$u = \begin{cases} \dfrac{c}{2-n}r^{2-n}, & \text{当 } n > 2 \text{ 时}, \\ c\ln r, & \text{当 } n = 2 \text{ 时}, c \text{ 为任意常数}. \end{cases}$$

在 Ω 中固定一点 y, 并取常数 $c = \dfrac{1}{n\omega_n}$, 就得到调和方程的基本解 $k(x-y)$ 或 $k(|x-y|)$, 即

$$k(x-y) = \begin{cases} \dfrac{1}{n(2-n)\omega_n}|x-y|^{2-n}, & n > 2, \\ \dfrac{1}{2\pi}\ln|x-y|, & n = 2, \end{cases} \tag{5.1.1}$$

其中

$$\omega_n = \frac{2\Gamma^n\left(\dfrac{1}{2}\right)}{n\Gamma\left(\dfrac{n}{2}\right)} = \frac{2\pi^{\frac{n}{2}}}{n\Gamma\left(\dfrac{n}{2}\right)} \tag{5.1.2}$$

表示 $\mathbb{R}^n$ 中单位球的体积. 特别地, 有

$$\omega_2 = \pi, \ \omega_3 = \frac{4}{3}\pi.$$

下文将用到如下事实: 单位球面的表面积是 $n\omega_n$; 半径为 r 的 n 维球的表面积是 $nr^{n-1}\omega_n$, 而其体积是 $r^n\omega_n$.

由 (5.1.1) 易知, 基本解在 $x \neq y$ 时关于 x 或 y 都是调和函数并且无穷次可微. 通过直接计算可得到如下估计:

$$|\mathrm{D}_x k(x-y)| \leq \frac{C}{|x-y|^{n-1}},$$

$$|\mathrm{D}_x^2 k(x-y)| \leq \frac{C}{|x-y|^n}, \tag{5.1.3}$$

其中, C 是与 x, y 无关的常数. D_x 表示关于 x 变量求后继函数的梯度, 而 $D_x^2 K$ 表示函数 K 的关于 x 变量的所有二阶偏微商组成的 Hesse (黑塞) 矩阵.

2. Green 公式

设 $\Omega \subset \mathbb{R}^n$ 是边界光滑的有界区域, 并设 ν 是 $\partial\Omega$ 的单位外法向. 在 Gauss 公式 (3.0.1) 中取 w 为函数 $u(x) \in C^2(\overline{\Omega})$ 的梯度函数 Du, 则得

$$\int_\Omega \Delta u \, dx = \int_{\partial\Omega} Du \cdot \nu \, dS = \int_{\partial\Omega} \frac{\partial u}{\partial \nu} dS. \tag{5.1.4}$$

若 $u, v \in C^2(\overline{\Omega})$, 则在 Gauss 公式 (3.0.1) 中分别取 w 为 uDv 和 vDu, 则分别得到

$$\int_\Omega u\Delta v \, dx = \int_{\partial\Omega} u\frac{\partial v}{\partial \nu} dS - \int_\Omega Du \cdot Dv \, dx, \tag{5.1.5}$$

$$\int_\Omega v\Delta u \, dx = \int_{\partial\Omega} v\frac{\partial u}{\partial \nu} dS - \int_\Omega Dv \cdot Du \, dx. \tag{5.1.6}$$

二式都叫做 Green 第一公式. (5.1.5) 式与 (5.1.6) 式相减, 得

$$\int_\Omega (u\Delta v - v\Delta u) \, dx = \int_{\partial\Omega} \left(u\frac{\partial v}{\partial \nu} - v\frac{\partial u}{\partial \nu} \right) dS. \tag{5.1.7}$$

此式称为 Green 第二公式.

3. 调和函数的基本积分公式

设 $u(x) \in C^2(\overline{\Omega})$. 对任意 $y \in \Omega$, 作以 y 为中心、以 ρ 为半径的球体 $B_\rho(y) \subset\subset \Omega$. 在区域 $\Omega \setminus \overline{B}_\rho(y)$ 中用调和方程的基本解 $k(x - y)$ 代替 Green 第二公式 (5.1.7) 中的 $v(x)$, 得

$$\begin{aligned}
\int_{\Omega-B_\rho} & k(x-y)\Delta u \, dx \\
&= \int_{\partial\Omega} \left(k\frac{\partial u}{\partial \nu} - u\frac{\partial k}{\partial \nu} \right) dS_x + \int_{\partial B_\rho} \left(k\frac{\partial u}{\partial \nu} - u\frac{\partial k}{\partial \nu} \right) dS_x.
\end{aligned} \tag{5.1.8}$$

计算上式右边的第二个积分, 得

$$\begin{aligned}
\int_{\partial B_\rho} k\frac{\partial u}{\partial \nu} dS_x &= k(\rho) \int_{\partial B_\rho} \frac{\partial u}{\partial \nu} dS_x \\
&= -k(\rho) \int_{\partial B_\rho} \frac{\partial u}{\partial \rho} dS_x \\
&= -k(\rho) \int_{B_\rho} \Delta u \, dx \\
&\to 0 \ (\text{当 } \rho \to 0 \text{ 时}),
\end{aligned}$$

$$\int_{\partial B_\rho} u \frac{\partial k}{\partial \nu} \mathrm{d}S_x = -k'(\rho) \int_{\partial B_\rho} u \, \mathrm{d}S_x$$

$$= \frac{-1}{n\omega_n \rho^{n-1}} \int_{\partial B_\rho} u \, \mathrm{d}S_x$$

$$\to -u(y) \ (\text{当 } \rho \to 0 \text{ 时}).$$

由此知, 在 (5.1.8) 式中令 $\rho \to 0$ 可得

$$u(y) = \int_{\partial\Omega} \left[u \frac{\partial k(x-y)}{\partial \nu} - k(x-y) \frac{\partial u}{\partial \nu} \right] \mathrm{d}S_x + \tag{5.1.9}$$
$$\int_\Omega k(x-y) \Delta u \, \mathrm{d}x, \ y \in \Omega.$$

此式称为 $u(y)$ 的 Green 表示. 特别地, 若在 Ω 中 $\Delta u = f$, 则 (5.1.9) 式右边第二个积分

$$\int_\Omega k(x-y) \Delta u \, \mathrm{d}x = \int_\Omega k(x-y) f(x) \, \mathrm{d}x$$

叫做具有密度 f 的 Newton 位势. 如果 u 在 Ω 上具有紧支集, 则由 (5.1.9) 式得

$$u(y) = \int_\Omega k(x-y) \Delta u(x) \, \mathrm{d}x. \tag{5.1.10}$$

如果 u 在 Ω 内调和, 从 (5.1.9) 式就得到调和函数的基本积分公式

$$u(y) = \int_{\partial\Omega} \left[u \frac{\partial k(x-y)}{\partial \nu} - k(x-y) \frac{\partial u}{\partial \nu} \right] \mathrm{d}S_x. \tag{5.1.11}$$

它说明, 对于在 $\overline{\Omega}$ 上有连续二阶偏微商的调和函数 u, 它在区域 Ω 内任一点 y 的值, 可用此函数及其法向微商在区域边界 $\partial\Omega$ 上的值通过积分式 (5.1.11) 来表示. 另外, 由 (5.1.4) 式知, 对如此光滑的调和函数成立积分等式

$$\int_{\partial\Omega} \frac{\partial u}{\partial \nu} \mathrm{d}S = 0, \tag{5.1.12}$$

其中, ν 是 $\partial\Omega$ 的单位外法向.

5.1.2 平均值等式

下述定理是表示调和函数特性的平均值等式与上 (下) 调和函数的次平均值等式. 由此可推出调和函数与上 (下) 调和函数的许多好的性质.

定理 5.1.1 (平均值性质) 设 $u \in C^2(\Omega)$, 在 Ω 中满足

$$-\Delta u = 0 \ (\leqslant 0, \ \geqslant 0),$$

则对任何一个球 $B_R(y) \subset\subset \Omega$, 有

$$u(y) = (\leqslant, \geqslant)\frac{1}{n\omega_n R^{n-1}} \int_{\partial B_R} u \, \mathrm{d}S, \tag{5.1.13}$$

$$u(y) = (\leqslant, \geqslant)\frac{1}{\omega_n R^n} \int_{B_R} u \, \mathrm{d}x. \tag{5.1.14}$$

当等号成立时, 本定理叫做调和函数的平均值定理.

这个定理的证明方法有多种, 可以由 Green 第一公式得出, 也可以直接用 Green 表示得到. 下面叙述用 Green 表示的证法.

证明　在 (5.1.9) 式中取 Ω 为 $B_\rho(y)(\rho < R)$, 则得

$$
\begin{aligned}
u(y) &= \int_{\partial B_\rho}\left[u\frac{\partial k(x-y)}{\partial \nu} - k(x-y)\frac{\partial u}{\partial \nu}\right]\mathrm{d}S_x + \int_{B_\rho} k(x-y)\Delta u \, \mathrm{d}x \\
&= k'(\rho)\int_{\partial B_\rho} u \, \mathrm{d}S - k(\rho)\int_{\partial B_\rho} \frac{\partial u}{\partial \nu}\mathrm{d}S + \int_{B_\rho} k(x-y)\Delta u \, \mathrm{d}x \\
&= \frac{1}{n\omega_n \rho^{n-1}}\int_{\partial B_\rho} u \, \mathrm{d}S + \int_{B_\rho}[k(x-y)-k(\rho)]\Delta u \, \mathrm{d}x \\
&= (\leqslant, \geqslant)\frac{1}{n\omega_n \rho^{n-1}}\int_{\partial B_\rho} u \, \mathrm{d}S,
\end{aligned}
$$

最后一步是因为在 B_ρ 内有 $k(x-y)-k(\rho) \leqslant 0$ 而 $\Delta u = (\geqslant, \leqslant) 0$. 令 $\rho \to R$, 便得 (5.1.13) 式. 上式两边乘 ρ^{n-1}, 再关于 ρ 从 0 到 R 积分便得 (5.1.14) 式. □

5.1.3　最大最小值原理及其应用

如本章开头所说, 一个调和函数可以表示在一个物体内稳定的温度分布. 所以, 该状态下物体内的温度分布不可能在内部有最高点和最低点, 否则, 热量就要从温度高处流向温度低处, 打破稳定状态. 这种现象在数学上的反映就是: 在一个区域 Ω 上的调和函数不可能在区域内部达到最大值和最小值, 除非它恒等于常数.

利用定理 5.1.1, 对下 (上) 调和函数可以导出强最大 (小) 值原理.

定理 5.1.2 (下 (上) 调和函数的强最大 (小) 值原理)　设 u 是 $\Omega(\Omega$ 可以无界) 内的下 (上) 调和函数, 且存在 $y \in \Omega$, 使

$$u(y) = \sup_\Omega u \ (u(y) = \inf_\Omega u),$$

则 u 是常数.

证明　设 $-\Delta u \leqslant 0, M = \sup_\Omega u$. 定义

$$\Omega_M = \{x \in \Omega \mid u(x) = M\}.$$

由 $y \in \Omega_M$ 知 Ω_M 非空. 由 u 的连续性知 Ω_M 相对于 Ω 是闭集. 设 $z \in \Omega_M$, 在 $B = B_R(z) \subset\subset \Omega$ 中对下调和函数 $u - M$ 用次平均值等式

$$0 = u(z) - M \leqslant \frac{1}{\omega_n R^n} \int_B (u - M) \,\mathrm{d}x \leqslant 0,$$

由此及 u 的连续性知, 在 $B_R(z)$ 中 $u(x) \equiv M$, 故 Ω_M 相对于 Ω 也是开集. 从而 $\Omega_M = \Omega$, 即 $u \equiv M$ 在 Ω 中成立. 以 $-u$ 代替 u, 就得到上调和函数的强最小值原理. $\qquad\qquad\square$

附注 由证明过程易知, 只要函数 $u(x) \in C(\Omega)$ 且在 Ω 内部任一个球上满足次平均值公式, 则定理依然成立.

由上述强最大最小值原理, 立即能推出下述弱最大最小值原理 (证明留作练习).

定理 5.1.3 (下 (上) 调和函数的弱最大 (小) 值原理)　设 Ω 有界, $u \in C(\overline{\Omega}) \cap C^2(\Omega)$, $-\Delta u \leqslant 0 \,(\geqslant 0)$, 则成立

$$\max_{\overline{\Omega}} u = \max_{\partial\Omega} u \left(\min_{\overline{\Omega}} u = \min_{\partial\Omega} u \right).$$

附注 由定理 5.1.2 的附注知, 只要 $u \in C(\overline{\Omega})$ 且在 Ω 内任一球上满足次平均值等式, 则定理依然成立.

由定理 5.1.2 和定理 5.1.3 直接得到下面关于调和函数的强最大最小值原理与弱最大最小值原理 (证明留作练习).

定理 5.1.4　(a) (调和函数的强最大最小值原理)　一个在区域 Ω (可以无界) 内调和的函数不可能在 Ω 内达到最大值和最小值, 除非它是常数.

(b) (调和函数的弱最大最小值原理)　设 Ω 有界, $u \in C(\overline{\Omega}) \cap C^2(\Omega)$, 且在 Ω 内调和, 则

$$\max_{\overline{\Omega}} |u(x)| = \max_{\partial\Omega} |u(x)|.$$

附注 由定理 5.1.3 的附注知, 只要 $u \in C(\overline{\Omega})$ 且在 Ω 内任一个球上满足平均值公式, 则定理依然成立. 论断 (b) 不排除 u 在内部取到最大最小值的情况, 故称为弱最大最小值原理.

推论 5.1.5 (调和函数的比较原理)　设 $u, v \in C^2(\Omega) \cap C(\overline{\Omega})$, 在 Ω 中满足 $\Delta u = \Delta v$, 在 $\partial\Omega$ 上 $u = v$, 则在 Ω 中 $u \equiv v$.

推论 5.1.6　若 u 和 v 分别是调和与下调和函数, 在 $\partial\Omega$ 上 $u = v$, 则在 Ω 中 $v \leqslant u$.

由推论 5.1.6 也可看出 "下调和" 这个术语的由来.

在第 1 章 1.2 节中, 我们定义了调和方程的第一边值问题 (即 Dirichlet 问题) 及第二边值问题 (即 Neumann 问题). 在实际问题中, 时常会遇到这两类问题的另一种提法, 即求一个函数 u, 使它在有界区域 Ω 外调和, 而在 $\partial\Omega$ 上满足第一类边值条件 (或第二类边值条件), 且满足 $\lim\limits_{|x|\to\infty} u(x) = 0$, 我们称这种问题为 Dirichlet 外问题 (Neumann 外问题). 相应地, 第 1 章 1.2 节中所定义的 Dirichlet 问题及 Neumann 问题分别称为 Dirichlet 内问题和 Neumann 内问题. 下面给出最大最小值原理在证明 Dirichlet 内问题及外问题的解的唯一性和稳定性时的应用.

定理 5.1.7 (唯一性与稳定性) 设 Ω 是 $\mathbb{R}^n$ 中有界区域, 则 Poisson 方程的 Dirichlet 内问题

$$\begin{cases} -\Delta u = f, & x \in \Omega, \\ u = \varphi(x), & x \in \partial\Omega \end{cases}$$

至多有一个解, 且连续依赖于边值 $\varphi(x)$.

证明 由叠加原理和推论 5.1.5, 唯一性是显然的, 下证稳定性. 设 u 和 u^ε 是 Ω 中分别具有边值 φ 和 $\varphi - \varepsilon(x)$ 的问题的解, 其中 $|\varepsilon(x)| < \varepsilon$, $\varepsilon > 0$ 是常数, 则调和函数 $u - u^\varepsilon$ 具有边值 $\varepsilon(x)$, 由定理 5.1.4 知

$$\max_{\overline{\Omega}} |u - u^\varepsilon| = \max_{\partial\Omega} |\varphi - \varphi + \varepsilon(x)| = \max_{\partial\Omega} |\varepsilon(x)|,$$

因此

$$|u(x) - u^\varepsilon(x)| \leqslant \max_{\partial\Omega} |\varepsilon(x)| < \varepsilon, \ \forall\, x \in \overline{\Omega}.$$

即 Dirichlet 内问题的解连续依赖于所给边值. □

定理 5.1.8 (唯一性与稳定性) 设 Ω 是 $\mathbb{R}^n$ 中有界区域, 则 Poisson 方程的 Dirichlet 外问题

$$\begin{cases} -\Delta u = f, & x \in \mathbb{R}^n \backslash \Omega, \\ u = \varphi(x), & x \in \partial\Omega, \\ \lim\limits_{|x|\to\infty} u = 0 \end{cases}$$

至多一个解, 且连续依赖于边值 $\varphi(x)$.

证明 设函数 u_1 和 u_2 是问题的两个解, 令 $v = u_1 - u_2$, 则 v 在 $\mathbb{R}^n \backslash \Omega$ 内调和并满足边值条件 $v|_{\partial\Omega} = 0$ 及

$$\lim_{|x|\to\infty} v(x) = 0.$$

若 $v(x)$ 不恒为零, 则有一点 x_0 使 $v(x_0) \neq 0$, 不妨设 $v(x_0) > 0$. 作球 $B_R(0)$, 取 $R > 0$ 足够大使点 x_0 位于由 $\partial\Omega$ 及 ∂B_R 所界区域 Ω_R 内, 且使 $v|_{\partial B_R} < v(x_0)$, 这由条件 $\lim\limits_{|x|\to\infty} v(x) = 0$ 显然是能办到的.

如此看来, 调和函数 v 在有界区域 Ω_R 内部取到它在 $\overline{\Omega}_R$ 上的最大值. 由强最大最小值原理 (定理 5.1.4) 知 $v \equiv$ 常数 $= v|_{\partial\Omega} = 0$, 这与 $v(x^0) > 0$ 矛盾. 所以 $u_1 \equiv u_2$, 唯一性证毕. 类似地可以证明 Dirichlet 外问题的解的稳定性 (留作练习). $\qquad\qquad\qquad\qquad\qquad\qquad\qquad\qquad\qquad\qquad\qquad\qquad\qquad$ □

5.2 Green 函数

5.2.1 Green 函数的导出及其性质

我们试图利用调和函数的基本积分公式 (5.1.11) 和 C^2-函数的 Green 表示 (5.1.9) 分别求解调和方程的 Dirichlet 问题

$$(\mathrm{H}) \begin{cases} -\Delta u = 0, \ x \in \Omega, \\ u|_{\partial\Omega} = \varphi(x) \end{cases}$$

和 Poisson 方程的 Dirichlet 问题

$$(\mathrm{P}) \begin{cases} -\Delta u = f(x), \ x \in \Omega, \\ u|_{\partial\Omega} = \varphi(x). \end{cases}$$

但由于这两个积分式中 $\dfrac{\partial u}{\partial \nu}$ 这一项是未知的, 使得不能直接利用此式去求解. 那么能否设法 "消去" 此项而求出问题的解呢? 这就引出了 Green 函数的概念及相应的讨论.

设函数 $h(x, y)$ 关于 x 属于 $C^2(\overline{\Omega})$, 在 Ω 中满足 $-\Delta_x h = 0$, 其中, $y \in \Omega$ 是参数. 对满足同样光滑条件的函数 $u(x)$, 利用 Green 第二公式 (5.1.7) 得

$$\int_{\partial\Omega} \left(u \frac{\partial h}{\partial \nu} - h \frac{\partial u}{\partial \nu} \right) \mathrm{d}S_x + \int_{\Omega} h \Delta u \, \mathrm{d}x = 0. \tag{5.2.1}$$

若 u 在 Ω 中调和, 由上式得

$$\int_{\partial\Omega} \left(u \frac{\partial h}{\partial \nu} - h \frac{\partial u}{\partial \nu} \right) \mathrm{d}S_x = 0,$$

此式与 (5.1.11) 式相加, 并记 $G(x, y) = k(x - y) + h(x, y)$, 且要求在 $\partial\Omega$ 上 $G = 0$, 于是得到问题 (H) 的形式解

$$u(y) = \int_{\partial\Omega} u(x) \frac{\partial G}{\partial \nu} \mathrm{d}S_x = \int_{\partial\Omega} \varphi(x) \frac{\partial G}{\partial \nu} \mathrm{d}S_x. \tag{5.2.2}$$

若 $\Delta u \neq 0$, 将 (5.2.1) 式与 C^2-函数的 Green 表示 (5.1.9) 式相加, 即可得问题

(P) 的形式解

$$u(y) = \int_{\partial\Omega} u(x)\frac{\partial G}{\partial\nu}\,\mathrm{d}S_x + \int_{\Omega} G(x,y)\Delta u(x)\,\mathrm{d}x$$
$$= \int_{\partial\Omega} \varphi(x)\frac{\partial G}{\partial\nu}\,\mathrm{d}S_x - \int_{\Omega} G(x,y)f(x)\mathrm{d}x. \tag{5.2.3}$$

函数 $G = G(x,y)$ 叫做区域 Ω (关于 Laplace 算子 Dirichlet 问题) 的 Green 函数. 由上文知, 求解区域 Ω 的 Green 函数必须求出函数 h, 即解一个特殊的 Dirichlet 问题

$$\begin{cases} -\Delta_x h = 0, \ x \in \Omega, \\ h\big|_{\partial\Omega} = -k(x-y), \end{cases} \tag{5.2.4}$$

然后得到 Green 函数 $G(x,y) = k(x,y) + h$. 从而通过 (5.2.2) 式可以得到调和方程的具任意连续边值的 Dirichlet 问题的解. 称这种求解方法为 Green 函数法.

对一般区域而言, 要证明这种特殊的 Dirichlet 问题 (5.2.4) 解的存在性与证明在此域上一般的 Dirichlet 问题解的存在性同样困难. 但是, Green 函数法还是有它特殊的意义, 这主要表现在如下几方面:

(i) 对于调和方程, 如果求得了某个区域上的 Green 函数, 则这个区域上具有任意连续边值的一切 Dirichlet 问题解的存在性也就得到了解决, 且其解可用积分 (5.2.2) 来表示. 对于 Poisson 方程的 Dirichlet 问题的解, 可用积分式 (5.2.3) 表示.

(ii) 对于某些规则区域, 如球、半空间和第一卦限等, Green 函数可以用初等方法求得, 而这些规则区域上的 Dirichlet 问题在偏微分方程的研究中有重要的作用.

(iii) 利用 (5.2.2) 式可以讨论解的性质.

(iv) 对于半线性方程 $-\Delta u = f(x,u)$ 的齐次 Dirichlet 问题, 可以用 Green 函数化为等价的积分方程

$$u(y) = \int_{\Omega} G(x,y)f(x,u)\,\mathrm{d}x$$

来研究, 从而可以使用泛函分析这一有力工具而获得一些有意义的结果.

下面叙述 Green 函数的几个重要性质, 它们的证明留给读者自己完成.

性质 1　$k(x-y) < G(x,y) < 0$, $\forall\, x \in \Omega$, $x \neq y$.

性质 2　在区域 Ω 内, 当 $x \neq y$ 时, $G(x,y)$ 关于 x 处处满足调和方程, 并且当 $x \to y$ 时 $G(x,y) \to \infty$, 且与 $\dfrac{1}{|x-y|^{n-2}}$ 同阶 $(n > 2)$.

性质 3　Green 函数具有对称性, 即

$$G(x,y) = G(y,x), \ \forall x,y \in \Omega, \ x \neq y.$$

性质 4 $\displaystyle\int_{\partial\Omega}\frac{\partial G}{\partial\nu}\,\mathrm{d}S=1.$

三维空间中有界域 Ω 上的 Green 函数在静电学中有明显的物理意义. 设 Ω 是由封闭的导电面所界的真空区域, y 是 Ω 内一点, 在此点置一单位负电荷, 它所产生的电位是 $-\dfrac{1}{4\pi|x-y|}$. 如果导电面是接地的, 那么, Ω 内的电位就可以用 Green 函数

$$G(x,y)=-\frac{1}{4\pi|x-y|}+h(x,y) \tag{5.2.5}$$

来表示, 其中 $h(x,y)$ 正好是导电面上感应电荷所产生的电位.

Green 函数的对称性 (即性质3) 的物理意义是: 在 x 处的单位点电荷在 y 处产生的电位等于在 y 处的单位点电荷在 x 处产生的电位. 这在物理学中叫做互易原理.

5.2.2 球上的 Green 函数 Poisson 积分公式

由 Green 函数的定义可知, 求区域 $\Omega\subset\mathbb{R}^3$ 上的 Green 函数归结为求函数 $h(x,y)$, 即求感应电荷的电位. 当区域 Ω 的边界具有特殊的对称性时, 可以用镜像法 (或称静电源像法) 求 Green 函数. 下面以求解球域上的 Green 函数为例, 介绍此种方法的思想和技巧.

设 B_R 是以原点为中心, 以 R 为半径的 $\mathbb{R}^3$ 中的球. 任意取定球内一点 $y\neq 0$, 在此点放置单位负电荷, 它在 $x\in\mathbb{R}^3 (x\neq y)$ 点的电位应是 $-\dfrac{1}{4\pi|x-y|}$. 为实现物理学意义上的接地效应, 我们在 y 点关于球面的对称点 (又称反演点) $\bar{y}=yR^2/|y|^2$ 处放置具有 q 电量的点电荷 (图 5.1), q 值待求. 此电荷的作用相当于物理学意义中的感应电荷. 它所产生的静电场在 x 点的电位是

$$h(x,y)=\frac{q}{4\pi|x-\bar{y}|},\ x\in\mathbb{R}^3,\ x\neq\bar{y}.$$

当 $x\in\partial B_R$ 时, 应要求

$$h(x,y)-\frac{1}{4\pi|x-y|}=0.$$

代入 $h(x,y)$ 的表达式, 解得

$$q=\frac{|x-\bar{y}|}{|x-y|},\ x\in\partial\Omega. \tag{5.2.6}$$

由于三角形 Oyx 与三角形 $Ox\bar{y}$ 相似, 便知

$$\frac{|x-\bar{y}|}{|x-y|}=\frac{R}{|y|},\ x\in\partial B_R. \tag{5.2.7}$$

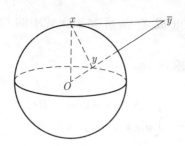

图 5.1 求球域上的 Green 函数

(5.2.7) 与 (5.2.6) 给出 $q = R/|y|$, 从而

$$h(x, y) = \frac{R/|y|}{4\pi|x - \bar{y}|} = -k\left(\frac{|y|}{R}|x - \bar{y}|\right).$$

于是, 当 $y \neq 0$,

$$\begin{aligned} G(x, y) &= k(x - y) + h(x, y) \\ &= k(|x - y|) - k\left(\frac{|y|}{R}|x - \bar{y}|\right). \end{aligned}$$

当 $y = 0$, 直接由 (5.2.4) 解出 $h = -k(R)$. 所以, 球上的 Green 函数是

$$G(x, y) = \begin{cases} k(|x - y|) - k\left(\dfrac{|y|}{R}|x - \bar{y}|\right), & \text{当 } y \neq 0, \\ k(|x|) - k(R), & \text{当 } y = 0. \end{cases} \tag{5.2.8}$$

事实上, 当 $n > 3$ 时, (5.2.8) 式也是 n 维球 $B_R(0)$ 上的 Green 函数. 为验证这个论断, 只要说明 (5.2.8) 式中的第二项就是 Green 函数定义式中的函数 $h(x, y)$, 即问题 (5.2.4) 的解. 显然只需验证 $y \neq 0$ 的情形, 当 y 在球外时, $h(x, y) = -k\left(\dfrac{|y|}{R}|x - \bar{y}|\right)$, 显然关于 $x \in B_R$ 是调和函数, 剩下要验证当 $x \in \partial B_R(0)$ 时 $G(x, y) = 0$, 即 $k\left(\dfrac{|y|}{R}|x - \bar{y}|\right) = k(|x - y|)$. 这只要证明 (5.2.7) 当 $n > 3$ 时也成立. 事实上

$$\begin{aligned} |x - y|^2 &= |y|^2 - 2x \cdot y + R^2 \\ &= \left|\frac{|y|x}{R}\right|^2 - 2\frac{|y|x}{R} \cdot \frac{Ry}{|y|} + \left|\frac{Ry}{|y|}\right|^2 \\ &= \left|\frac{|y|x}{R} - \frac{Ry}{|y|}\right|^2 \\ &= \left(\frac{|y|}{R}|x - \bar{y}|\right)^2. \end{aligned} \tag{5.2.9}$$

即 (5.2.7) 式对任意 $n \geqslant 3$ 成立, 从而 (5.2.8) 式中的 $G(x, y)$ 是 $n(n > 2)$ 维球 $B_R(0)$ 上的 Green 函数.

现在利用 (5.2.8) 式求在 $B_R = B_R(0) \subset \mathbb{R}^n (n \geqslant 3)$ 上调和方程的 Dirichlet 问题

$$\begin{cases} -\Delta u(x) = 0, \ x \in B_R, \\ u(x) = \varphi(x), \ x \in \partial B_R \end{cases} \tag{5.2.10}$$

的解. 为此, 根据 (5.2.2) 式, 需计算 $\dfrac{\partial G}{\partial \nu}$ 在球面 ∂B_R 上的值. 当 $x \in \partial B_R$ 时, G 的外法向微商为

$$\frac{\partial G}{\partial \nu} = \frac{\partial G}{\partial r}\bigg|_{r=R} = \sum_{i=1}^{n} \frac{x_i}{R} \mathrm{D}_i G = \frac{R^2 - |y|^2}{n \omega_n R} |x - y|^{-n},$$

其中, r 是球的半径向量. 于是, 由 (5.2.2) 式得

$$u(y) = \frac{R^2 - |y|^2}{n \omega_n R} \int_{\partial B_R} \frac{\varphi(x)}{|x - y|^n} \, \mathrm{d}S_x, \tag{5.2.11}$$

此式称为球上调和方程 Dirichlet 问题的 Poisson 积分公式. 当 $y = 0$ 时, 由此就得到调和函数的平均值定理.

当 $n = 3$ 时, 利用球坐标, 上式可写为

$$u(\rho_0, \theta_0, \varphi_0) = \frac{R(R^2 - \rho_0^2)}{4\pi} \int_0^{2\pi} \int_0^{\pi} \frac{\varphi(\theta, \varphi) \sin \theta}{(R^2 + \rho_0^2 - 2R\rho_0 \cos \gamma)^{3/2}} \, \mathrm{d}\theta \mathrm{d}\varphi, \tag{5.2.12}$$

其中, $(\rho_0, \theta_0, \varphi_0)$ 是球 B_R 内一点 y 的球坐标, (R, θ, φ) 是球面 ∂B_R 上动点 x 的球坐标, 而 γ 是向量 x 与 y 的夹角. 由三角学知识易知

$$\cos \gamma = \cos \theta \cos \theta_0 + \sin \theta_0 \sin \theta \cos(\varphi - \varphi_0).$$

附注 设 B_R 是以原点为中心、以 R 为半径的圆域, 在圆内的调和函数 u 在 ∂B_R 上取值 $f(\varphi)$, 则类似地可求得圆域上调和函数 u 的 Poisson 积分公式 (推导留作练习):

$$u(r, \theta) = \frac{1}{2\pi} \int_0^{2\pi} \frac{(R^2 - r^2) f(\varphi)}{R^2 - 2Rr \cos(\varphi - \theta) + r^2} \, \mathrm{d}\varphi, \tag{5.2.12$'$}$$

其中, (r, θ) 是圆内一点的极坐标, (R, φ) 是圆周上点的极坐标.

5.2.3 上半空间上的 Green 函数

考虑 $\mathbb{R}^n (n \geqslant 3)$ 中上半空间 $\mathbb{R}_+^n = \{x \in \mathbb{R}^n | x_n > 0\}$ 上调和方程的 Dirichlet

问题

$$\begin{cases} -\Delta u(x) = 0, & x \in \mathbb{R}^n_+, \\ u(x) = \varphi(x'), & x \in \{x_n = 0\}, \\ \lim_{|x| \to \infty} u(x) = 0, \end{cases} \tag{5.2.13}$$

其中, $x = (x', x_n)$, 而 $x' = (x_1, x_2, \cdots, x_{n-1})$.

设 $x, y \in \mathbb{R}^n_+$, $y = (y', y_n)$ 的对称点是 $y^* = (y', -y_n)$ (图 5.2).

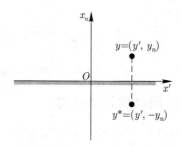

图 5.2　求上半空间的 Green 函数

所以, Green 函数中的 $h(x, y)$ 可取为 $-k(x - y^*)$, 因 $y^* \notin \mathbb{R}^n_+$, 故 $h(x, y)$ 关于 $x \in \mathbb{R}^n_+$ 是调和的. 当 x 位于超平面 $x_n = 0$ 上时, 有

$$G(x, y) = k(x - y) - k(x - y^*) = 0.$$

于是, 由 (5.2.2) 式, 对任意 $y \in \mathbb{R}^n_+$, 有

$$u(y) = \int_{x_n = 0} \varphi(x') \frac{\partial G}{\partial \nu} \, \mathrm{d}S_{x'}.$$

注意到 Green 函数基于 (5.1.11) 式而得, 为使 (5.1.11) 式对无界区域 Ω 成立 (见习题 5 第 8 题), 要求调和函数 u 在无穷远处满足条件

$$|u(x)| \leqslant \frac{C}{|x|}, \quad \left| \frac{\partial u}{\partial \nu} \right| \leqslant \frac{C}{|x|^2}.$$

另外, 要求 $\varphi(x')$ 满足

$$|\varphi(x')| \leqslant \frac{C}{\delta^n}, \quad \text{当 } \delta \text{ 充分大时,}$$

其中, $\delta = |x'|$, C 是正的常数.

为写出解的积分表达式, 先计算 $\dfrac{\partial G}{\partial \nu}$ 在超平面 $x_n = 0$ 上的值

$$
\begin{aligned}
\left. \frac{\partial G(x,y)}{\partial \nu} \right|_{x_n=0} &= -\left. \frac{\partial G(x,y)}{\partial x_n} \right|_{x_n=0} \\
&= \frac{\Gamma\left(\dfrac{n}{2}\right) y_n}{\pi^{\frac{n}{2}} (|x'-y'|^2 + y_n^2)^{\frac{n}{2}}}.
\end{aligned}
$$

由 (5.2.2) 式知, 对任意 $y \in \mathbb{R}^n_+$, 有

$$
u(y) = \frac{\Gamma\left(\dfrac{n}{2}\right) y_n}{\pi^{\frac{n}{2}}} \int_{x_n=0} \frac{\varphi(x')}{(|x'-y'|^2 + y_n^2)^{\frac{n}{2}}} \, \mathrm{d}x'.
$$

此式叫做调和方程的 Dirichlet 问题在半空间上的 Poisson 积分公式.

5.2.4　球上 Dirichlet 问题解的存在性

由 Poisson 公式 (5.2.11) 所表达的球 B_R 内调和方程 Dirichlet 问题的解只是形式解. 因为我们事先还不知道 Dirichlet 问题是否在 $\overline{B}_R$ 上存在具有连续的一阶偏导数的解. 故必须对 (5.2.11) 所表示的形式解进行验证, 以证明它满足调和方程及边值 $u|_{\partial B_R} = \varphi(x)$.

记

$$
P(x,y) = \frac{R^2 - |x|^2}{n\omega_n R|x-y|^n}, \ x \in B_R, \ y \in \partial B_R, \tag{5.2.14}
$$

称它为 Poisson 核, 则 Poisson 积分公式 (5.2.11) 就可写成

$$
u(x) = \int_{\partial B_R} P(x,y)\varphi(y) \, \mathrm{d}S_y. \tag{5.2.15}
$$

定理 5.2.1 (存在性)　若 $\varphi(y) \in L_1(\partial B_R)$, 则由 Poisson 积分公式 (5.2.15) 确定的 $u(x)$ 在 B_R 内调和. 进而, 若 $\varphi \in C(\partial B_R)$, 则 $u \in C(\overline{B}_R)$, 且在 ∂B_R 上 $u = \varphi$; 若 $\varphi \in L_p(\partial B_R)$ $(1 \leqslant p < \infty)$, 则当 $r \to 1$ 时 u_r 按 L_p 中范数趋于 $\varphi(x)$, 这里 $u_r \equiv u(rx)$, $x \in \partial B_R$, $0 < r < 1$.

证明　(1) 对固定的 $x \in B_R$, $P(x,y)$ 是关于 y 的有界函数, 而 $\varphi \in L_1(\partial B_R)$, 所以 $u(x)$ 是有确切定义的. 通过简单的计算知, $P(x,y)$ 关于 x 是调和函数, 函数 $\varphi(y)\Delta_x P(x,y)$ 关于 y 可积, 关于 x 连续, 故有

$$
\Delta u(x) = \int_{\partial B_R} \varphi(y)\Delta_x P(x,y)\mathrm{d}S_y = 0, \ x \in B_R.
$$

即 u 在 B_R 内调和. 从而知当 $\varphi \in C(\partial B_R)$ 和 $\varphi \in L_p(\partial B_R), 1 \leqslant p \leqslant \infty, u$ 也调和.

(2) 我们先证明 Poisson 核 $P(x, y)$ 的一条性质:

$$\text{(a)} \quad \int_{\partial B_R} P(x, y) \, dS_y = 1, \quad x \in B_R.$$

事实上, 因为 $P(x, y)$ 关于 $x \in B_R$ 是调和的, 若记 $x = ry'$, $y' \in \partial B_R$, 则由平均值定理 5.1.1 知

$$1 = P(0, y) n \omega_n R^{n-1} = \int_{\partial B_R} P(ry', y) \, dS_{y'}.$$

由球的对称性及 $P(x, y)$ 的定义式易知 $P(ry', y) = P(ry, y')$, 于是, 记 $x = ry$, 便得

$$\begin{aligned} 1 &= \int_{\partial B_R} P(ry', y) \, dS_{y'} \\ &= \int_{\partial B_R} P(ry, y') \, dS_{y'} \\ &= \int_{\partial B_R} P(x, y') \, dS_{y'}, \end{aligned}$$

由 $0 < r < 1$ 知 $x \in B_R$. 性质 (a) 得证.

现在, 设 $\varphi \in C(\partial B_R)$, 于是, $\varphi \in L_1(\partial B_R)$, 由证明的 (1) 知 u 在 B_R 中调和. 由 φ 在 ∂B_R 上连续, 故必有界, 即存在常数 $M > 0$, 使 $|\varphi(y)| \leqslant M$, $\forall y \in \partial B_R$. 任取 $x_0 \in \partial B_R$, 对任意给定的 $\varepsilon > 0$, 存在不依赖 x_0 的 $\delta > 0$, 使得当 $|y - x_0| < \delta, y \in \partial B_R$, 就有 $|\varphi(y) - \varphi(x_0)| < \varepsilon$. 当 $x \in B_R$, $|x - x_0| < \delta/2$, 利用 Poisson 核的性质 (a), 可得

$$\begin{aligned} |u(x) - \varphi(x_0)| &\leqslant \int_{\partial B_R} P(x, y) |\varphi(y) - \varphi(x_0)| dS_y \\ &= \int_{|y - x_0| < \delta} P(x, y) |\varphi(y) - \varphi(x_0)| dS_y + \\ &\quad \int_{|y - x_0| > \delta} P(x, y) |\varphi(y) - \varphi(x_0)| dS_y \\ &< \varepsilon + 2M \frac{R^2 - |x|^2}{n \omega_n (\delta/2)^n} \cdot n \omega_n R^{n-1} \\ &= \varepsilon + \frac{2M(R^2 - |x|^2)}{(\delta/2)^n} R^{n-1} < 2\varepsilon, \quad \text{当 } |x - x_0| \text{ 充分小}. \end{aligned}$$

由 $\varepsilon > 0$ 的任意性, 便得 $u(x) \to \varphi(x_0)$, 当 $x \to x_0$, $x \in B_R$. 即 $u(x)$ 连续地取到边值, 所以 $u \in C^2(B_R) \cap C(\bar{B}_R)$.

(3) 最后, 设 $\varphi \in L_p$, $1 \leqslant p < +\infty$, 这里及下文, 简记 $L_p(\partial B_R)$ 为 L_p. 对任意给定的 $\varepsilon > 0$, 选函数 $g(x) \in C(\partial B_R)$, 使 $\|g - \varphi\|_{L_p} < \varepsilon/3$, 令

$$v(x) = \int_{\partial B_R} P(x, y) g(y) \, dS_y,$$

则 $v(x)$ 在 B_R 内调和, 在球面 ∂B_R 上等于 $g(x)$. 由多边形不等式:

$$\|\varphi - u_r\|_{L_p} \leqslant \|\varphi - g\|_{L_p} + \|g - v_r\|_{L_p} + \|v_r - u_r\|_{L_p},$$

用 (2) 中结果知, 当 $1 - r$ 充分小时, 上式右边第二项也小于 $\varepsilon/3$. 现在估计 $\|v_r - u_r\|_{L_p}$. 利用 Hölder (赫尔德) 不等式, 有估计

$$
\begin{aligned}
|v_r - u_r| &= |v(rx) - u(rx)| \\
&\leqslant \int_{\partial B_R} P(rx, y)|g(y) - \varphi(y)| \, \mathrm{d}S_y \\
&\leqslant \left[\int_{\partial B_R} P(rx, y) \, \mathrm{d}S_y \right]^{\frac{1}{q}} \left[\int_{\partial B_R} P(rx, y)|g(y) - \varphi(y)|^p \, \mathrm{d}S_y \right]^{\frac{1}{p}} \\
&= \left[\int_{\partial B_R} P(rx, y)|g(y) - \varphi(y)|^p \, \mathrm{d}S_y \right]^{\frac{1}{p}}.
\end{aligned}
$$

所以

$$
\begin{aligned}
\int_{\partial B_R} |v_r - u_r|^p \, \mathrm{d}S_x &= \int_{\partial B_R} |v(rx) - u(rx)|^p \, \mathrm{d}S_x \\
&\leqslant \int_{\partial B_R} \int_{\partial B_R} P(rx, y)|g(y) - \varphi(y)|^p \, \mathrm{d}S_y \, \mathrm{d}S_x \\
&= \int_{\partial B_R} |g(y) - \varphi(y)|^p \left[\int_{\partial B_R} P(rx, y) \, \mathrm{d}S_x \right] \mathrm{d}S_y \\
&= \int_{\partial B_R} |g(y) - \varphi(y)|^p \, \mathrm{d}S_y \\
&= \|g - \varphi\|_{L_p}^p < \left(\frac{\varepsilon}{3} \right)^p,
\end{aligned}
$$

因此

$$\|v_r - u_r\|_{L_p} < \frac{\varepsilon}{3}.$$

于是, 当 $1 - r > 0$ 足够小, 就有

$$\|\varphi - u_r\|_{L_p} < \varepsilon.$$

所以, 当 $r \to 1$ 时, u_r 按 L_p 中范数趋向于 φ. $\qquad\square$

5.2.5 能量法

我们用最大最小值原理证明了位势方程 Dirichlet 问题的解的唯一性和稳定性, 对特殊的区域通过 Green 函数法证明了解的存在性. 本小节介绍能量法, 用以解决解的唯一性与存在性. 虽然内容不多, 但这种方法的思想在对一般的线性方程和非线性方程的研究中有广泛且重要的应用.

1. 唯一性

设 $\Omega \subset \mathbb{R}^n (n \geqslant 3)$ 是有界开集, $\partial\Omega \in C^1$. 考虑 Poisson 方程的 Dirichlet 问题

$$\begin{cases} -\Delta u = f(x), & x \in \Omega, \\ u = \varphi(x), & x \in \partial\Omega. \end{cases} \tag{5.2.16}$$

其中, $f(x) \in C(\Omega)$, $\varphi(x) \in C(\partial\Omega)$.

定理 5.2.2 (唯一性) 问题 (5.2.16) 最多有一个解 $u \in C^2(\overline{\Omega})$.

证明 设 $\tilde{u}$ 是另一个解, 令 $w = u - \tilde{u}$. 则在 Ω 内 $-\Delta w = 0$, 在 $\partial\Omega$ 上 $w = 0$. 在该方程两边乘 w, 而后在 Ω 上积分, 利用 Green 第一公式 (5.1.5) 得

$$0 = -\int_\Omega w\Delta w \mathrm{d}x = \int_\Omega |\mathrm{D}w|^2 \mathrm{d}x.$$

于是, 在 Ω 中 $\mathrm{D}w \equiv 0$, 从而 $w \equiv$ 常数. 由于在 $\partial\Omega$ 上 $w \equiv 0$, 故在 Ω 上 $w \equiv 0$, 即 $u \equiv \tilde{u}$. $\qquad\square$

2. Dirichlet 原理

我们把求解问题 (5.2.16) 等价于求一泛函的极小函数, 这种方法叫做 Dirichlet 原理. 为此, 定义能量泛函

$$I[w] = \int_\Omega \left(\frac{1}{2}|\mathrm{D}w|^2 - wf \right) \mathrm{d}x,$$

其中

$$w \in \mathcal{A} = \{w \in C^2(\overline{\Omega}) \mid w|_{\partial\Omega} = \varphi\}.$$

称 $\mathcal{A}$ 是容许函数类. 我们有

定理 5.2.3 (Dirichlet 原理) 设 $u \in C^2(\overline{\Omega})$ 是问题 (5.2.16) 的解, 则

$$I[u] = \min_{w \in \mathcal{A}} I[w]. \tag{5.2.17}$$

反之, 若 $u \in \mathcal{A}$ 满足 (5.2.17), 则 u 是边值问题 (5.2.16) 的解.

证明 (1) 任取 $w \in \mathcal{A}$, 则由 (5.2.16) 知

$$0 = \int_\Omega (-\Delta u - f)(u - w)\mathrm{d}x.$$

用 Green 第一公式 (5.1.5) 并注意到在 $\partial\Omega$ 上有 $u - w = \varphi - \varphi = 0$, 得

$$0 = \int_\Omega [\mathrm{D}u \cdot \mathrm{D}(u - w) - f(u - w)]\mathrm{d}x.$$

因此,

$$\int_\Omega (|\mathrm{D}u|^2 - uf)\mathrm{d}x = \int_\Omega (\mathrm{D}u \cdot \mathrm{D}w - wf)\mathrm{d}x$$
$$\leqslant \int_\Omega \frac{1}{2}|\mathrm{D}u|^2 \mathrm{d}x + \int_\Omega \left(\frac{1}{2}|\mathrm{D}w|^2 - wf\right)\mathrm{d}x.$$

移项整理得 $I[u] \leqslant I[w], \forall w \in \mathcal{A}$. 由此便得 (5.2.17).

(2) 现在, 设 (5.2.17) 成立. 任取 $v \in C_0^\infty(\Omega)$, 令

$$i(\tau) = I[u + \tau v], \ \tau \in R.$$

于是对任意 $\tau \in R$ 有 $u + \tau v \in \mathcal{A}$. 由于函数 $i(\tau)$ 在 $\tau = 0$ 取到最小值, 故有 $i'(0) = 0$. 由

$$i(\tau) = \int_\Omega \left[\frac{1}{2}|\mathrm{D}u + \tau\mathrm{D}v|^2 - (u + \tau v)f\right]\mathrm{d}x$$
$$= \int_\Omega \left[\frac{1}{2}|\mathrm{D}u|^2 + \tau\mathrm{D}u \cdot \mathrm{D}v + \frac{\tau^2}{2}|\mathrm{D}v|^2 - (u + \tau v)f\right]\mathrm{d}x,$$

便得

$$0 = i'(0) = \int_\Omega (\mathrm{D}u \cdot \mathrm{D}v - vf)\mathrm{d}x = \int_\Omega (-\Delta u - f)v\mathrm{d}x.$$

由 $v \in C_0^\infty(\Omega)$ 的任意性知在 Ω 内 $-\Delta u = f$ 成立. □

Dirichlet 原理是变分法用于求解偏微分方程边值问题的一个例子, 我们将在第 6 章进一步讨论这一类问题.

5.3 调和函数的基本性质

我们已经讨论了调和函数的最大最小值原理和平均值性质, 它们是调和函数的重要性质. 另外, 我们已经知道通过 Poisson 公式可以构造在一个球内调和的函数, 使它在球面上等于一个已知的连续函数. 基于这些事实, 可以获得调和函数的另外一些重要性质.

5.3.1 逆平均值性质

首先, 由定理5.1.1知道调和函数具有平均值性质. 但观察平均值公式的表达式, 不必要求被积函数光滑. 下面的定理给出了二者的关系.

定理 5.3.1(逆平均值定理) 设函数 $u(x)$ 在 Ω 内连续, 且对任意一个球 $B = B_R(y) \subset\subset \Omega$, 满足平均值等式

$$u(y) = \frac{1}{n\omega_n R^{n-1}} \int_{\partial B} u \, \mathrm{d}S,$$

则 $u(x)$ 在 Ω 内调和.

证明 由球上的 Poisson 公式 (5.2.15) 和定理5.2.1知, 对任何一个球 $B \subset\subset \Omega$, 存在一个在 B 内的调和函数 h, 在 ∂B 上 $h = u$. 令 $w = u - h$, 则 w 在 $\bar{B}$ 上连续且在 ∂B 上等于零. 另外, 由已知条件及 h 在 B 中调和, 便知 w 在 B 中任一球上满足平均值等式. 由定理5.1.4的附注知 $|w|$ 的最大值在 ∂B 上达到, 于是在 B 上 $w \equiv 0$, 从而在 B 内 $u \equiv h$, 故 $u(x)$ 在 B 内调和. 由 $B \subset\subset \Omega$ 的任意性, u 在 Ω 内调和. □

下面的定理是逆平均值定理的直接应用, 其证明留作练习.

定理 5.3.2 (调和函数的极限) 设 $\{u_n, n = 1, 2, \cdots\}$ 是 Ω 内的调和函数列, 且 u_n 一致收敛到极限函数 $u(x)$, 则 $u(x)$ 是调和函数.

5.3.2 Harnack 不等式

Harnack (哈纳克) 不等式指出: 一个非负调和函数在其调和区域内一个紧子域上的最大值可以被其最小值乘一个与函数无关的常数所界定.

定理 5.3.3 (Harnack 不等式) 设 u 是 $\Omega \subset \mathbb{R}^n$ 内的非负调和函数, 则对任一有界子域 $\Omega' \subset\subset \Omega$, 存在一个只依赖于 n, Ω' 和 Ω 的正的常数 c, 使得

$$\sup_{\Omega'} u \leqslant c \inf_{\Omega'} u.$$

证明 设 $u \neq$ 常数, 否则, 结论显然成立.

(1) 取 $y \in \Omega$, 选取正数 R 使球体 $B_{4R}(y) \subset\subset \Omega$, 则对任意两点 $x_1, x_2 \in B_R(y)$, 由平均值等式 (5.1.14), 得

$$u(x_1) = \frac{1}{\omega_n R^n} \int_{B_R(x_1)} u \, dx \leqslant \frac{1}{\omega_n R^n} \int_{B_{2R}(y)} u \, dx,$$

$$u(x_2) = \frac{1}{\omega_n (3R)^n} \int_{B_{3R}(x_2)} u \, dx \geqslant \frac{1}{\omega_n (3R)^n} \int_{B_{2R}(y)} u \, dx,$$

所以, $u(x_1) \leqslant 3^n u(x_2)$, 由此得到

$$\sup_{B_R(y)} u \leqslant 3^n \inf_{B_R(y)} u. \tag{5.3.1}$$

(2) 现在设 $\Omega' \subset\subset \Omega$, 则存在 $x_1, x_2 \in \partial\Omega'$, 使

$$u(x_1) = \sup_{\Omega'} u, \ u(x_2) = \inf_{\Omega'} u.$$

令 $\Gamma \subset \overline{\Omega'}$ 是连接 x_1 和 x_2 的弧. 选 R 使 $4R < \text{dist}(\partial\Omega', \partial\Omega)$, 由 Heine-Borel (海涅 – 博雷尔) 有限覆盖定理, $\overline{\Omega'}$ 被 N(仅依赖于 Ω' 和 Ω) 个半径为 R 的球所

覆盖, 于是 $\varGamma$ 被 $M(M \leqslant N)$ 个球覆盖. 从第一个球开始, 依次在每个球中利用估计 (5.3.1), 通过相邻二球的公共点过渡到下一个球, 直到第 M 个球. 最后得到

$$u(x_1) \leqslant 3^{nN} u(x_2).\qquad \square$$

下述定理是 Harnack 不等式的一个应用.

定理 5.3.4 (一致收敛性) 若 $u_n(n = 1, 2, \cdots)$ 是 $\Omega \subset \mathbb{R}^N$ 内的单调增加调和函数列, 在 Ω 内一点 $y \in \Omega' \subset\subset \Omega$ (Ω' 有界), 数列 $\{u_n(y)\}$ 收敛, 则 u_n 在 Ω' 中一致收敛到一个调和函数.

证明 任给 $\varepsilon > 0$, 存在正整数 k, 当 $m \geqslant n > k$ 时, $0 \leqslant u_m(y) - u_n(y) < \varepsilon$. 由定理 5.3.3 得

$$\sup_{\Omega'}(u_m - u_n) \leqslant c \inf_{\Omega'}(u_m - u_n) \leqslant c[u_m(y) - u_n(y)] < c\varepsilon,$$

$m, n > k$, c 仅与 N, Ω', Ω 有关.

上式说明 $\{u_n(x)\}$ 在 Ω' 中一致收敛. 由定理 5.3.2, 其极限函数在 Ω' 中也是调和的. $\square$

5.3.3 Liouville 定理

下面给出在理论和应用中都很重要的 Liouville 定理.

定理 5.3.5 (Liouville 定理) 在全空间 $\mathbb{R}^n$ 上有界的调和函数 $u(x)$ 必是常数.

证明 由已知, 存在正数 M, 使得 $|u(x)| \leqslant M$, $x \in \mathbb{R}^n$. 对任意取定的 $x \in \mathbb{R}^n$, 取正数 R 充分大, 使 $R > |x|$. 利用调和函数的平均值公式 (5.1.14), 有

$$\begin{aligned}
|u(x) - u(0)| &= \frac{1}{\omega_n R^n}\left| \int_{B_R(x)} u(y)\,\mathrm{d}y - \int_{B_R(0)} u(y)\,\mathrm{d}y \right| \\
&\leqslant \frac{M}{\omega_n R^n}\left(\int_{\substack{|y|>R \\ |x-y|<R}} \mathrm{d}y + \int_{\substack{|y|<R \\ |x-y|>R}} \mathrm{d}y \right) \\
&\leqslant \frac{M}{\omega_n R^n} \int_{R-|x|<|y|<R+|x|} \mathrm{d}y \\
&= \frac{M}{\omega_n R^n} \cdot \omega_n[(R+|x|)^n - (R-|x|)^n] \\
&= \frac{M}{R^n}[(R+|x|)^n - (R-|x|)^n] \\
&= O(R^{-1}), \quad \text{当 } R \to +\infty \text{ 时.}
\end{aligned}$$

令 $R \to +\infty$, 便得 $u(x) = u(0)$. $\square$

5.3.4 奇点可去性定理

奇点可去性定理的证明显示了 Poisson 积分公式 (5.2.15) 在处理较难问题时的作用.

定理 5.3.6 (奇点可去性) 设 $u(x)$ 在 $\Omega \setminus \{x_0\}$ 中调和, 在 x_0 点有

$$\lim_{x \to x_0} |x - x_0|^{n-2} u(x) = 0, \ n > 2.$$

则可以重新定义函数 u 在 x_0 的值, 使 u 在 Ω 中调和.

证明 (1) 为方便计, 取 x_0 为原点. 设 $B_R(0) \subset\subset \Omega$, 于是在 ∂B_R 上 u 是连续函数. 可用 Poisson 积分公式 (5.2.15) 构造一个在 ∂B_R 上等于 u 且在 B_R 内调和的函数 $v(x)$, 我们只要证明在 $B_R \setminus \{0\}$ 中 $u = v$ 就可以了, 因为这时可定义 $u(0) = v(0)$, 于是这个函数 u 在 Ω 中是调和的.

(2) 对任给的 $\varepsilon > 0$ 以及某 δ, $0 < \delta < R$, 考虑函数

$$w_\varepsilon = \varepsilon(|x|^{2-n} - R^{2-n}),$$

此函数在 $B_R \setminus \overline{B_\delta}$ 中是调和的, 在 ∂B_R 上等于零. 由已知条件, 存在足够小的正数 δ, 使在 ∂B_δ 上成立

$$|u - v| \leqslant w_\varepsilon,$$

故由最大最小值原理知, 在 $B_R \setminus \overline{B_\delta}$ 中

$$|u - v| \leqslant w_\varepsilon.$$

(3) 固定 ε, 令 $\delta \to 0$ 便得 $|u - v| \leqslant w_\varepsilon$ 在 $B_R \setminus \{0\}$ 中成立. 由 ε 可任意小, 知 $u = v$ 在 $B_R \setminus \{0\}$ 中成立. □

*5.3.5 正则性

一个函数的正则性泛指它的更高阶的可微性. 为此, 我们先引入光滑子的概念. 用 $C_0^\infty(\Omega)$ 记在 Ω 内具有紧支集的无穷次可微函数组成的空间. 定义 $\eta \in C_0^\infty(\mathbb{R}^n)$ 为

$$\eta(x) = \begin{cases} c \exp\left(\dfrac{1}{|x|^2 - 1}\right), & \text{当 } |x| < 1 \text{ 时}, \\ 0, & \text{当 } |x| \geqslant 1 \text{ 时}, \end{cases} \tag{5.3.2}$$

其中, c 为选定的常数, 使得 $\displaystyle\int_{\mathbb{R}^n} \eta(x)\mathrm{d}x = 1$. 对任意 $\varepsilon > 0$, 我们定义

$$\eta_\varepsilon(x) = \frac{1}{\varepsilon^n} \eta\left(\frac{x}{\varepsilon}\right). \tag{5.3.3}$$

称 η_ε 为光滑子. 显然, $\eta_\varepsilon \in C_0^\infty(\mathbb{R}^n)$, 且

$$\int_{\mathbb{R}^n} \eta_\varepsilon(x)\mathrm{d}x = 1, \quad \mathrm{spt}\,\eta_\varepsilon(x) = \overline{B}_\varepsilon(0),$$

这里, spt 表示函数的支集.

定义 5.3.7 若 $f(x)$ 在 Ω 中局部可积, 则称卷积

$$f^\varepsilon(x) = \eta_\varepsilon * f = \int_\Omega \eta_\varepsilon(x-y)f(y)\mathrm{d}y$$
$$= \int_{B_\varepsilon(0)} \eta_\varepsilon(y)f(x-y)\mathrm{d}y, \ x \in \Omega_\varepsilon$$

是 f 的光滑化函数, 其中, $\Omega_\varepsilon = \{x \in \Omega\,|\,\mathrm{dist}(x,\partial\Omega) > \varepsilon\}$.

光滑化函数 f^ε 具有如下性质:

(i) $f^\varepsilon \in C^\infty(\Omega_\varepsilon)$;

(ii) 当 $\varepsilon \to 0$ 时, $f^\varepsilon \to f$, a.e. $x \in \Omega$;

(iii) 若 $f \in C(\Omega)$, 则当 $\varepsilon \to 0$ 时, f^ε 在 Ω 的任一闭子集上一致收敛到 f;

(iv) 若 $1 \leqslant p < \infty$, $f \in L^p_{\mathrm{loc}}(\Omega)$, 则当 $\varepsilon \to 0$ 时, f^ε 在 $L^p_{\mathrm{loc}}(\Omega)$ 中收敛到 f.

证明 所有的证明仅用到微积分学的基本知识, 这里仅给出 (i) 的证明, 其他留作练习. 任取 $x \in \Omega_\varepsilon$, 选取 h, 其绝对值足够小, 使 $x + he_i \in \Omega_\varepsilon$, $i = 1, 2, \cdots, n$. 则有

$$\frac{f^\varepsilon(x+he_i) - f^\varepsilon(x)}{h} = \frac{1}{\varepsilon^n}\int_\Omega \frac{1}{h}\left[\eta\left(\frac{x+he_i-y}{\varepsilon}\right) - \eta\left(\frac{x-y}{\varepsilon}\right)\right]f(y)\mathrm{d}y$$
$$= \frac{1}{\varepsilon^n}\int_{\Omega'} \frac{1}{h}\left[\eta\left(\frac{x+he_i-y}{\varepsilon}\right) - \eta\left(\frac{x-y}{\varepsilon}\right)\right]f(y)\mathrm{d}y.$$

最后一步是因为被积函数的支集严格含于 Ω' 内, 其中, $\Omega' \subset\subset \Omega$. 当 $h \to 0$ 时, 有

$$\frac{1}{h}\left[\eta\left(\frac{x+he_i-y}{\varepsilon}\right) - \eta\left(\frac{x-y}{\varepsilon}\right)\right] \to \frac{1}{\varepsilon}\frac{\partial\eta}{\partial x_i}\left(\frac{x-y}{\varepsilon}\right)$$

一致于 Ω' 上, 所以 $\dfrac{\partial f^\varepsilon}{\partial x_i}(x)$ 存在, 且

$$\frac{\partial f^\varepsilon}{\partial x_i}(x) = \int_\Omega \frac{\partial\eta_\varepsilon}{\partial x_i}(x-y)f(y)\mathrm{d}y, \ x \in \Omega_\varepsilon.$$

类似可证, 对每个多重指标 α, $\mathrm{D}^\alpha f^\varepsilon(x)$ 存在, 并且

$$\mathrm{D}^\alpha f^\varepsilon(x) = \int_\Omega \mathrm{D}^\alpha \eta_\varepsilon(x-y)f(y)\mathrm{d}y, \ x \in \Omega_\varepsilon.$$

所以, $f^\varepsilon \in C^\infty(\Omega_\varepsilon)$. $\qquad\square$

现在回到对调和函数的性质的讨论. 我们有

定理 5.3.8 (正则性) 若函数 $u(x)$ 在区域 Ω 内调和, 则它在该域内无穷次可微.

证明 显然 $u(x)$ 在 Ω 内局部可积, 由光滑化函数的性质 (i) 知 $u^\varepsilon = \eta_\varepsilon * u \in C^\infty(\Omega_\varepsilon)$. 下证在 Ω_ε 内 $u \equiv u^\varepsilon$. 事实上, 若 $x \in \Omega_\varepsilon$, 则

$$
\begin{aligned}
u^\varepsilon &= \int_\Omega \eta_\varepsilon(x-y)u(y)\mathrm{d}y \\
&= \frac{1}{\varepsilon^n} \int_{B_\varepsilon(x)} \eta\left(\frac{|x-y|}{\varepsilon}\right) u(y)\mathrm{d}y \\
&= \frac{1}{\varepsilon^n} \int_0^\varepsilon \eta\left(\frac{r}{\varepsilon}\right)\left(\int_{\partial B_r(x)} u\mathrm{d}S\right)\mathrm{d}r \\
&= \frac{1}{\varepsilon^n} u(x) \int_0^\varepsilon \eta\left(\frac{r}{\varepsilon}\right) n\omega_n r^{n-1}\mathrm{d}r \\
&= u(x) \int_{B_\varepsilon(0)} \eta_\varepsilon \mathrm{d}y \\
&= u(x).
\end{aligned}
$$

于是, $u \in C^\infty(\Omega_\varepsilon)$, 由 $\varepsilon > 0$ 的任意性知 $u \in C^\infty(\Omega)$. □

附注 由于在 Ω 内连续且在严格含于 Ω 内的任一球上具有平均值性质的函数必在 Ω 内调和, 由本定理知, 这样的函数在 Ω 内必无穷次可微.

*5.3.6 微商的局部估计

为证明调和函数的解析性, 先对调和函数的微商的界作出估计如下:

定理 5.3.9 (微商的估计) 设 $u(x)$ 在 Ω 内调和, 则对每个球 $B_r(x_0) \subset\subset \Omega$ 和每个满足 $|\alpha| = k$ 的多重指标 α, 有估计

$$
|\mathrm{D}^\alpha u(x_0)| \leqslant \frac{C_k}{r^{n+k}} \|u\|_{L^1(B_r(x_0))}, \ k = 0, 1, 2, \cdots, \tag{5.3.4}
$$

其中

$$
C_0 = \frac{1}{\omega_n}, \ C_k = \frac{(2^{n+1}nk)^k}{\omega_n}, \ k = 1, 2, \cdots. \tag{5.3.5}
$$

证明 用数学归纳法证明 (5.3.4) 与 (5.3.5).

(1) 当 $k = 0$ 时, 直接由平均值公式得到. 当 $k = 1$ 时, 由定理5.3.8知, 可以在方程 $\Delta u = 0$ 两边关于 $x_i(i = 1, 2, \cdots, n)$ 求偏微商, 便知 u_{x_i} 是调和函数, 用平均值公式 (5.1.14) 得

$$
|u_{x_i}(x_0)| = \left| \frac{2^n}{\omega_n r^n} \int_{B_{r/2}(x_0)} u_{x_i}\mathrm{d}x \right|
$$

$$= \left| \frac{2^n}{\omega_n r^n} \int_{\partial B_{r/2}(x_0)} u \nu_i \mathrm{d}S \right|$$

$$\leqslant \frac{2n}{r} \|u\|_{L^\infty(\partial B_{r/2}(x_0))}. \tag{5.3.6}$$

若 $x \in \partial B_{r/2}(x_0)$, 则 $B_{r/2}(x) \subset B_r(x_0) \subset\subset \Omega$, 于是由 $k = 0$ 时的 (5.3.4) 和 (5.3.5) 式得

$$|u(x)| \leqslant \frac{1}{\omega_n} \left(\frac{2}{r} \right)^n \|u\|_{L^1(B_r(x_0))}.$$

结合以上二式, 得到当 $|\alpha| = 1$ 时的 (5.3.4) 与 (5.3.5) 式.

(2) 设 $k \geqslant 2$, 且所证式对所有满足 $|\alpha| \leqslant k - 1$ 的多重指标 α 及 Ω 内所有球成立. 取定 $B_r(x_0) \subset\subset \Omega$ 及满足 $|\alpha| = k$ 的任一多重指标 α, 则对某 $i \in \{1, 2, \cdots, n\}$ 及 $|\beta| = k - 1$ 有 $\mathrm{D}^\alpha u = (\mathrm{D}^\beta u)_{x_i}$. 类似于 (5.3.6) 的推导, 可得

$$|\mathrm{D}^\alpha u(x_0)| \leqslant \frac{nk}{r} \|\mathrm{D}^\beta u\|_{L^\infty(\partial B_{r/k}(x_0))}.$$

若 $x \in \partial B_{r/k}(x_0)$, 则 $B_{(k-1)r/k}(x) \subset B_r(x_0) \subset\subset \Omega$, 则利用归纳假设, 得

$$|\mathrm{D}^\beta u(x)| \leqslant \frac{[2^{n+1} n(k-1)]^{k-1}}{\omega_n \left(\dfrac{k-1}{k} r \right)^{n+k-1}} \|u\|_{L^1(B_r(x_0))}.$$

结合以上二式, 得

$$|\mathrm{D}^\alpha u(x_0)| \leqslant \frac{(2^{n+1} nk)^k}{\omega_n r^{n+k}} \|u\|_{L^1(B_r(x_0))}.$$

即 (5.3.4) 与 (5.3.5) 式对满足 $|\alpha| = k$ 的多重指标 α 成立. $\qquad\square$

*5.3.7 解析性

定理 5.3.10 (解析性) 设 $u(x)$ 在 Ω 内调和, 则 $u(x)$ 在 Ω 内解析.

证明 (1) 任取定 $x_0 \in \Omega$. 只需证 $u(x)$ 可以在 x_0 的某个邻域中展开为收敛的幂级数. 令

$$r = \frac{1}{4} \mathrm{dist}(x_0, \partial \Omega),$$

则

$$M \equiv \frac{1}{\omega_n r^n} \|u\|_{L^1(B_{2r}(x_0))} < \infty.$$

对任 $x \in B_r(x_0)$, 有 $B_r(x) \subset B_{2r}(x_0) \subset\subset \Omega$. 于是由定理 5.3.9 得

$$\|\mathrm{D}^\alpha u\|_{L^\infty(B_r(x_0))} \leqslant M \left(\frac{2^{n+1} n}{r} \right)^{|\alpha|} |\alpha|^{|\alpha|}. \tag{5.3.7}$$

由极限

$$\lim_{k \to \infty} \frac{k^{k+\frac{1}{2}}}{k! \mathrm{e}^k} = \frac{1}{(2\pi)^{1/2}}$$

知存在某常数 C, 使得对所有多重指标 α 有 $|\alpha|^{|\alpha|} \leqslant C\mathrm{e}^{|\alpha|}|\alpha|!$. 注意到

$$n^k = (1 + \cdots + 1)^k = \sum_{|\alpha|=k} \frac{|\alpha|!}{\alpha!},$$

便得 $|\alpha|! \leqslant n^{|\alpha|}\alpha!$. 把这些不等式代入 (5.3.7), 得

$$\|\mathrm{D}^\alpha u\|_{L^\infty(B_r(x_0))} \leqslant CM \left(\frac{2^{n+1}n^2\mathrm{e}}{r}\right)^{|\alpha|} \alpha!. \tag{5.3.8}$$

(2) $u(x)$ 在 x_0 的 Taylor (泰勒) 级数为

$$\sum_\alpha \frac{\mathrm{D}^\alpha u(x_0)}{\alpha!} (x - x_0)^\alpha,$$

其中, 求和对所有多重指标 α 进行. 这个幂级数是收敛的, 只要

$$|x - x_0| < \frac{r}{2^{n+2}n^3\mathrm{e}}. \tag{5.3.9}$$

事实上, 级数的余项

$$
\begin{aligned}
R_N(x) &= u(x) - \sum_{k=0}^{N-1} \sum_{|\alpha|=k} \frac{\mathrm{D}^\alpha u(x_0)(x - x_0)^\alpha}{\alpha!} \\
&= \sum_{|\alpha|=N} \frac{\mathrm{D}^\alpha u(x_0 + t(x - x_0))(x - x_0)^\alpha}{\alpha!},
\end{aligned}
$$

其中, $0 < t < 1$, t 与 x 有关. 将 (5.3.8) 与 (5.3.9) 代入可得

$$
\begin{aligned}
|R_N(x)| &\leqslant CM \sum_{|\alpha|=N} \left(\frac{2^{n+1}n^2\mathrm{e}}{r}\right)^N \left(\frac{r}{2^{n+2}n^3\mathrm{e}}\right)^N \\
&\leqslant CMn^N \frac{1}{(2n)^N} \\
&= \frac{CM}{2^N} \to 0, \text{ 当 } N \to \infty \text{ 时.}
\end{aligned}
\tag{5.3.10}
$$

$\square$

5.3.8 例题

例 5.3.1 在 $\mathbb{R}^2$ 中求第一象限的调和方程 Dirichlet 问题的 Green 函数.

解 设 (x_0, y_0) 位于第一象限. 如在 5.2.3 小节中求上半空间的 Green 函数那样, 可求得上半平面的 Green 函数为

$$\frac{1}{2\pi} \left[\ln \sqrt{(x - x_0)^2 + (y - y_0)^2} - \ln \sqrt{(x - x_0)^2 + (y + y_0)^2} \right].$$

它在 $y = 0$ 时等于零, 但在 $x = 0$ 时不为零. 进而求 (x_0, y_0) 和 $(x_0, -y_0)$ 分别关于 y 轴的对称点为 $(-x_0, y_0)$ 和 $(-x_0, -y_0)$ (图 5.3), 则函数

$$\begin{aligned} G(x, y; x_0, y_0) = \frac{1}{2\pi} \Big[&\ln \sqrt{(x - x_0)^2 + (y - y_0)^2} - \\ &\ln \sqrt{(x - x_0)^2 + (y + y_0)^2} - \\ &\ln \sqrt{(x + x_0)^2 + (y - y_0)^2} + \\ &\ln \sqrt{(x + x_0)^2 + (y + y_0)^2} \Big] \end{aligned}$$

在 $x = 0$ 和 $y = 0$ 时都为零, 当 (x, y) 在第一象限变化时, 后三项显然是调和函数, 最后整理便得 $\mathbb{R}^2$ 中第一象限的 Green 函数

$$G(x, y; x_0, y_0) = \frac{1}{4\pi} \ln \frac{[(x - x_0)^2 + (y - y_0)^2][(x + x_0)^2 + (y + y_0)^2]}{[(x - x_0)^2 + (y + y_0)^2][(x + x_0)^2 + (y - y_0)^2]}.$$

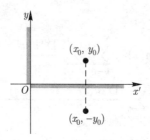

图 5.3　求第一象限的 Green 函数

我们没有用复变函数中的共形映照方法, 因为这里所述的方法对高维也适用, 具有一般性. 用同样的方法可求得 $\mathbb{R}^3$ 中第一卦限的 Green 函数, 读者不妨自试之. 下面介绍一个应用 Poisson 积分公式求解的例题.

例 5.3.2 设 $B_a(0)$ 是以原点为中心、以 a 为半径的圆域. 若已知问题

$$\begin{cases} -\Delta u = 0, \ 0 < r < a, \ r = \sqrt{x^2 + y^2}, \\ u(a, \theta) = f(\theta) = \begin{cases} 1, & 0 < \theta < \pi, \\ 0, & \pi < \theta < 2\pi, \end{cases} \end{cases}$$

求它的解.

解 这里要用到二维调和函数的 Poisson 积分公式 (5.2.12′):

$$u(r,\theta) = \frac{1}{2\pi} \int_0^{2\pi} \frac{(a^2 - r^2)f(\varphi)}{a^2 - 2ar\cos(\varphi - \theta) + r^2}\, \mathrm{d}\varphi.$$

下面我们进行求积运算. 记

$$F(x) = \int_0^x \frac{\mathrm{d}x}{c + d\cos x} = \frac{1}{\sqrt{c^2 - d^2}}\arctan\frac{\sqrt{c^2 - d^2}\tan\dfrac{x}{2}}{c + d}$$

及

$$f(x) = \frac{1}{c + d\cos x}.$$

注意到当 (a,b) 中有点 $x = \pm(2n-1)\pi$ $(n = 1, 2, \cdots)$ 时, Newton-Leibniz (牛顿 – 莱布尼茨) 公式不成立, 即

$$\int_a^b f(x)\,\mathrm{d}x \neq F(b) - F(a),$$

设 $0 < x < \pi$, 则有 $F'(x) = f(x)$. 于是

$$\int_0^\pi f(x)\,\mathrm{d}x = \lim_{\varepsilon \to 0} \int_0^{\pi - \varepsilon} f(x)\mathrm{d}x$$

$$= \lim_{\varepsilon \to 0} \frac{2}{\sqrt{c^2 - d^2}}\arctan\frac{\sqrt{c^2 - d^2}\tan\dfrac{\pi - \varepsilon}{2}}{c + d}$$

$$= \frac{\pi}{\sqrt{c^2 - d^2}},$$

取 $c = a^2 + r^2$, $d = -2ar$, $x = \varphi - \theta$, 再注意到 $0 \leqslant \varphi \leqslant \pi$, $0 \leqslant \theta \leqslant 2\pi$, 故当 $0 < \theta < \pi$ 时, $-\pi < x < \pi$, 于是有

$$u(r,\theta) = \lim_{\varepsilon \to 0} \left(\frac{a^2 - r^2}{2\pi} \cdot \frac{2}{a^2 - r^2} \cdot \arctan\frac{(a^2 - r^2)\tan\dfrac{\varphi - \theta}{2}}{(a - r)^2} \right)\Bigg|_{\varphi = \varepsilon}^{\varphi = \pi - \varepsilon}$$

$$= \frac{1}{\pi}\arctan\left(\frac{a + r}{a - r}\cot\frac{\theta}{2} \right) + \frac{1}{\pi}\arctan\left(\frac{a + r}{a - r}\tan\frac{\theta}{2} \right).$$

如果 $\pi < \theta < 2\pi$, 那么 $-2\pi < x < 0$, 这区间中有 $F'(x)$ 不存在的点 $x = -\pi$, 于

是有

$$u(r,\theta) = \frac{1}{\pi} \lim_{\varepsilon \to 0} \left[\arctan\left(\frac{a+r}{a-r} \tan\frac{\varphi-\theta}{2} \right) \right] \Bigg|_{\varphi=\varepsilon}^{\varphi=\theta-\pi-\varepsilon} +$$

$$\frac{1}{\pi} \lim_{\varepsilon \to 0} \left[\arctan\left(\frac{a+r}{a-r} \cdot \tan\frac{\varphi-\theta}{2} \right) \right] \Bigg|_{\varphi=\theta-\pi+\varepsilon}^{\varphi=\pi-\varepsilon}$$

$$= \frac{1}{\pi} \cdot \frac{\pi}{2} + \frac{1}{\pi} \arctan\left(\frac{a+r}{a-r} \tan\frac{\theta}{2} \right) +$$

$$\frac{1}{\pi} \arctan\left(\frac{a+r}{a-r} \cot\frac{\theta}{2} \right) + \frac{1}{\pi} \cdot \frac{\pi}{2}$$

$$= 1 + \frac{1}{\pi} \arctan\left(\frac{a+r}{a-r} \tan\frac{\theta}{2} \right) + \frac{1}{\pi} \arctan\left(\frac{a+r}{a-r} \cot\frac{\theta}{2} \right).$$

由上面的 $u(r,\theta)$ 表达式知, 它满足边值条件

$$\lim_{r \to a} u(r,\theta) = 1,\ 0 < \theta < \pi,$$
$$\lim_{r \to a} u(r,\theta) = 0,\ \pi < \theta < 2\pi.$$

由此例可看出, 利用 Poisson 积分公式求解是相当麻烦的, 下面给出两个例题说明可以不用 Poisson 积分公式, 从而避开这些麻烦.

例 5.3.3 令 $r = \sqrt{x^2 + y^2}$, 求解单位圆内调和方程的 Dirichlet 问题

$$\begin{cases} -\Delta u = 0,\ r < 1 \\ u|_{r=1} = A\sin^2\theta + B\cos^2\theta, \end{cases}$$

其中, A, B 是已知常数.

解 由本章习题第 4 题知, $r^n \sin n\theta$ 与 $r^n \cos n\theta$ 都是调和函数, 而

$$A\sin^2\theta + B\cos^2\theta = \frac{A+B}{2} + \frac{B-A}{2}\cos 2\theta,$$

考虑到边值条件, 便知问题的解为

$$u(r,\theta) = \frac{A+B}{2} + \frac{B-A}{2}r^2\cos 2\theta.$$

例 5.3.4 求 $\mathbb{R}^3$ 中单位球外部的 Dirichlet 问题

$$\begin{cases} -\Delta u = 0,\ r > 1, \\ u|_{r=1} = \dfrac{2}{\sqrt{5+4y}} \end{cases}$$

的有界解. 其中, $r = \sqrt{x^2 + y^2 + z^2}$.

解 函数

$$u = \frac{1}{\sqrt{(x-x_0)^2 + (y-y_0)^2 + (z-z_0)^2}}$$

当 $(x_0, y_0, z_0) \in B_1(0)$ 时在单位球外调和, 下面适当选取一点 (x_0, y_0, z_0), 使 u 满足边值条件. 由于

$$\frac{1}{\sqrt{\frac{5}{4} + y}} = \frac{1}{\sqrt{r^2 + x_0^2 + y_0^2 + z_0^2 - 2x_0 x - 2y_0 y - 2z_0 z}}\bigg|_{r=1}$$

$$= \frac{1}{\sqrt{1 + x_0^2 + y_0^2 + z_0^2 - 2x_0 x - 2y_0 y - 2z_0 z}},$$

比较两边, 知应有

$$-2y_0 = 1, \ x_0 = 0, \ z_0 = 0,$$

所以

$$y_0 = -\frac{1}{2}.$$

于是, 点 $(x_0, y_0, z_0) = \left(0, -\frac{1}{2}, 0\right) \in B_1(0)$, 从而

$$u = \frac{1}{\sqrt{x^2 + \left(y + \frac{1}{2}\right)^2 + z^2}}.$$

例 5.3.5 *求解* Dirichlet *问题*

$$\begin{cases} -\Delta u = 2, \ (x, y) \in \Omega, \\ u|_{\partial\Omega} = 0, \end{cases}$$

这里, Ω 是等腰三角形, 其顶点为 $(-1, 0), (1, 0)$ 和 $(0, \sqrt{3})$.

解 等腰三角形三条边的方程分别为

$$y = 0, \ y + \sqrt{3}x - \sqrt{3} = 0, \ y - \sqrt{3}x - \sqrt{3} = 0.$$

从而, 我们可以设解有形式

$$u = cy(y + \sqrt{3}x - \sqrt{3})(y - \sqrt{3}x - \sqrt{3}),$$

其中, c 是待定常数. 它满足边值条件 $u|_{\partial\Omega} = 0$, 再设法求出 c, 使 u 满足方程. 将 u 代入方程得

$$-\Delta u = 4\sqrt{3}c = 2,$$

所以, $c = \sqrt{3}/6$, 故解 u 是

$$u = \frac{\sqrt{3}}{6}y(y + \sqrt{3}x - \sqrt{3})(y - \sqrt{3}x - \sqrt{3}).$$

下面我们给出最大最小值原理在证明著名的 Hadamard 三圆定理时的应用一例.

例 5.3.6 设 D 是 $\mathbb{R}^2$ 中以原点为中心的环形区域, 大圆和小圆的半径分别为 R_2 和 R_1, $u(x,y)$ 是 D 中的下调和函数. 记

$$M(r) = \max_{x^2+y^2=r^2} u(x,y), \ R_1 < r_1 < r < r_2 < R_2,$$

其中, $r = \sqrt{x^2+y^2}$. 则

$$M(r) \leqslant \frac{M(r_1)\log\left(\frac{r_2}{r}\right) + M(r_2)\log\left(\frac{r}{r_1}\right)}{\log\left(\frac{r_2}{r_1}\right)}.$$

证明 令

$$\varphi(r) = a + b\log r, \ r \neq 0,$$

由 $\varphi(r_1) = M(r_1)$, $\varphi(r_2) = M(r_2)$ 确定 a,b 的值, 代入上式, 得

$$\varphi(r) = \frac{M(r_1)\log\left(\frac{r_2}{r}\right) + M(r_2)\log\left(\frac{r}{r_1}\right)}{\log\left(\frac{r_2}{r_1}\right)}.$$

设

$$v(x,y) = u(x,y) - \varphi(\sqrt{x^2+y^2}),$$

则

$$\begin{cases} -\Delta v \leqslant 0, & \text{当 } r_1 < r < r_2 \text{ 时}, \\ v \leqslant 0, & \text{当 } r = r_1 \text{ 和 } r = r_2 \text{ 时}. \end{cases}$$

由下调和函数的弱最大值原理 (定理 5.1.3) 知

$$v \leqslant 0, \text{ 当 } r_1 < r < r_2 \text{ 时},$$

因此

$$u(x,y) \leqslant \varphi(r), \text{ 当 } r_1 < r < r_2 \text{ 时},$$

故有

$$M(r) \leqslant \varphi(r), \text{ 当 } r_1 < r < r_2 \text{ 时}.$$

称此为三圆定理. $\qquad \square$

5.4 Hopf 最大值原理及其应用

5.4.1 Hopf 最大值原理

我们知道, 调和方程描述稳定的温度分布. 由最大最小值原理知, 温度的最高点和最低点必在边界上取到. 在边界上温度的最低点处, 物体其他各处的热量必流向它而后流向物体外部. 因此在该点应有 $\dfrac{\partial u}{\partial \nu} \leqslant 0$, u 为温度, ν 是边界上外指的法向. 类似地, 在边界温度的最高点处应有 $\dfrac{\partial u}{\partial \nu} \geqslant 0$. 实际上, 我们有下述更强的结果, 即 Hopf (霍普夫) 引理:

定理 5.4.1 (Hopf 引理) 设 $B_R(y) \subset \mathbb{R}^n$ $(n \geqslant 3)$ 是以 R 为半径、球心在 y 的球体, 在其中 $-\Delta u \leqslant 0$, 设点 $x_0 \in \partial B_R$, 还有

(1) $u \in C(\overline{B_R})$;

(2) 对任何 $x \in B_R(y)$, 有 $u(x_0) > u(x)$,

则若 u 沿在 x_0 点的外法向 ν 的微商存在, 必满足严格的不等式

$$\frac{\partial u(x_0)}{\partial \nu} > 0.$$

证明 引进辅助函数

$$v(x) = \mathrm{e}^{-\alpha r^2} - \mathrm{e}^{-\alpha R^2},$$

其中 $r = |x - y| > \rho$, $0 < \rho < R$, 而 α 是待定的正常数. 直接计算得到

$$\Delta v = \mathrm{e}^{-\alpha r^2}(4\alpha^2 r^2 - 2n\alpha).$$

因此, 可选 $\alpha > 0$ 足够大, 使得 $\Delta v \geqslant 0$ 在环形区域 $\mathcal{A} = B_R(y) \setminus \overline{B}_\rho(y)$ 上处处成立. 因为在 $\partial B_\rho(y)$ 上 $u(x) - u(x_0) < 0$, 故存在常数 $\varepsilon > 0$, 使得在 $\partial B_\rho(y)$上

$$w(x) \equiv u(x) - u(x_0) + \varepsilon v(x) \leqslant 0.$$

这个不等式在 $\partial B_R(y)$ 上也成立, 因为这里 $v(x) = 0$.

从而证明了: 在 $\mathcal{A}$ 中有

$$-\Delta w(x) = -\Delta(u - u(x_0) + \varepsilon v) = -\Delta u - \varepsilon \Delta v \leqslant 0,$$

且在 $\partial \mathcal{A}$ 上有

$$w(x) = u(x) - u(x_0) + \varepsilon v(x) \leqslant 0.$$

由下调和函数的弱最大值原理 (定理5.1.3), $w(x) \leqslant 0$ 在 $\mathcal{A}$ 中处处成立. 于是, 由 $w(x_0) = 0$ 知 $\dfrac{\partial w}{\partial \nu}(x_0) \geqslant 0$, 即

$$\frac{\partial u(x_0)}{\partial \nu} \geqslant -\varepsilon \frac{\partial v(x_0)}{\partial \nu} = -\varepsilon v'(R) > 0. \qquad \square$$

更一般地, 无论法向微商是否存在, 总有

$$\lim_{x \to x_0} \inf \frac{u(x_0) - u(x)}{|x - x_0|} > 0,$$

其中, 对某个固定的 δ, $0 < \delta < \dfrac{\pi}{2}$, 向量 $x_0 - x$ 与 x_0 处外法向之间的夹角小于 $\dfrac{\pi}{2} - \delta$.

基于 Hopf 引理, 可立刻获得下面的 Hopf 最大最小值原理. 先给出一个概念: 设 $x_0 \in \partial\Omega$, 如果存在一个球 $B \subset \Omega$, 使得 $\overline{B} \cap \partial\Omega = \{x_0\}$, 则称区域 Ω 在 x_0 满足内部球条件. 这时, 称 $\overline{\Omega}$ 的补集 $\mathbb{R}^n \setminus \overline{\Omega}$ 在 x_0 点满足外部球条件.

定理 5.4.2 (Hopf 最大最小值原理) 设在 Ω 中 $-\Delta u \leqslant 0$ $(-\Delta u \geqslant 0)$, $x_0 \in \partial\Omega$, 并且

(1) u 在 x_0 连续;

(2) 对所有 $x \in \Omega$, 有 $u(x_0) > u(x)$ $(u(x_0) < u(x))$;

(3) Ω 在 x_0 满足内部球条件,

则 u 在 x_0 处的外法向微商 $\dfrac{\partial u(x_0)}{\partial \nu}$ 如果存在, 那么必满足严格的不等式

$$\frac{\partial u(x_0)}{\partial \nu} > 0 \quad \left(\frac{\partial u(x_0)}{\partial \nu} < 0 \right).$$

证明 在 x_0 处的一个足够小的内部球上使用定理 5.4.1 于下调和函数 u, 易得 $\dfrac{\partial u(x_0)}{\partial \nu} > 0$ (详细的推导过程留作练习). 在 $\partial\Omega$ 上使上调和函数 u 取到严格最小值的那些点处, 下调和函数 $-u$ 取到严格最大值, 因此在这些点处, 应有 $\dfrac{\partial(-u)}{\partial \nu} > 0$, 即 $\dfrac{\partial u}{\partial \nu} < 0$. $\qquad \square$

5.4.2 应用

下面给出 Hopf 最大最小值原理在证明第二边值 (Neumann) 问题解的唯一性时的应用. 考虑 Poisson 方程第二边值问题

$$\begin{cases} -\Delta u = f(x), \ x \in \Omega, \\ \dfrac{\partial u}{\partial \nu}\Big|_{\partial\Omega} = \varphi(x). \end{cases} \tag{5.4.1}$$

容易看出, Neumann 问题的解如果存在, 必不唯一. 因为若 u 是它的一个解, 那么 u 加上一个任意常数后仍是它的解. 但我们可以证明

定理 5.4.3 (唯一性)　若 Ω 的每一个边界点都满足内部球条件, 则 Neumann 问题 (5.4.1) 的解除去一个常数是唯一的.

证明　设 u_1, u_2 是 Neumann 问题 (5.4.1) 的两个解, 则 $u = u_1 - u_2$ 满足问题

$$\begin{cases} -\Delta u = 0,\ x \in \Omega, \\ \dfrac{\partial u}{\partial \nu}\bigg|_{\partial\Omega} = 0. \end{cases}$$

如果 u 不恒等于常数, 则由强最大最小值原理 (定理 5.1.4) 知, 最大值只能在 $\partial\Omega$ 上达到, 再由 Hopf 最大最小值原理, 在 u 取最大值的点处有 $\dfrac{\partial u}{\partial \nu} > 0$, 与已知条件矛盾. 故 u 为常数.　　□

至此, 关于位势方程, 我们用最大最小值原理证明了 Dirichlet 问题解的唯一性与稳定性, 用 Hopf 最大最小值原理证明了 Neumann 问题解的唯一性. 关于调和方程的 Dirichlet 问题, 利用镜像法求得了某些特殊区域 (例如 $\mathbb{R}^n$ 中球和上半空间、$\mathbb{R}^2$ 中第一象限) 上的 Green 函数, 从而解决了此种区域上 Dirichlet 问题对任意连续边值的可解性. 另外, 也可以用能量法证明解的唯一性, 由 Dirichlet 原理可以把位势方程的 Dirichlet 问题的求解等价于求一个相应泛函的极小函数.

但是, 对于一般区域上 Dirichlet 问题解的存在性, 须对区域边界加上相当一般的光滑性条件才能予以保证. 对于不满足这种光滑性的任意区域, 有例子说明, 这时古典解并不存在. 为了理论和应用上的需要, 有必要引入弱解 (也称广义解) 的概念. 同时, 我们也将利用泛函分析的方法证明调和方程第一、第二和第三边值问题弱解的存在性, 并说明在何种条件下这些弱解就是古典解.

5.5　位势方程的弱解

5.5.1　伴随微分算子与伴随边值问题

设有 Hilbert 空间 H, 集合 $D \subseteq H$. L 是定义在 D 上的二阶线性偏微分算子. 为了下文讨论确定起见, 我们取 H 是 $L_2(\Omega)$, Ω 是 $\mathbb{R}^n$ 中的有界区域. 取 $D = C_0^2(\Omega)$. 熟知 $L_2(\Omega)$ 中的内积为

$$(u, v) = \int_\Omega uv\,\mathrm{d}x.$$

如果定义在 D 上的微分算子 L^* 对任意的 $u, v \in D$ 有 $(Lu, v) = (u, L^*v)$, 则称

L^* 是 L 的伴随微分算子. 一般的二阶线性偏微分算子 L 具有形式

$$Lu = \sum_{i,j=1}^{n} a_{ij} \frac{\partial^2 u}{\partial x_i \partial x_j} + \sum_{i=1}^{n} a_i \frac{\partial u}{\partial x_i} + au, \tag{5.5.1}$$

其中, $a_{ij} = a_{ji} \ (i,j = 1, 2, \cdots, n)$, 并设 a_{ij}, a_i 和 a 分别是定义在 Ω 上的二阶连续可微、一阶连续可微和连续函数.

利用分部积分不难验证, 它的伴随微分算子 L^* 是

$$L^* v = \sum_{i,j=1}^{n} \frac{\partial^2 (a_{ij} v)}{\partial x_i \partial x_j} - \sum_{i=1}^{n} \frac{\partial (a_i v)}{\partial x_i} + av,$$

特别地, 若 $L^* = L$, 则称算子 L 为自伴随算子.

例 5.5.1 Laplace 算子 $\Delta = \sum_{i=1}^{n} \dfrac{\partial^2}{\partial x_i^2}$ 及波动算子 $\Box = \dfrac{\partial^2}{\partial t^2} - \Delta$ 都是自伴随微分算子.

例 5.5.2 对 (5.5.1) 中的算子 L, 若对所有 i, j, $a_{ij} = $ 常数, $a_i = 0$, 则 L 是自伴随微分算子.

设 R 与 R^* 是定义在 $\partial\Omega$ 上的低于二阶的偏微分算子, 如果对任意满足边值条件 $Ru|_{\partial\Omega} = 0$ 的 $C^2(\overline{\Omega})$ 函数 u 与任意满足边值条件 $R^*v|_{\partial\Omega} = 0$ 的 $C^2(\overline{\Omega})$ 函数 v, 都有 $(Lu, v) = (u, L^*v)$ 成立, 则称方程 $L^*v = g$ 的边值条件

$$R^* v|_{\partial\Omega} = \psi$$

是方程 $Lu = f$ 的边值条件

$$Ru|_{\partial\Omega} = \varphi$$

的伴随边值条件, 这里, φ 和 ψ 是定义在 $\partial\Omega$ 上的光滑函数. 此时称边值问题

$$\begin{cases} L^* v = g, \ x \in \Omega, \\ R^* v|_{\partial\Omega} = \psi \end{cases}$$

是边值问题

$$\begin{cases} Lu = f, \ x \in \Omega, \\ Ru|_{\partial\Omega} = \varphi \end{cases}$$

的伴随边值问题. 如果微分算子 L 是自伴随的, 而 R 和 R^* 又是相同的, 那么称边值条件为自伴随边值条件, 所对应的边值问题称为自伴随边值问题.

例 5.5.3 调和方程的第一、第二和第三边值问题都是自伴随边值问题.

例 5.5.4 已知二阶线性微分算子

$$Lu = \sum_{i,j=1}^{N} \frac{\partial}{\partial x_i} \left(a_{ij} \frac{\partial u}{\partial x_j} \right) + \sum_{i=1}^{N} a_i \frac{\partial u}{\partial x_i} + au$$

的边值条件为

$$Ru|_{\partial\Omega} = \left(\frac{\partial u}{\partial l} + bu\right)\Big|_{\partial\Omega} = 0,$$

这里

$$\frac{\partial u}{\partial l} = \sum_{i,j=1}^{N} a_{ij}\frac{\partial u}{\partial x_j}\cos(\nu, x_i),$$

而 ν 是 $\partial\Omega$ 的单位外法向, 试求它的伴随边值条件.

解　L 的伴随微分算子是

$$L^*v = \sum_{i,j=1}^{N} \frac{\partial}{\partial x_i}\left(a_{ij}\frac{\partial v}{\partial x_j}\right) - \sum_{i=1}^{N} \frac{\partial(a_i v)}{\partial x_i} + av,$$

由伴随边值条件的定义, 应有

$$\int_{\Omega} (vLu - uL^*v)\,\mathrm{d}x = 0.$$

利用分部积分得

$$0 = \int_{\Omega} (vLu - uL^*v)\,\mathrm{d}x = \int_{\partial\Omega} \sum_{i=1}^{N} P_i \cos(\nu, x_i)\,\mathrm{d}S,$$

其中

$$P_i = \sum_{j=1}^{N}\left(a_{ij}v\frac{\partial u}{\partial x_j} - a_{ij}u\frac{\partial v}{\partial x_j}\right) + a_i uv,$$

于是应有

$$
\begin{aligned}
0 &= \int_{\partial\Omega} \sum_{i=1}^{N} P_i \cos(\nu, x_i)\mathrm{d}S \\
&= \int_{\partial\Omega}\Bigg[\sum_{i,j=1}^{N} a_{ij}v\frac{\partial u}{\partial x_j}\cos(\nu, x_i) - \\
&\qquad \sum_{i,j=1}^{N} a_{ij}u\frac{\partial v}{\partial x_j}\cos(\nu, x_i) + \sum_{i=1}^{N} a_i uv\cos(\nu, x_i)\Bigg]\mathrm{d}S \\
&= \int_{\partial\Omega}\left(\frac{\partial u}{\partial l}v - \frac{\partial v}{\partial l}u + a_0 uv\right)\mathrm{d}S \\
&= -\int_{\partial\Omega}\left(\frac{\partial v}{\partial l} + bv - a_0 v\right)u\,\mathrm{d}S \\
&= -\int_{\partial\Omega} R^*vu\,\mathrm{d}S,
\end{aligned}
$$

其中

$$a_0 = \sum_{i=1}^{N} a_i \cos(\nu, x_i),$$

$$R^* v = \frac{\partial v}{\partial l} + bv - a_0 v.$$

欲使上述积分式成立, 只需 $R^* v = 0$, 即在 $\partial \Omega$ 上

$$\frac{\partial v}{\partial l} + bv - a_0 v = 0.$$

这就是所求的伴随边值条件, 它显然是非自伴随边值条件.

*5.5.2　弱微商及其简单性质

设 $u, \psi \in L_{\text{loc}}^1(\Omega)$, 等式

$$\int_\Omega u \mathrm{D}^\alpha \varphi \, \mathrm{d}x = (-1)^{|\alpha|} \int_\Omega \psi \varphi \, \mathrm{d}x \tag{5.5.2}$$

对任意的 $\varphi \in C_0^{|\alpha|}(\Omega)$ 成立, 则称 ψ 为 u 的 α 次弱微商, 记为 $\psi = \mathrm{D}^\alpha u$. 由此定义式可知, 若 u 的通常意义下的 α 次微商存在, 则它显然满足 (5.5.2) 式, 但满足 (5.5.2) 式的 u 不一定在通常意义下可微, 因此称满足 (5.5.2) 的 ψ 为 u 的弱微商. 注意到 $\mathrm{D}^\alpha u$ 除零测集外是唯一确定的, 因此, 包含弱微商的逐点估计式理解为几乎处处成立. 如果一个函数的所有一阶弱微商均存在, 则称此函数弱可微, 如果它所有的直到 k 阶且包括 k 阶的弱微商都存在, 则称此函数 k 次弱可微, 我们以后用 $W^k(\Omega)$ 表示由 k 次弱可微函数组成的线性空间. 显然, $C^k(\Omega) \subset W^k(\Omega)$. 因此, 弱微商是通常意义下 (或古典的) 微商概念的推广, 它保持了分部积分公式 (5.5.2) 的有效性.

定理 5.5.1 (唯一性)　若 u 的弱微商存在, 则必唯一.

证明　设 w_α 与 $\widetilde{w_\alpha}$ 都是 u 的弱微商, 将相应于这两个函数的积分等式 (5.5.2) 相减得

$$\int_\Omega (w_\alpha - \widetilde{w_\alpha}) \varphi \, \mathrm{d}x = 0, \ \forall \varphi \in C_0^{|\alpha|}(\Omega). \tag{5.5.3}$$

任取 $\Omega' \subset\subset \Omega$, 当 $\varepsilon < \text{dist}(\Omega', \partial\Omega)$ 时, 则由 (5.3.3) 式定义的光滑子 $\eta_\varepsilon(x - y) \in C_0^\infty(\Omega), y \in \Omega'$. 在 (5.5.3) 中取 $\varphi(x) = \eta_\varepsilon(x - y)$, 并令 $v = w_\alpha - \widetilde{w_\alpha}$, 得

$$v^\varepsilon(y) = \int_\Omega v(x) \eta_\varepsilon(x - y) \mathrm{d}x.$$

在上式中依次取 $\varepsilon = \varepsilon_i, 0 < \varepsilon_i < \varepsilon, i = 1, 2, \cdots, \varepsilon_i \to 0$ 当 $i \to \infty$. 则得 $\{v^{\varepsilon_i}(y), i = 1, 2, \cdots\}$. 由光滑化函数的性质 (iv), 函数列 $\{v^{\varepsilon_i}(y)\}$ 在 $L_1(\Omega')$ 中强收敛到 $v(y)$, 从而有子列, 仍记为 $\{v^{\varepsilon_i}(y)\}$, 在 Ω' 中几乎处处收敛到 $v(y)$. 由

(5.5.3) 知在 Ω' 中 $v^{\varepsilon_i}(y) \equiv 0$, $i = 1, 2, \cdots$, 从而 $v(y) = 0$, a.e. $x \in \Omega'$. 由 $\Omega' \subset\subset \Omega$ 的任意性, 便得 $v(y) = 0$, a.e. $x \in \Omega$, 即 $w_\alpha = \widetilde{w_\alpha}$ 在 Ω 中几乎处处成立. $\qquad\square$

定理 5.5.2 (子域上的弱微商) 如果 $w_\alpha = D^\alpha u$ 在 Ω 中成立, 那么对于任意 $\Omega' \subset \Omega$, 在 Ω' 中也有 $w_\alpha = D^\alpha u$.

证明 因为 $C_0^{|\alpha|}(\Omega') \subset C_0^{|\alpha|}(\Omega)$, 故 (5.5.2) 对于 $\varphi \in C_0^{|\alpha|}(\Omega')$ 也成立. $\qquad\square$

定理 5.5.3 (弱微商的复合) 若 $w_\alpha = D^\alpha u$, $v = D^\beta w_\alpha$, 则 $v = D^{\alpha+\beta} u$.

证明 对任意的 $\varphi \in C_0^{|\alpha|+|\beta|}(\Omega)$, 由已知条件得

$$
\begin{aligned}
\int_\Omega v\varphi \, \mathrm{d}x &= (-1)^{|\beta|} \int_\Omega w_\alpha D^\beta \varphi \, \mathrm{d}x \\
&= (-1)^{|\alpha|+|\beta|} \int_\Omega u D^\alpha (D^\beta \varphi) \, \mathrm{d}x \\
&= (-1)^{|\alpha|+|\beta|} \int_\Omega u D^{\alpha+\beta} \varphi \, \mathrm{d}x,
\end{aligned}
$$

所以 $v = D^{\alpha+\beta} u$. $\qquad\square$

定理 5.5.4 (弱极限的微商) 当 $m \to \infty$ 时, 若 $u_m \rightharpoonup u$ 在 $L_2(\Omega)$ 中成立 ($\rightharpoonup$ 表示弱收敛), 而它们的弱微商 $D^\alpha u_m \rightharpoonup v$ 在 $L_2(\Omega)$ 中成立, 则 $u(x)$ 有弱微商, 且 $D^\alpha u = v$.

证明 对任意 $\varphi \in C_0^{|\alpha|}(\Omega)$, 有

$$
\int_\Omega (D^\alpha u_m)\varphi \, \mathrm{d}x = (-1)^{|\alpha|} \int_\Omega u_m D^\alpha \varphi \, \mathrm{d}x.
$$

令 $m \to \infty$, 就得到

$$
\int_\Omega v\varphi \, \mathrm{d}x = (-1)^{|\alpha|} \int_\Omega u D^\alpha \varphi \, \mathrm{d}x,
$$

即 $D^\alpha u = v$. $\qquad\square$

下面, 为了对弱微商有些感性认识, 我们考虑一些例子和命题.对于一维情况, 有如下命题:

命题 5.5.5 若 $f(x)$ 是定义在 $[0, a]$ 上的绝对连续函数, 则几乎处处存在通常意义下的微商 $f'(x)$, 并且可表示为

$$
f(x) = f(x_1) + \int_{x_1}^x f'(\xi) \, \mathrm{d}\xi, \ \forall x_1, \ x \in [0, a],
$$

其中, $f(x)$, $f'(x) \in L_1(0, a)$. 这时, 常义微商 $f'(x)$ 也是 $f(x)$ 在 $(0, a)$ 上的弱微商. 其逆亦真, 即若 f 及其弱微商 f' 都属于 $L_1(0, a)$, 则 f 等价于一个绝对连续函数且上述积分式成立.

命题 5.5.6 若 $f(x)$ 在 $[0,a]$ 上连续, 在 $(0,b)$ 与 (b,a) 上有连续的一阶常义微商 $f'(x)$, 且 $|f'(x)| \leqslant c$, 则 $f'(x)$ 也是 $f(x)$ 在 $(0,a)$ 上的一阶弱微商. 其中, $c > 0$ 是常数.

证明 令 $w(x) = f'(x)$, 在 $0, a, b$ 三点可以任意定义它的值. 于是, 对任意的 $\varphi(x) \in C_0^1(0,a)$, 有

$$
\begin{aligned}
\int_0^a f(x)\varphi' \, \mathrm{d}x &= \int_0^b f\varphi' \, \mathrm{d}x + \int_b^a f\varphi' \, \mathrm{d}x \\
&= -\int_0^b f'\varphi \, \mathrm{d}x - \int_b^a f'\varphi \, \mathrm{d}x \\
&= -\int_0^a w\varphi \, \mathrm{d}x,
\end{aligned}
$$

即 $w = f'(x)$ 是 f 在 $(0,a)$ 上的一阶弱微商. $\quad\square$

附注 若 $f(x)$ 在 b 点不连续, 它的弱微商可能是广义函数. 例如

$$
\theta(x) = \begin{cases} 1, & x \geqslant 0, \\ 0, & x < 0, \end{cases}
$$

则它的弱微商

$$
\theta'(x) = \delta(x) = \begin{cases} +\infty, & x = 0, \\ 0, & x \neq 0, \end{cases}
$$

且

$$
\int_{-\infty}^{+\infty} \delta(x) \, \mathrm{d}x = 1.
$$

大家知道, 它已不是普通函数了.

考虑多元函数. 设区域 $\Omega \subset \mathbb{R}^n (n \geqslant 2)$, 则有

命题 5.5.7 若 $u(x)$ 在 Ω 上连续, 且 Ω 可以分为有限块具有光滑边界的区域, 使得 $u(x)$ 在每一块上有连续到边界的常义微商 $\dfrac{\partial u}{\partial x_m}$, $m = 1, 2, \cdots, n$, 则 $u(x)$ 在 Ω 中有弱微商, 且为 $\dfrac{\partial u}{\partial x_m}$.

可是, 其逆命题不成立, 即具有弱微商的多元函数不一定连续. 例子如下:

例 5.5.5 设 $B_1(0)$ 是三维空间中以原点为球心的单位球. 记 $r = |x| \equiv \sqrt{x_1^2 + x_2^2 + x_3^2}$, 则函数 $u(x) = \ln r$ 在 $B_1(0)$ 上不连续.

证明　令 $w_i = \dfrac{x_i}{r^2}$，则 $w_i \in L^1_{\text{loc}}(B_1)$，任取 $\varphi \in C^1_0(B_1)$，则

$$\int_{|x| \leqslant 1} u \frac{\partial \varphi}{\partial x_i} \,\mathrm{d}x = \int_{|x| \leqslant \delta} u \frac{\partial \varphi}{\partial x_i} \,\mathrm{d}x + \int_{\delta \leqslant |x| \leqslant 1} u \frac{\partial \varphi}{\partial x_i} \,\mathrm{d}x$$

$$= \int_{B_\delta(0)} u \frac{\partial \varphi}{\partial x_i} \,\mathrm{d}x - \int_{\delta \leqslant |x| \leqslant 1} \frac{\partial u}{\partial x_i} \varphi \,\mathrm{d}x +$$

$$\int_{\partial B_\delta} u \varphi \cos(\nu, x_i) \,\mathrm{d}S.$$

当 $\delta \to 0$ 时，由 $u = \ln \delta$，$|\partial B_\delta| = O(\delta^2)$，$|B_\delta(0)| = O(\delta^3)$，故有

$$\int_{|x| \leqslant \delta} u \frac{\partial \varphi}{\partial x_i} \,\mathrm{d}x \to 0,$$

$$\int_{S_\delta} u \varphi \cos(\nu, x_i) \,\mathrm{d}S \to 0,$$

从而得

$$\int_{|x| \leqslant 1} u \frac{\partial \varphi}{\partial x_i} \,\mathrm{d}x = -\int_{|x| \leqslant 1} \frac{x_i}{r^2} \varphi \,\mathrm{d}x,$$

因此，$\dfrac{\partial u}{\partial x_i}$ 存在且等于 $\dfrac{x_i}{r^2}$. $\qquad\qquad\square$

大家知道，若一个函数具有二阶常义微商，则它的一阶常义微商必存在. 但对弱微商而言，并非如此. 例子如下：

例 5.5.6　函数 $u(x, y) = f(x) + f(y)$，$f(x)$ 是定义在 $[0, 1]$ 上的连续函数，但并不绝对连续，因此 $u(x, y)$ 没有一阶弱微商. 然而，二阶弱微商 $\dfrac{\partial^2 u(x, y)}{\partial x \partial y}$ 存在且等于零.

事实上，若 $\varphi \in C^2_0(\Omega)$，$\Omega = \{(x, y) \mid 0 < x < 1,\ 0 < y < 1\}$，则有

$$\int_0^1 \int_0^1 f(x) \frac{\partial^2 \varphi}{\partial x \partial y} \,\mathrm{d}x \,\mathrm{d}y = \int_0^1 \mathrm{d}x \int_0^1 \frac{\partial \left(f(x) \dfrac{\partial \varphi}{\partial x} \right)}{\partial y} \,\mathrm{d}y = 0.$$

对 $f(y)$ 有同样的结果. 因此

$$\int_0^1 \int_0^1 [f(x) + f(y)] \frac{\partial^2 \varphi}{\partial x \partial y} \,\mathrm{d}x \,\mathrm{d}y = 0,$$

即 $u(x, y)$ 的二阶弱微商 $\dfrac{\partial^2 u}{\partial x \partial y} = 0$.

*5.5.3　Sobolev 空间 $H^1(\Omega)$ 与 $H^1_0(\Omega)$

本小节给出两个重要的由弱可微函数组成的空间 $H^1(\Omega)$ 与 $H^1_0(\Omega)$，它们都

称为 Sobolev (索伯列夫) 空间. 设 $\Omega \subseteq \mathbb{R}^n$, 定义函数集合

$$H^1(\Omega) = \left\{ u \in L_2(\Omega) \,\middle|\, \frac{\partial u}{\partial x_i} \in L_2(\Omega), \ i = 1, 2, \cdots, n \right\}.$$

显然, 这个集合是线性的. 如果对该集合中任意两个函数 u 和 v, 引入内积

$$(u, v)_{H^1} = \int_\Omega \left(uv + \sum_{i=1}^n \frac{\partial u}{\partial x_i} \frac{\partial v}{\partial x_i} \right) \mathrm{d}x,$$

则 $H^1(\Omega)$ 是一个 Hilbert 空间. 把 $C_0^1(\Omega)$ 按 $H^1(\Omega)$ 中范数完备化而得到的空间记为 $H_0^1(\Omega)$, 显然它是 $H^1(\Omega)$ 的子空间, 而且在某种意义下可将 $H_0^1(\Omega)$ 视为在 Ω 的边界上为零 (即指在分部积分时不产生边界积分的项而言) 的 $H^1(\Omega)$ 的元素组成的子空间. 若取 $u \in H_0^1(\Omega)$, $v \in H^1(\Omega)$, 则可以证明公式

$$\int_\Omega \frac{\partial u}{\partial x_i} v \, \mathrm{d}x = - \int_\Omega u \frac{\partial v}{\partial x_i} \, \mathrm{d}x \tag{5.5.4}$$

成立 (留作练习).

定理 5.5.8 (延拓函数的微商) 若 $u(x) \in H_0^1(\Omega)$, $\Omega \subset \Omega_1$, 则函数

$$\widetilde{u}(x) = \begin{cases} u(x), & x \in \Omega, \\ 0, & x \in \Omega_1 \backslash \Omega \end{cases}$$

在 Ω_1 中具有一阶弱微商 (证明略).

定理 5.5.9 (复合函数的微商) 设 $f \in C^1(\mathbb{R})$, f' 有界, $u \in H^1(\Omega)$. 则复合函数 $f(u) \in H^1(\Omega)$, 且 $\mathrm{D}f(u) = f'(u)\mathrm{D}u$.

证明 利用定理 5.5.4 (留作练习). □

定义函数 u 的正部和负部如下:

$$u^+ = \max\{u, 0\}, \quad u^- = \min\{u, 0\}.$$

则 $u = u^+ + u^-$, $|u| = u^+ - u^-$. 用定理 5.5.9 可以证明关于计算这些函数弱微商的链式法则:

定理 5.5.10 (正部与负部函数的微商) 设 $u \in H^1(\Omega)$, 则 u^+, u^- 和 $|u|$ 都属于 $H^1(\Omega)$, 且

$$\mathrm{D}u^+ = \begin{cases} \mathrm{D}u, & \text{若 } u > 0, \\ 0, & \text{若 } u \leqslant 0, \end{cases}$$

$$\mathrm{D}u^- = \begin{cases} 0, & \text{若 } u \geqslant 0, \\ \mathrm{D}u, & \text{若 } u < 0, \end{cases}$$

$$D|u| = \begin{cases} Du, & \text{若 } u > 0, \\ 0, & \text{若 } u = 0, \\ -Du, & \text{若 } u < 0. \end{cases}$$

证明 取定 $\varepsilon > 0$, 定义函数

$$f_\varepsilon = \begin{cases} (u^2 + \varepsilon^2)^{1/2} - \varepsilon, & \text{若 } u > 0, \\ 0, & \text{若 } u \leqslant 0, \end{cases}$$

然后用定理 5.5.9 即得 (详细论证留作练习). □

下面我们证明一个在偏微分方程中有广泛应用的不等式, 叫做 Friedrichs 不等式.

设 $u(x) \in C_0^1(\Omega)$, 且 Ω 包含在立方体 $\Omega_1 : 0 \leqslant x_i \leqslant a \ (i = 1, 2, \cdots, n)$ 中. 扩大 $u(x)$ 的定义域, 设在 Ω 之外 $u = 0$. 显然 $u \in C_0^1(\Omega_1)$, 而且

$$u(x) = \int_0^{x_i} \frac{\partial u}{\partial \xi_i} \, d\xi_i, \ i \in \{1, 2, \cdots, n\}.$$

由 Cauchy 不等式知

$$u^2(x) \leqslant x_i \int_0^{x_i} \left(\frac{\partial u}{\partial \xi_i} \right)^2 \, d\xi_i \leqslant a \int_0^a \left(\frac{\partial u}{\partial x_i} \right)^2 \, dx_i,$$

两端在 Ω_1 上积分, 就得到

$$\int_\Omega u^2 \, dx \leqslant a^2 \int_\Omega \left(\frac{\partial u}{\partial x_i} \right)^2 \, dx,$$

上式关于 i 从 1 到 n 求和, 得

$$\int_\Omega u^2 \, dx \leqslant c \int_\Omega \sum_{i=1}^n \left(\frac{\partial u}{\partial x_i} \right)^2 \, dx, \tag{5.5.5}$$

其中, $c = a^2/n$.

若 $u \in H_0^1(\Omega)$, 作序列 $u_m \in C_0^1(\Omega)$, 使 $u_m \to u$ 在 $H^1(\Omega)$ 中. 对每个 u_m, (5.5.5) 式成立, 即

$$\int_\Omega u_m^2 \, dx \leqslant c \int_\Omega \sum_{i=1}^n \left(\frac{\partial u_m}{\partial x_i} \right)^2 \, dx.$$

令 $m \to \infty$, 得

$$\int_\Omega u^2 \, dx \leqslant c \int_\Omega \sum_{i=1}^n \left(\frac{\partial u}{\partial x_i} \right)^2 \, dx = c \int_\Omega |Du|^2 \, dx, \tag{5.5.6}$$

其中, 常数 c 仅仅依赖于 Ω 和 n. 称 (5.5.6) 式为 Friedrichs 不等式, 它对 $\forall u \in H_0^1(\Omega)$ 成立.

*5.5.4 弱解的存在唯一性

1. 自伴随方程

考虑问题

$$\begin{cases} -\Delta u + c(x)u = f(x), \ x \in \Omega, \\ u|_{\partial\Omega} = 0, \end{cases} \tag{5.5.7}$$

其中, $f \in L_2(\Omega)$, $c(x)$ 是在 Ω 内几乎处处取正值的有界可测函数. 若 $u \in H_0^1(\Omega)$, 且对任意 $v \in H_0^1(\Omega)$, 满足积分恒等式

$$\int_\Omega \left[\sum_{i=1}^n \frac{\partial u}{\partial x_i} \frac{\partial v}{\partial x_i} + c(x)uv \right] \mathrm{d}x = \int_\Omega fv \, \mathrm{d}x, \tag{5.5.8}$$

则称 u 是问题 (5.5.7) 的弱解.

我们定义 $H^1(\Omega)$ 中的内积为

$$(u, v)_{H^1} = \int_\Omega \left(cuv + \sum_{i=1}^n \frac{\partial u}{\partial x_i} \frac{\partial v}{\partial x_i} \right) \mathrm{d}x.$$

于是得 $H^1(\Omega)$ (也是 $H_0^1(\Omega)$) 中的范数

$$\|u\|_{H^1(\Omega)} = \left\{ \int_\Omega \left[cu^2 + \sum_{i=1}^n \left(\frac{\partial u}{\partial x_i} \right)^2 \right] \mathrm{d}x \right\}^{\frac{1}{2}}.$$

利用 Friedrichs 不等式易证, 在 $H_0^1(\Omega)$ 中下列范数与上述范数等价:

$$\|u\|_{H_0^1(\Omega)} = \left[\int_\Omega \sum_{i=1}^n \left(\frac{\partial u}{\partial x_i} \right)^2 \mathrm{d}x \right]^{\frac{1}{2}}.$$

考虑定义在 $H_0^1(\Omega)$ 上的泛函

$$F(v) = \int_\Omega fv \, \mathrm{d}x, \ \forall v \in H_0^1(\Omega).$$

显然它是线性的. 由 Cauchy 不等式及 Friedrichs 不等式知

$$|F(v)| = \left| \int_\Omega fv \, \mathrm{d}x \right| \leqslant \left(\int_\Omega f^2 \, \mathrm{d}x \right)^{\frac{1}{2}} \left(\int_\Omega v^2 \, \mathrm{d}x \right)^{\frac{1}{2}}$$

$$\leqslant c_1 \left(\int_\Omega |Dv|^2 \, \mathrm{d}x \right)^{\frac{1}{2}}$$

$$\leqslant c_1 \|v\|_{H_0^1(\Omega)}, \ \forall v \in H_0^1(\Omega).$$

所以 $F(v)$ 是 $H_0^1(\Omega)$ 上的线性连续泛函, 由 Riesz (里斯) 表现定理知, 存在唯一的 $u \in H_0^1(\Omega)$, 使

$$(u, v)_{H_0^1} = \int_\Omega fv\,\mathrm{d}x, \ \forall v \in H_0^1(\Omega),$$

即 u 是问题 (5.5.7) 的弱解.

若 u_1, u_2 都是 (5.5.8) 的弱解, 将它们分别代入 (5.5.8), 所得二式相减并令 $v = u_1 - u_2$, 便得

$$\int_\Omega \left[|\mathrm{D}(u_1 - u_2)|^2 + c(x)(u_1 - u_2)^2 \right]\,\mathrm{d}x = 0.$$

从而

$$\int_\Omega c(x)(u_1 - u_2)^2 \mathrm{d}x = 0.$$

注意到 $c(x) > 0$, a.e. 于 Ω, 便得 $u_1 = u_2$ 在 Ω 中几乎处处成立. 于是我们证明了

定理 5.5.11 (存在唯一性) 若 $f \in L_2(\Omega)$, $c(x) > 0$ 几乎处处于 Ω 中成立且是有界可测函数, 则问题 (5.5.7) 存在唯一弱解.

对于问题

$$\begin{cases} -\sum_{i,j=1}^n \dfrac{\partial}{\partial x_i}\left(a_{ij}(x)\dfrac{\partial u}{\partial x_j}\right) + a(x)u = f(x), \ x \in \Omega, \\ u\big|_{\partial\Omega} = 0, \end{cases} \tag{5.5.9}$$

设系数 $a_{ij}(x) = a_{ji}(x)$ $(i, j = 1, 2, \cdots, n)$, 且 $a_{ij}(x)$ 满足严格椭圆型条件, 即对任意的 $\xi \in \mathbb{R}^n$, 有

$$\sum_{i,j=1}^n a_{ij}(x)\xi_i\xi_j \geqslant \alpha \sum_{i=1}^n \xi_i^2, \ \alpha > 0 \text{ 为常数}, \tag{5.5.10}$$

$a_{ij}(x)$, $a(x)$ 有界可测, 且在 Ω 中 $a(x) > 0$ 几乎处处成立, $f \in L_2(\Omega)$. 如果我们定义问题 (5.5.9) 的弱解是这样的函数: $u(x) \in H_0^1(\Omega)$, 它对任意的 $v \in H_0^1(\Omega)$, 满足积分恒等式

$$\int_\Omega \left[\sum_{i,j=1}^n a_{ij}\dfrac{\partial u}{\partial x_i}\dfrac{\partial v}{\partial x_j} + a(x)uv \right]\,\mathrm{d}x = \int_\Omega fv\,\mathrm{d}x,$$

则可仿照定理 5.5.11 的证明得到弱解的存在唯一性. 仅需注意的是重新给定 $H_0^1(\Omega)$ 中的等价范数.

2. 非自伴随方程

考虑问题

$$\begin{cases} Lu = -\sum_{i,j=1}^{n} \frac{\partial}{\partial x_i} \left(a_{ij}(x) \frac{\partial u}{\partial x_j} \right) + \sum_{i=1}^{n} a_i(x) \frac{\partial u}{\partial x_i} + a(x)u \\ \qquad = f(x), \ x \in \Omega \subset \mathbb{R}^n, \\ u\big|_{\partial\Omega} = 0, \end{cases} \tag{5.5.11}$$

其中, Ω 是 $\mathbb{R}^n$ 中的有界区域, 所有系数有界可测. 另外, 还有

(1) $a_{ij}(x)$ 满足椭圆型条件 (5.5.10), $f(x) \in L_2(\Omega)$;

(2) $\int_{\Omega} \left[a(x) - \frac{1}{2} \sum_{i=1}^{n} \frac{\partial a_i(x)}{\partial x_i} \right] \varphi \, dx \geqslant 0, \forall \varphi \in H_0^1(\Omega), \ \varphi \geqslant 0.$

若存在函数 $u \in H_0^1(\Omega)$, 对任意的函数 $v \in H_0^1(\Omega)$, 满足积分恒等式

$$B(u,v) \equiv \int_{\Omega} \left[\sum_{i,j=1}^{n} a_{ij}(x) \frac{\partial u}{\partial x_j} \frac{\partial v}{\partial x_i} + \sum_{i=1}^{n} a_i(x) v \frac{\partial u}{\partial x_i} + a(x)uv \right] dx$$

$$= \int_{\Omega} f(x) v \, dx,$$

则称函数 u 是问题 (5.5.11) 的弱解.

定理 5.5.12 (存在唯一性) *在条件 (1) 和 (2) 下, 问题 (5.5.11) 存在唯一弱解.*

证明 定义 $H_0^1(\Omega)$ 上的线性泛函 $F(v) = \int_{\Omega} f(x) v \, dx$, 则

$$|F(v)| = \left| \int_{\Omega} f v \, dx \right| \leqslant \left(\int_{\Omega} f^2 \, dx \right)^{\frac{1}{2}} \left(\int_{\Omega} v^2 \, dx \right)^{\frac{1}{2}}$$

$$\leqslant c \left[\sum_{i=1}^{n} \int_{\Omega} \left(\frac{\partial v}{\partial x_i} \right)^2 dx \right]^{\frac{1}{2}}$$

$$= c\|v\|_{H_0^1(\Omega)}, \ \forall v \in H_0^1(\Omega).$$

故 $F(v)$ 是 $H_0^1(\Omega)$ 上的线性连续泛函. 另外, 对 $H_0^1(\Omega)$ 上的双线性形式 $B(u,v)$, 利用 Cauchy 不等式及 Friedrichs 不等式可得估计

$$|B(u,v)| \leqslant M\|u\|_{H_0^1(\Omega)} \|v\|_{H_0^1(\Omega)}$$

对任意的 $u, v \in H_0^1(\Omega)$ 成立, 其中, M 是仅与 Ω 及 (5.5.11) 中方程的系数有关

的正常数. 因此, $B(u,v)$ 有界. 另外, 由

$$B(v,v) = \int_\Omega \left[\sum_{i,j=1}^n a_{ij}(x) \frac{\partial v}{\partial x_i} \frac{\partial v}{\partial x_j} + \sum_{i=1}^n a_i(x) v \frac{\partial v}{\partial x_i} + a(x) v^2 \right] \mathrm{d}x$$

$$\geqslant \alpha \int_\Omega \sum_{i=1}^n \left(\frac{\partial v}{\partial x_i} \right)^2 \mathrm{d}x + \int_\Omega \left[a(x) - \frac{1}{2} \sum_{i=1}^n \frac{\partial a_i(x)}{\partial x_i} \right] v^2 \mathrm{d}x$$

$$\geqslant \alpha \|v\|_{H_0^1(\Omega)}^2,$$

可知 $B(u,v)$ 是强制的. 于是, 由泛函分析中的 Lax-Milgram (拉克斯 – 米尔格拉姆) 定理, 必存在唯一的函数 $u \in H_0^1(\Omega)$ 满足 $B(u,v) = F(v)$, 对所有 $v \in H_0^1(\Omega)$ 成立, 即问题 (5.5.11) 在 $H_0^1(\Omega)$ 中可解. 唯一性的证明留作练习. □

由以上对弱解的论证可以知道, 如果问题的弱解存在并且属于 $C^2(\Omega) \cap C(\overline{\Omega})$, 方程中各系数具有一定的光滑性, 那么弱解就是古典解; 反之, 若 u 是问题的古典解, 则由弱解的定义知它也是弱解. 因此, 本段不仅讨论了弱解的存在唯一性, 也在一定程度上解决了古典解的存在性问题. 鉴于此, 为寻求古典解而展开的对弱解正则性的研究至今仍是一个活跃的研究领域. 特别是对于非线性方程, 直接寻找古典解是相当困难的, 而寻找弱解则相对容易, 进而确定弱解的正则性后就获得古典解. 鉴于篇幅所限, 关于弱解正则性的介绍就不赘述了. 值得提及的是, 弱解本身在物理学、力学及工程技术领域中有时有具体的实际意义. 在某种情况下, 找到了弱解或证明了它的存在性就解决了实际问题, 无须像数学上那样再对弱解的正则性进行讨论. 但是, 在许多实际问题中, 需要数学家对弱解的光滑性给出一些信息, 这就需要对弱解的正则性进行研究.

习 题 5

1. 证明 Laplace 算子 Δu 在柱面坐标 (r, θ, z) 中可以写成

$$\Delta u = \frac{1}{r} \frac{\partial}{\partial r} \left(r \frac{\partial u}{\partial r} \right) + \frac{1}{r^2} \frac{\partial^2 u}{\partial \theta^2} + \frac{\partial^2 u}{\partial z^2}.$$

2. 证明 Laplace 算子 Δu 在球面坐标 (r, θ, φ) 中可以写成

$$\Delta u = \frac{1}{r^2} \frac{\partial}{\partial r} \left(r^2 \frac{\partial u}{\partial r} \right) + \frac{1}{r^2 \sin^2 \theta} \frac{\partial}{\partial \theta} \left(\sin \theta \frac{\partial u}{\partial \theta} \right) + \frac{1}{r^2 \sin^2 \theta} \frac{\partial^2 u}{\partial \varphi^2}.$$

3. 证明下列函数都是调和函数:

(a) $x^3 - 3xy^2$ 和 $3x^2 y - y^3$;

(b) $\mathrm{sh}(ny) \sin(nx)$, $\mathrm{sh}(ny) \cos(nx)$, $\mathrm{ch}(ny) \sin(nx)$, $\mathrm{ch}(ny) \cos(nx)$;

(c) $\mathrm{sh}\, x (\mathrm{ch}\, x + \cos y)^{-1}$ 和 $\sin y (\mathrm{ch}\, x + \cos y)^{-1}$.

4. 证明用极坐标表示的下列函数都满足调和方程:

   (a) $\ln r$ 和 θ;

   (b) $r^n \cos n\theta$ 和 $r^n \sin n\theta$, n 是常数;

   (c) $r \ln r \cos \theta - r\theta \sin \theta$ 和 $r \ln r \sin \theta + r\theta \cos \theta$.

5. 设 u 是调和函数, 证明:

   (a) 若 $\Phi : \mathbb{R} \to \mathbb{R}$ 是光滑的凸函数, 则函数 $v = \Phi(u)$ 是下调和函数;

   (b) 函数 $v = |Du|^2$ 是下调和函数.

6. 写出三维调和方程的基本解 (5.1.1) 及对应的 (5.1.9) 式和 (5.1.11) 式.

7. 举例说明在三维调和方程的 Dirichlet 外问题中, 如果对解 $u(x, y)$ 不加在无穷远处一致趋于零的限制, 那么定解问题的解不唯一.

8. 证明 $\mathbb{R}^3$ 中在闭曲面 Γ 的外部, 调和函数 $u(x)$ 在满足条件

$$u(x) = O\left(\frac{1}{|x|}\right), \quad \frac{\partial u}{\partial r_{ox}} = O\left(\frac{1}{|x|^2}\right) \ (\text{当 } |x| \to \infty \text{ 时})$$

之下, 公式 (5.1.11) 仍成立, 但 y 是 Γ 外任一点;试问本问题在 $\mathbb{R}^n (n > 3)$ 中应如何叙述? 并证明你的论断.

9. 证明调和方程 Dirichlet 外问题的稳定性.

10. 举例说明对于方程 $u_{xx} + u_{yy} + cu = 0 \ (c > 0)$, 不成立最大最小值原理.

11. 举例说明一维波动方程不成立最大最小值原理.

12. 证明定理 5.1.3 与定理 5.1.4.

13. 证明推论 5.1.5 与推论 5.1.6.

14. 对于一般的二阶方程

$$\sum_{i,j=1}^n a_{ij} \frac{\partial^2 u}{\partial x_i x_j} + \sum_{i=1}^n b_i \frac{\partial u}{\partial x_i} + cu = 0,$$

假设矩阵 (a_{ij}) 是正定的, 即

$$\sum_{i,j=1}^n a_{ij} \lambda_i \lambda_j \geqslant \alpha \sum_{i=1}^n \lambda_i^2, \ \alpha > 0 \ \text{为常数},$$

则它为椭圆型方程. 又设 $c < 0$, 试证明它的解也满足最大最小值原理, 即若 u 在 Ω 内满足方程, 在 $\overline{\Omega}$ 上连续, 则 u 不能在内部达到正的最大值或负的最小值.

15. 证明上题中讨论的椭圆型方程第一边值问题解的唯一性与稳定性.

16. 设 B 是 $\mathbb{R}^n (n \geqslant 2)$ 中的单位球, $u(x)$ 是问题

$$\begin{cases} -\Delta u = f(x), & x \in B, \\ u = g(x), & x \in \partial B \end{cases}$$

的光滑解. 证明存在仅依赖于空间维数 n 的常数 C, 使得

$$\max_{\overline{B}} |u| \leqslant C(\max_{\partial B} |g| + \max_{\overline{B}} |f|).$$

17. 证明 Green 函数的性质 1 和性质 4.

18. 在 $\mathbb{R}^3$ 中证明 Green 函数的性质 3.

19. 利用 Poisson 积分公式 (5.2.12) 求解问题

$$\begin{cases} u_{xx} + u_{yy} + u_{zz} = 0, \ x^2 + y^2 + z^2 < 1, \\ u(R, \theta, \varphi)|_{R=1} = 3\cos 2\theta + 1, \end{cases}$$

其中, (R, θ, φ) 表示球面坐标.

20. 推导平面圆域中调和方程 Dirichlet 问题解的 Poisson 积分公式, 即 (5.2.12′) 式.

21. 写出球的外部区域的 Green 函数, 并由此导出对调和方程求解球的 Dirichlet 外问题的 Poisson 积分公式.

22. 求 $\mathbb{R}^3$ 中半球的 Green 函数.

23. 求 $\mathbb{R}^3$ 中第一卦限的 Green 函数.

24. 试用镜像法导出二维调和方程在半平面的 Dirichlet 问题

$$\begin{cases} \Delta u = u_{xx} + u_{yy} = 0, \ y > 0, \\ u\big|_{y=0} = f(x) \end{cases}$$

的解.

25. 试求一函数 u, 在半径为 r 的圆内调和, 而在圆周 c 上取下列值:

(a) $u\big|_c = A\cos\varphi$;

(b) $u\big|_c = A + B\sin\varphi$.

26. 分别用逆平均值定理 5.3.1 和 Poisson 积分公式 (5.2.11) 证明关于调和函数极限的定理 5.3.2.

27. 证明二维调和函数的奇点可去性定理: 若 y 是调和函数 $u(x)$ 的孤立奇点, 在 y 点近旁成立着

$$u(x) = o\left(\ln\frac{1}{|x-y|}\right).$$

则此时可以定义 $u(x)$ 在 $x = y$ 的值, 使它在 y 点也是调和的.

28. 证明: 如果三维调和函数 $u(x)$ 在奇点 y 处附近能表示为 $\dfrac{\varphi(x)}{|x-y|^\alpha}$, 其中常数 $0 < \alpha \leqslant 1$, $\varphi(x)$ 是不为零的光滑函数. 则它趋于无穷大的阶数必与 $\dfrac{1}{|x-y|}$ 同阶, 即 $\alpha = 1$.

29. 设三维区域 $\Omega \subset\subset B_R(0)$, $u(r,\theta,\varphi)$ 在 Ω 中调和, (r,θ,φ) 为 Ω 中变点 x 的球坐标. 设 $r_1 = R^2/r$, 则点 $x_1 = (r_1,\theta,\varphi)$ 就是 x 点关于球 $B_R(0)$ 的反演点, 从 $x(r,\theta,\varphi)$ 到 $x_1(r_1,\theta,\varphi)$ 的变换称为逆矢径变换或反演变换. 以 Ω_1 表示 Ω 的反演区域, 试证明函数

$$v(r_1,\theta,\varphi) = \frac{1}{r_1} u\left(\frac{R^2}{r_1},\theta,\varphi\right)$$

是区域 Ω_1 中的调和函数 (无穷远点除外).

   若区域 Ω 是球 $B_R(0)$ 外的无界区域, 则函数 $v(r_1,\theta,\varphi)$ 在 Ω_1 中除去原点外是调和的. 函数 $v(r_1,\theta,\varphi)$ 称为 $u(r,\theta,\varphi)$ 的 Kelvin (开尔文) 变换.

30. 利用 Kelvin 变换及奇点可去性定理把三维空间有界域上的 Dirichlet 外问题化为 Dirichlet 内问题.

31. 证明若 $\mathbb{R}^3$ 中无界区域上的调和函数在无穷远处趋于零, 那么它趋于零的阶数至少是 $O\left(\dfrac{1}{r}\right)$. 试把本题推广到 $\mathbb{R}^n (n > 3)$ 中的无界域.

32. 证明 Schwarz (施瓦茨) 反射定理: 设 Ω^+ 是 $\mathbb{R}^n$ 中半空间 $x_n > 0$ 中的一个子区域, 它以超平面 $x_n = 0$ 的一个开截面 T 作为它的边界的一部分. 假设 u 在 Ω^+ 中调和, 在 $\Omega^+ \cup T$ 中连续, 并且在 T 上等于零, 则由

$$u^*(x_1,\cdots,x_n) = \begin{cases} u(x_1,\cdots,x_n), & x_n \geqslant 0, \\ -u(x_1,\cdots,-x_n), & x_n < 0 \end{cases}$$

所定义的函数 u^* 在 $\Omega^+ \cup T \cup \Omega^- = \Omega$ 中调和. 其中, Ω^- 是 Ω^+ 关于 $x_n = 0$ 的反射 (即 $\Omega^- = \{(x_1,\cdots,x_n) \in \mathbb{R}^n \mid (x_1,\cdots,-x_n) \in \Omega^+\}$).

33. 证明 Harnack 不等式: 若 u 在 n 维球 $B_R(0)$ 中非负调和, 则

$$\frac{R^{n-2}(R-|x|)}{(R+|x|)^{n-1}} u(0) \leqslant u(x) \leqslant \frac{R^{n-2}(R+|x|)}{(R-|x|)^{n-1}} u(0), \ n \geqslant 3.$$

34. 证明定义在 $\mathbb{R}^n$ 上且有上界的调和函数必是常数.

   [提示: 利用上题.]

35. 证明 $\mathbb{R}^2$ 中有上界的下调和函数必是常数.

   [提示: 利用 Hadamard 三圆定理.]

36. 证明定义 5.3.7 中光滑化函数的性质 (ii) 与性质 (iii).

37. 用微商估计定理 5.3.9 证明 Liouville 定理 5.3.5.

38. 用 Liouville 定理 5.3.5 证明: 如果 $f(x) \in C_0^2(\mathbb{R}^n)$, $n \geqslant 3$, 则方程 $-\Delta u = f(x)$, $x \in \mathbb{R}^n$ 的任何有界解都具有形式

$$u(x) = \int_{\mathbb{R}^n} K(x-y) f(y) \, dy + C, \ x \in \mathbb{R}^n,$$

其中, C 是某常数.

39. 证明定理 5.4.2.

40. 证明一般形式的 Hopf 引理: 设定理5.4.1中各已知条件都成立, 如果函数 $u(x)$ 在点 x_0 沿方向 ν 的方向微商存在, 而方向 ν 与球的外法线方向成锐角, 证明在点 x_0 处有 $\dfrac{\partial u}{\partial \nu} > 0$; 如果 x_0 是上调和函数 u 的最小值点, 则 $\dfrac{\partial u}{\partial \nu} < 0$. 进而证明相应的定理 5.4.2.

41. 试用 Hopf 引理证明强最大最小值原理 (定理 5.1.4 的 (a)).

42. 利用 Hopf 最大最小值原理及强最大最小值原理证明: 若区域 Ω 的边界满足内部球条件, 则调和方程第三边值问题

$$\left(\frac{\partial u}{\partial \nu} + \sigma u \right) \Big|_{\partial \Omega} = f, \ \sigma > 0$$

的解唯一.

43. 证明: 在证明 Hopf 引理的过程中, 不可能作出一个满足

(a) 在球面 $|x - y| = R$ 上 $v = 0$;

(b) v 沿球的半径方向的导数 $\dfrac{\partial v}{\partial \nu} < 0$

的函数 $v(x)$, 使它在整个球 $|x - y| \leqslant R$ 内满足 $-\Delta u \leqslant 0$.

44. 对于一般的椭圆型方程

$$\sum_{i,j=1}^{n} a_{ij} \frac{\partial^2 u}{\partial x_i \partial x_j} + \sum_{i=1}^{n} b_i \frac{\partial u}{\partial x_i} + cu = 0,$$

系数 $a_{ij} = a_{ji}$, 且满足一致椭圆型条件 (5.5.10). 又设 $c \leqslant 0$, 试证它的解也使 Hopf 引理成立, 即如果 $u(x)$ 在球 $|x| < R$ 内满足上述方程, 在闭球 $|x| \leqslant R$ 上连续, 如果它在边界 $|x| = R$ 上某点 x_0 取到其严格最小值, 并且在该点沿 ν 方向的方向微商存在, 其中 ν 与球的外法线方向成锐角, 则在 x_0 点有 $\dfrac{\partial u}{\partial \nu} < 0$.

45. 证明调和方程的第三边值问题是自伴随边值问题.

46. 写出 $Lu = \dfrac{\partial^2 u}{\partial x^2} + \dfrac{\partial^2 u}{\partial y^2} + a \dfrac{\partial u}{\partial x}$ 的伴随微分算子以及对应于 $u|_{\partial \Omega} = f_1$ 的伴随边值问题.

47. 如果在 $L_2(\Omega)$ 中 $u_m \to u$, 而且 $\|D^{\alpha} u_m\|_{L_2(\Omega)} \leqslant c$, 证明 u 具有弱导数 $D^{\alpha} u$.

48. 证明 (5.5.4) 式.

49. 证明定理 5.5.8.

50. 证明对于任意的 $u \in H_0^1(\Omega)$, 成立不等式

$$c\|u\|_{H^1(\Omega)}^2 \leqslant \int_{\Omega} \sum_{i=1}^{n} \left(\frac{\partial u}{\partial x_i} \right)^2 \mathrm{d}x \leqslant \|u\|_{H^1(\Omega)}^2,$$

其中, c 是仅依赖于 Ω 和 n 的常数.

51. 证明定理 5.5.9 和定理 5.5.10.

52. 证明问题 (5.5.9) 在 $H_0^1(\Omega)$ 中存在唯一的弱解, 并说明弱解及方程系数具有多大程度的光滑性时, 此弱解就是问题 (5.5.9) 的古典解.

53. 证明问题 (5.5.11) 的弱解的唯一性.

第 6 章 变分法与边值问题

我们在 5.2.5 小节中介绍了 Dirichlet 原理, 它把位势方程的第一边值问题的求解等价于求一个相应泛函的极小函数. 这个思想后来被用于求解广泛一类方程的边值问题, 即通过求解一个相应的泛函的极小函数而得到偏微分方程边值问题的解. 这种理论和方法通常叫做偏微分方程中的变分原理, 简称变分方法. 本章通过求解一类边值问题和特征值问题简单介绍该方法的理论及其应用.

6.1 边值问题与算子方程

6.1.1 薄膜的横振动与最小位能原理

弹性体在外力的作用下会发生形变, 形变过程中克服本身各质点间的约束力所做的功叫做弹性位能, 它被储存在体内. 当外力消失时, 位能通过对外界做功而恢复原形. 考虑张在平面有界区域 Ω 上的均匀薄膜. 力学中的膜是指可以自由弯曲的薄面, 拉伸后所具有的位能正比于面积的增量, 比例系数 T 称为张力. 对于均匀膜, T 是常数, 其质量面密度 ρ 也是常数.

考虑薄膜在垂直于平面的外力作用下的微小横振动, 薄膜的边缘固定在 $\partial\Omega$ 上. 设外力面密度是 $F(x, y)$, 用 $u(x, y)$ 表示薄膜在点 $(x, y) \in \Omega$ 处垂直于平面方向的位移. 利用微元分析法可得薄膜的位能 U 为

$$U = T \left(\iint_\Omega \sqrt{1 + u_x^2 + u_y^2}\mathrm{d}x\mathrm{d}y - |\Omega| \right).$$

由于是微小横振动, 因而 $u_x^2 + u_y^2$ 很小, 故可在被积函数的 Taylor 展开式中舍去高阶项, 得

$$U = \frac{T}{2} \iint_\Omega (u_x^2 + u_y^2)\mathrm{d}x\mathrm{d}y.$$

外力所做的功为

$$W = \iint F(x, y)u \, \mathrm{d}x\mathrm{d}y.$$

于是, 得到薄膜的总位能为

$$\begin{aligned} E(u) &= U - W \\ &= \frac{T}{2} \iint_\Omega (u_x^2 + u_y^2)\mathrm{d}x\mathrm{d}y - \iint_\Omega F(x, y)u\mathrm{d}x\mathrm{d}y. \end{aligned} \tag{6.1.1}$$

由于薄膜边缘固定, 故 $u(x,y)|_{\partial\Omega} = 0$. 可见, (6.1.1) 是定义在容许函数类 $K = \{u \in C^1(\overline{\Omega}) \mid u|_{\partial\Omega} = 0\}$ 上的泛函.

力学上的最小位能原理指出: 在满足一定条件的所有可能的位移中, 真实位移是使弹性体的总位能 $E(u)$ 取最小值的那个位移. 基于此原理, 类似于 5.2.5 小节中对 Dirichlet 原理的讨论, 可知泛函 (6.1.1) 的极小函数就是 Poisson 方程 Dirichlet 问题

$$\begin{cases} -\Delta u = F/T, \ x \in \Omega, \\ u = 0, \ x \in \partial\Omega \end{cases} \tag{6.1.2}$$

的解; 反之, 边值问题 (6.1.2) 的解 u 也是泛函 (6.1.1) 的极小函数, 即

$$E(u) = \min_{w \in K} E(w).$$

于是, 我们可以通过求泛函 (6.1.1) 的极小函数得到边值问题 (6.1.2) 的解. 这种通过求泛函的极小函数而得到方程的边值问题解的方法称为变分方法. 值得注意的是, 为了保证极小函数的存在性, 有时必须将容许函数类扩大. 从而得到的极小函数不一定在古典意义下满足方程, 即我们只能得到边值问题的弱解. 不过, 通过细致的分析, 往往可以得到弱解的光滑性, 甚至就是古典解.

6.1.2 正算子与算子方程

设 Ω 是 $\mathbb{R}^m (m \geqslant 2)$ 中有界区域 (有时要求其边界 $\partial\Omega$ 适当光滑). 考虑自伴随边值问题

$$\begin{cases} Lu = f(x), \ x \in \Omega, \\ L_j u|_{\partial\Omega} = g_j(x), \ j = 1, 2, \cdots, r, \end{cases} \tag{6.1.3}$$

其中, L 和 L_j 是线性微分算子 (例如, $Lu = \Delta u$, $L_j u$ 可以是 $\dfrac{\partial u}{\partial \nu}$ 或 u), $g_j(x)$ 和 $f(x)$ 是已知函数.

仅满足边值的函数是容易找到的. 设 u_0 是在 Ω 中足够光滑且满足 (6.1.3) 中边值的函数, 于是 $v = u - u_0$ 满足齐次边值条件 $L_j v = 0$ 及非齐次方程 $Lv = Lu - Lu_0 = f - Lu_0$, 故今后我们总假设边界是齐次的, 即只需考虑问题

$$\begin{cases} Lu = f(x), \ x \in \Omega, \\ L_j u|_{\partial\Omega} = 0, \ j = 1, 2, \cdots, r. \end{cases} \tag{6.1.4}$$

线性定解问题对应于 Hilbert 空间 H 中的一个线性算子方程 $Au = f$, 其中, A 的定义域 D_A 是 H 的一个线性稠密子集. 例如, 当 $H = L_2(\Omega)$ 时, 取

$$D_A = \{u \mid L_j u|_{\partial\Omega} = 0, \ j = 1, 2, \cdots, r, \ u足够光滑\},$$

使 D_A 在 H 中是一线性稠密集合. Au 的值与 Lu 的值在 D_A 上是相同的, 故求解边值问题 (6.1.4) 就是在 D_A 上求解方程

$$Au = f(x). \tag{6.1.5}$$

所以, 只讨论求解算子方程 (6.1.5) 即可. 以后讲到已给线性集合 D_A 上与已知微分算子 L 相同的算子 A 时, 就简单地说定义在这个线性集合上的算子 A.

因为 L 是自伴随的, 所以对任意的 $u, v \in D_A$, 有 $(Lu, v) = (u, Lv)$, 从而有

$$(Au, v) = (Lu, v) = (u, Lv) = (u, Av).$$

我们称满足等式 $(Au, v) = (u, Av)$ 的算子 A 为**对称算子**. 为了导出与求解边值问题 (6.1.4) 等价的变分问题, 下面引入正算子的概念.

设 A 是定义在 Hilbert 空间 H 的某一线性稠密子集 D_A 上的线性算子, 若对 D_A 中任意元素 u, 有 $(Au, u) \geqslant 0$ 且等号成立当且仅当 $u = 0$, 则称 A 是正算子.

定理 6.1.1 (唯一性) 若 A 是正算子, 则方程 (6.1.5) 至多有一个解 $u \in D_A$.

证明 若 (6.1.5) 有两个解 u 和 v, 则

$$Au = f, \ Av = f.$$

二式相减得 $A(u - v) = 0$, 从而 $(A(u - v), u - v) = 0$, 因为 A 是正算子, 所以 $u - v = 0$, 即 $u = v$. □

定理 6.1.2 (等价性) 设 A 是对称正算子, 若方程 (6.1.5) 在 D_A 上有解 u_0, 则 u_0 必是定义在 D_A 上的泛函

$$F(u) = (Au, u) - 2(u, f) \tag{6.1.6}$$

的极小函数; 反之, 若 $u_0 \in D_A$ 是 $F(u)$ 的极小函数, 则有 $Au_0 = f$.

证明 设 $Au_0 = f$, 则对任 $v \in D_A$, $v \neq u_0$, 令 $\eta = v - u_0$. 由于 D_A 是线性子集合, 则 $\eta \in D_A$. 利用算子 A 的对称性将表达式

$$F(v) = F(u_0 + \eta) = (A(u_0 + \eta), u_0 + \eta) - 2(u_0 + \eta, f)$$

展开, 得

$$\begin{aligned}
F(v) &= (Au_0, u_0) + 2(Au_0, \eta) + (A\eta, \eta) - 2(u_0, f) - 2(\eta, f) \\
&= F(u_0) + 2(Au_0 - f, \eta) + (A\eta, \eta) \\
&= F(u_0) + (A\eta, \eta) \\
&> F(u_0).
\end{aligned}$$

最后一步用了 A 是正算子这一事实, 上式说明 u_0 是 F 的极小函数.

反之, 设 u_0 使 $F(u)$ 取最小值, η 是 D_A 中任一元素, 则 $u_0 + \lambda\eta$ 亦属于 D_A, 其中 λ 是任意实数. 当 $|\lambda|$ 充分小时, 有 $F(u_0 + \lambda\eta) \geqslant F(u_0)$. 对任意固定的 $\eta \in D_A$, $F(u_0 + \lambda\eta)$ 是 λ 的函数, 于是, 由函数取极值的必要条件知 $F'_\lambda(u_0 + \lambda\eta)|_{\lambda=0} = 0$, 经过计算得到

$$F'_\lambda|_{\lambda=0} = 2(Au_0, \eta) - 2(\eta, f) = 0,$$

即 $(Au_0 - f, \eta) = 0$. 若 $Au_0 - f \in D_A$, 取 $\eta = Au_0 - f$, 由上式便得 $Au_0 - f = 0$, 即 $Au_0 = f$; 若 $Au_0 - f \notin D_A$, 由于 D_A 在 H 中稠密, 则存在函数列 $\{\eta_n\} \subset D_A$, 当 $n \to \infty$ 时, $\eta_n \to Au_0 - f$ 在 H 中成立, 于是由 $(Au_0 - f, \eta_n) = 0$, 令 $n \to \infty$ 便得 $(Au_0 - f, Au_0 - f) = 0$, 故有 $Au_0 = f$. 即 u_0 是算子方程 $Au = f$ 的解. $\quad\square$

由于定理 6.1.2 的建立, 使我们能够通过在 D_A 上求泛函 F 的极小函数来代替解算子方程 $Au = f$, 从而得到定解问题 (6.1.4) 的解. 下面, 以位势方程的定解问题为例说明此法的应用.

设 Ω 是 $\mathbb{R}^m (m \geqslant 2)$ 中一有界区域, 对于位势方程

$$-\Delta u = f(x), \ x \in \Omega, \tag{6.1.7}$$

考虑三种基本边值问题的边值条件:

(1) Dirichlet 问题: $u|_{\partial\Omega} = 0$;

(2) Neumann问题: $\left.\dfrac{\partial u}{\partial \nu}\right|_{\partial\Omega} = 0$;

(3) Robin 问题: $\left[\dfrac{\partial u}{\partial \nu} + \sigma(x)u\right]\Big|_{\partial\Omega} = 0, \ \sigma(x) \geqslant \sigma_0 > 0$.

其中, σ_0 是正常数, ν 是 $\partial\Omega$ 的单位外法向. 为了把求解这三类边值问题化为求对应的泛函的极小函数问题, 须首先验证它们各自对应的算子是对称正算子. 下面逐一验证, 取 Hilbert 空间为 $L_2(\Omega)$.

对应于 Dirichlet 问题的算子 $-\Delta$ 的定义域为

$$D_1 = \left\{u \mid u \in C^2(\overline{\Omega}), \ u|_{\partial\Omega} = 0\right\}.$$

若 $u, v \in D_1$, 由 Green 第二公式(5.1.7), 有

$$\begin{aligned}
(-\Delta u, v) - (u, -\Delta v) &= \int_\Omega (u\Delta v - v\Delta u)\mathrm{d}x \\
&= \int_{\partial\Omega} \left(u\frac{\partial v}{\partial \nu} - v\frac{\partial u}{\partial \nu}\right)\mathrm{d}S \\
&= 0,
\end{aligned}$$

即 $-\Delta$ 是 D_1 上的对称算子. 另外, 当 $u \in D_1$ 时, 有

$$
\begin{aligned}
(-\Delta u, u) &= -\int_\Omega u \Delta u \, \mathrm{d}x \\
&= \int_\Omega \sum_{i=1}^n \left(\frac{\partial u}{\partial x_i}\right)^2 \mathrm{d}x \\
&= \int_\Omega |\mathrm{D}u|^2 \mathrm{d}x \geqslant 0,
\end{aligned}
\tag{6.1.8}
$$

当且仅当 u 恒等于常数时等号成立. 由 u 的连续性及边值条件知在 Ω 上 $u \equiv 0$. 所以, $-\Delta$ 是 D_1 上的对称正算子.

对应于 Robin 问题的算子 $-\Delta$ 的定义域为

$$
D_\sigma = \left\{ u \,\middle|\, u \in C^2(\overline{\Omega}), \left[\frac{\partial u}{\partial \nu} + \sigma(x)u\right]\Big|_{\partial \Omega} = 0 \right\}.
$$

则当 $u, v \in D_\sigma$ 时, 由 Green 第二公式 (5.1.7), 有

$$
\begin{aligned}
(-\Delta u, v) - (u, -\Delta v) &= -\int_\Omega (v\Delta u - u\Delta v) \, \mathrm{d}x \\
&= -\int_{\partial \Omega} \left(v\frac{\partial u}{\partial \nu} - u\frac{\partial v}{\partial \nu}\right) \mathrm{d}S \\
&= \int_{\partial \Omega} (\sigma u v - \sigma v u) \mathrm{d}S \\
&= 0,
\end{aligned}
$$

即 $-\Delta$ 是 D_σ 上的对称算子. 令 $u \in D_\sigma$, 则有

$$
\begin{aligned}
(-\Delta u, u) &= \int_\Omega -\Delta u \cdot u \, \mathrm{d}x \\
&= -\int_{\partial \Omega} u\frac{\partial u}{\partial \nu} \, \mathrm{d}S + \int_\Omega |\mathrm{D}u|^2 \mathrm{d}x \\
&= \int_{\partial \Omega} \sigma(x)u^2 \, \mathrm{d}S + \int_\Omega |\mathrm{D}u|^2 \mathrm{d}x \\
&\geqslant \min\{\sigma_0, 1\} \left(\int_{\partial \Omega} u^2 \mathrm{d}S + \int_\Omega |\mathrm{D}u|^2 \mathrm{d}x\right) \\
&\geqslant 0,
\end{aligned}
\tag{6.1.9}
$$

当且仅当 $\displaystyle\int_{\partial \Omega} u^2 \mathrm{d}S$ 和 $\displaystyle\int_\Omega |\mathrm{D}u|^2 \mathrm{d}x$ 同时为零时最后的等号才成立, 从而推知 $(-\Delta u, u) = 0$ 的充要条件是 $u \equiv 0$. 所以 $-\Delta$ 是 D_σ 上的对称正算子.

在着手处理 Neumann 问题之前, 注意到这个问题不是对任何函数 f 都是可解的. 因为, 对方程 $-\Delta u = f(x)$ 两边在 Ω 上积分, 用 (5.1.4) 式及边值条件可得

$$
\int_\Omega f(x)\mathrm{d}x = -\int_\Omega \Delta u \, \mathrm{d}x = \int_{\partial \Omega} \frac{\partial u}{\partial \nu} \mathrm{d}S = 0.
$$

所以, 条件

$$\int_\Omega f(x)\,\mathrm{d}x = 0$$

是 Neumann 问题可解的必要条件. 另外, Neumann 问题的解不唯一, 因为任何一个解加上一个任意常数后仍为问题的解. 为了保证解唯一, 需要对解附加另外的限制. 例如, 要求解 u 满足条件 $\int_\Omega u\,\mathrm{d}x = 0$. 显然, Neumann 问题的这种解是唯一的. 于是, 我们可以选择 Neumann 问题对应的算子 $-\Delta$ 的定义域 D_0 如下:

$$D_0 = \left\{ u \,\Big|\, u \in C^2(\overline{\Omega}), \ \frac{\partial u}{\partial \nu}\Big|_{\partial \Omega} = 0, \ \text{且} \int_\Omega u\,\mathrm{d}x = 0 \right\},$$

则可以证明 $-\Delta$ 是 D_0 上的对称正算子 (证明留作练习).

于是, 根据定理 6.1.2, 位势方程的三类边值问题的求解依次分别化为下列泛函

$$F(u) = \int_\Omega (|\mathrm{D}u|^2 - 2uf)\,\mathrm{d}x,$$

$$F(u) = \int_\Omega (|\mathrm{D}u|^2 - 2uf)\,\mathrm{d}x,$$

$$F(u) = \int_\Omega (|\mathrm{D}u|^2 - 2uf)\,\mathrm{d}x + \int_{\partial\Omega} \sigma(x)u^2\,\mathrm{d}S$$

分别在集合 D_1, D_0 和 D_σ 上求极小函数的问题.

6.1.3 正定算子 弱解存在性

当 A 是对称正算子时, 上一小节证明了求解算子方程 $Au = f$ 的问题与求泛函 $F(u) = (Au, u) - 2(u, f)$ 的极小问题等价. 但我们必须注意到, 上述断言的前提是: 事先假定了方程 (6.1.5) 在 D_A 中有解或泛函 (6.1.6) 的极小函数在 D_A 中存在. 但是, 这个前提还不一定成立. 当 D_A 过小时, 泛函 (6.1.6) 的极小问题就可能无解. 因此, 为保证解的存在性, 有必要开拓 D_A, 使在开拓后的 D_A 上 (6.1.6) 的极小函数存在. 由于这个原因, 需要讨论比正算子更强的算子, 即正定算子.

设 A 是 D_A 上的线性算子, 若存在常数 $\gamma > 0$, 对任意 $u \in D_A$, 有

$$(Au, u) \geqslant \gamma^2(u, u),$$

则称算子 A 是 D_A 上的正定算子.

为了开拓线性集合 D_A, 设 A 是对称正定算子. 在 D_A 上引入新内积

$$(u, v)_* = (Au, v), \tag{6.1.10}$$

此处, 括号 $(\ ,\ )_*$ 表示新内积, 以区别原内积 $(\ ,\ )$. 易验证这样定义的内积满足内积公理, 由新内积诱导出的新范数记为

$$\|u\|_* = \sqrt{(u,u)_*} = \sqrt{(Au,u)}, \ u \in D_A.$$

按此范数把 D_A 完备化, 得到一个新的 Hilbert 空间, 记为 H_*. 显然, 由这个空间的构造知道, 线性集合 D_A 在 H_* 中稠密. 从算子 A 的正定性知

$$\|u\| \leqslant \frac{1}{\gamma}\|u\|_*, \ u \in D_A, \tag{6.1.11}$$

这里, $\|\cdot\|$ 表示原空间 H 中的范数.

利用 (6.1.11) 式可以建立空间 H_* 与空间 H 的某一子集之间的一一对应关系如下: 若 $u \in D_A$, 规定 u 与本身对应; 若 $u \in H_*$ 但 $u \notin D_A$, 由 H_* 的构造, 知存在元素列 $\{u_n\} \subset H_*$, 它在 H_* 中收敛到 u, 由不等式 (6.1.11) 知 $\{u_n\}$ 也是 Hilbert 空间 H 中的 Cauchy 序列, 因此, $\{u_n\}$ 在 H 中收敛到一个元素 $\tilde{u}$, 我们规定 u 对应于 $\tilde{u}$. 易知这个对应与序列 $\{u_n\}$ 的选择无关. 下证它是一一对应, 设 H_* 中的元素 u, v 分别对应于 H 中的元素 $\tilde{u}$, $\tilde{v}$, 若 $\tilde{u} = \tilde{v}$, 则必有 $u = v$. 事实上, 由对应规律, 存在 $\{u_n\} \subset D_A$, $\{v_n\} \subset D_A$, 它们在 H_* 中分别收敛到 u 和 v, 而在 H 中都收敛到 $\tilde{u} = \tilde{v}$. 于是, 对任意的 $\varphi \in D_A$, 有

$$\begin{aligned}
(\varphi, u_n - v_n)_* &= (A\varphi, u_n - v_n) \\
&\leqslant \|A\varphi\|\|u_n - v_n\| \\
&\leqslant \|A\varphi\|(\|u_n - \tilde{u}\| + \|v_n - \tilde{u}\|) \\
&\to 0 \ (\text{当 } n \to \infty \text{ 时}).
\end{aligned}$$

由于 D_A 在 H_* 中稠密, 故上式对任意 $\varphi \in H_*$ 也成立. 在上式中取 $\varphi = u - v$, 便得 $(u-v, u-v)_* = \|u-v\|_*^2 = 0$, 得 $u - v = 0$, 所以, 在 H_* 中 $u = v$, 即对应是一一的. 于是, 可将 H_* 空间的元素 u 与它在 H 中的对应元素 $\tilde{u}$ 视为同一, 即有 $H_* \subset H$. 于是, 泛函 $F(u)$ 在开拓后的空间 H_* 上处处有定义.

定理 6.1.3 (极小函数存在性) 若 A 是对称正定算子, 则泛函 $F(u)$ 在 H_* 中存在极小函数.

证明 由 (6.1.11), 得

$$|(f,u)| \leqslant \|f\|\|u\| \leqslant \frac{\|f\|}{\gamma}\|u\|_*,$$

故 (f,u) 是 H_* 上线性连续泛函, 由 Riesz 表现定理, 存在唯一的 $u_0 \in H_*$, 使得

对任意 $u \in H_*$, 有 $(f, u) = (u, u_0)_*$. 于是, 泛函 $F(u)$ 可写为

$$
\begin{aligned}
F(u) &= (u, u)_* - 2(u, u_0)_* \\
&= (u - u_0, u - u_0)_* - (u_0, u_0)_* \\
&= \|u - u_0\|_*^2 - \|u_0\|_*^2 \\
&\geqslant -\|u_0\|_*^2, \ \forall u \in H_*.
\end{aligned}
$$

这说明泛函 $F(u)$ 当 $u = u_0$ 时取到极小值. $\qquad \qquad \square$

　　注意到使泛函取极小值的元素 u_0 不一定属于 D_A, 而只属于开拓后的空间 H_*, 另外, 所讨论的泛函 $F(u)$ 是从求解边值问题 (6.1.4) 演化出来, 故当 $u_0 \notin D_A$ 时, 它可能不满足 (6.1.4) 中的边值条件, 而且对于算子 A 来讲, Au_0 可能没有意义. 因此, 用变分方法得到的解, 就不一定在古典意义下满足边值问题 (6.1.4). 所以, 我们称此解为边值问题 (6.1.4) 的弱解 (或广义解).

　　若已知 H_* 中一完全标准正交化序列 $\{\varphi_n\}$, 且 $Au_0 = f$, 则泛函 (6.1.6) 的极小函数 u_0 可以用级数表示为

$$
u_0 = \sum_{k=1}^{\infty} (u_0, \varphi_k)_* \varphi_k = \sum_{k=1}^{\infty} (f, \varphi_k) \varphi_k. \tag{6.1.12}
$$

以 d 表示泛函 (6.1.6) 的极小值. 若能在 Hilbert 空间 H_* 中构造出元素列 $\{u_n\}$, Au_n 有意义且满足

$$
\lim_{n \to \infty} F(u_n) = d,
$$

则称元素列 $\{u_n\}$ 为极小化序列. 我们有

　　定理 6.1.4 (极小化序列的收敛性)　若 A 是对称正定算子, 则 $F(u)$ 的每个极小化序列按 Hilbert 空间 H 中的范数, 也按 H_* 中的范数收敛于泛函 F 的极小函数 u_0.

　　证明　由已知, 得

$$
d = F(u_0) = -\|u_0\|_*^2.
$$

设 $\{u_n\}$ 是极小化序列, 即

$$
\lim_{n \to \infty} (\|u_n - u_0\|_*^2 - \|u_0\|_*^2) = -\|u_0\|_*^2,
$$

从而

$$
\lim_{n \to \infty} \|u_n - u_0\|_*^2 = 0,
$$

即 u_n 在 H_* 中收敛于 u_0. 再由不等式 (6.1.11)(它在 H_* 中成立), 有

$$
\|u_n - u_0\| \leqslant \frac{1}{\gamma} \|u_n - u_0\|_* \to 0, \ \text{当 } n \to \infty \text{时},
$$

所以, u_n 在 H 中也收敛于 u_0. □

由定理 6.1.4 可以得出这样的结论: 极小化序列中每一元素可以作为边值问题 (6.1.4) 的近似解. 所谓的 Ritz (里茨) 方法就是构造极小化序列的一种方法, 其本质就是作出级数 (6.1.12) 的前几项的部分和.

从上面的叙述中可以看出, 当假设了 A 是对称正定算子后, 不但证明了泛函 (6.1.6) 的极小函数存在, 并且指出了用构造极小化序列的方法可得到问题的近似解. 下面验证在 6.1.2 小节中提出的位势方程的三类边值问题所对应的算子是正定的.

例 6.1.1 算子 $-\Delta$ 在线性集合 D_1 上是正定的.

解 由 Friedrichs 不等式

$$\int_\Omega |Du|^2 dx \geqslant \frac{1}{c} \int_\Omega u^2 dx$$

及 (6.1.8) 式便得算子 $-\Delta$ 的正定性. 为了清楚且直观, 下例在二维有界区域 Ω 中讨论.

例 6.1.2 算子 $-\Delta$ 在线性集合 D_σ 上是正定的.

解 我们不妨设区域 Ω 在第一象限内, 且完全含于闭域

$$\Omega_1 = \{0 \leqslant x \leqslant a, \ 0 \leqslant y \leqslant b\}$$

之内. 由不等式 (6.1.9), 只需证明不等式

$$c \left[\int_{\partial\Omega} u^2 \, dS + \iint_\Omega (u_x^2 + u_y^2) \, dxdy \right] \geqslant \iint_\Omega u^2 \, dxdy \tag{6.1.13}$$

对某正数 c 成立即可.

令 $u = gv$, 其中, v 是引入的未知函数, g 是待定函数. 于是

$$u_x^2 + u_y^2 = g^2 \left(v_x^2 + v_y^2\right) - v^2 g\Delta g + \left(v^2 g g_x\right)_x + \left(v^2 g g_y\right)_y$$
$$\geqslant -v^2 g\Delta g + \left(v^2 g g_x\right)_x + \left(v^2 g g_y\right)_y.$$

将上面的不等式在 Ω 上积分, 并对右边最后两项应用散度定理 (3.0.1), 得

$$\iint_\Omega (u_x^2 + u_y^2) \, dx \, dy \geqslant - \iint_\Omega v^2 g\Delta g \, dx \, dy + \int_{\partial\Omega} v^2 g \frac{\partial g}{\partial \nu} \, dS.$$

所以

$$- \iint_\Omega v^2 g\Delta g \, dx \, dy \leqslant \iint_\Omega (u_x^2 + u_y^2) \, dx \, dy + \left| \int_{\partial\Omega} v^2 g \frac{\partial g}{\partial \nu} \, dS \right|,$$

即

$$- \iint_\Omega u^2 \frac{\Delta g}{g} dxdy \leqslant \iint_\Omega (u_x^2 + u_y^2) dxdy + \int_{\partial\Omega} u^2 \left| \frac{1}{g} \frac{\partial g}{\partial \nu} \right| dS. \tag{6.1.14}$$

由上式知道, 若存在正的常数 c_1, c_2 和函数 g, 使得

$$-\left.\frac{\Delta g}{g}\right|_{\Omega} \geqslant c_1 > 0, \quad \left.\left|\frac{1}{g}\frac{\partial g}{\partial \nu}\right|\right|_{\partial \Omega} \leqslant c_2, \tag{6.1.15}$$

则由 (6.1.14) 得

$$c_1 \iint_{\Omega} u^2 \,\mathrm{d}x\mathrm{d}y \leqslant \iint_{\Omega} (u_x^2 + u_y^2)\mathrm{d}x\mathrm{d}y + c_2 \int_{\partial \Omega} u^2 \mathrm{d}S.$$

取

$$c = \max\left\{\frac{1}{c_1}, \frac{c_2}{c_1}\right\},$$

即得不等式 (6.1.13). 于是, 算子 $-\Delta$ 在 D_σ 上是正定的.

不难找到满足 (6.1.15) 式的函数, 例如可取

$$g = \sin\frac{\pi x}{a}\sin\frac{\pi y}{b},$$

此时

$$c_1 = \pi^2\left(\frac{1}{a^2} + \frac{1}{b^2}\right),$$

c_2 为某正的常数.

例 6.1.3 算子 $-\Delta$ 在线性集合 D_0 上是正定的.

利用 Poincaré (庞加莱) 不等式

$$\int_{\Omega} u^2 \,\mathrm{d}x \leqslant c_0 \int_{\Omega} |\mathrm{D}u|^2 \mathrm{d}x + c_1\left(\int_{\Omega} u \,\mathrm{d}x\right)^2$$

可以证明本例 (留作练习). 其中, 正的常数 c_0, c_1 仅与 Ω 和空间维数有关.

下面讨论重调和算子 Δ^2, 设 Ω 表示二维平面上一有界区域, 在 Ω 内考虑重调和方程的边值问题

$$\begin{cases} \Delta^2 u = f, \ (x,y) \in \Omega \subset \mathbb{R}^2, \\ u|_{\partial \Omega} = 0, \\ \left.\dfrac{\partial u}{\partial \nu}\right|_{\partial \Omega} = 0, \end{cases} \tag{6.1.16}$$

其中, ν 是 $\partial \Omega$ 的单位外法向.

设 D 是满足下列条件的函数的集合:

(i) 在 $\overline{\Omega}$ 上四次连续可微;

(ii) 在 $\partial \Omega$ 上满足 (6.1.16) 中的边值条件.

例 6.1.4　算子 Δ^2 在线性集合 D 上是对称正定算子.

当 $u \in D$ 时, 法向微商 $\dfrac{\partial u}{\partial \nu}\Big|_{\partial \Omega} = 0$. 由 u 在边界上恒为零, 知 u 的切向微商在 $\partial \Omega$ 上处处为零. 由此得到

$$u_x|_{\partial \Omega} = 0, \ u_y|_{\partial \Omega} = 0. \tag{6.1.17}$$

Δ^2 在 D 上的对称性由 Green 第一公式和分部积分可得. 下证正定性.

$$
\begin{aligned}
(\Delta^2 u, u) &= \iint_\Omega u \Delta^2 u \,\mathrm{d}x\mathrm{d}y \\
&= \iint_\Omega (\Delta u)^2 \,\mathrm{d}x\mathrm{d}y \\
&= \iint_\Omega (u_{xx}^2 + 2u_{xx}u_{yy} + u_{yy}^2)\,\mathrm{d}x\mathrm{d}y.
\end{aligned} \tag{6.1.18}
$$

用分部积分法及 (6.1.17) 式可得

$$\iint_\Omega u_{xx}u_{yy}\,\mathrm{d}x\,\mathrm{d}y = \iint_\Omega u_{xy}^2\,\mathrm{d}x\mathrm{d}y.$$

将此式代入 (6.1.18) 式, 得

$$(\Delta^2 u, u) = \iint_\Omega (u_{xx}^2 + 2u_{xy}^2 + u_{yy}^2)\,\mathrm{d}x\mathrm{d}y. \tag{6.1.19}$$

由于 (6.1.17) 式, 可对函数 u_x 和 u_y 分别应用 Friedrichs 不等式, 得

$$
\begin{aligned}
\iint_\Omega u_x^2 \,\mathrm{d}x\mathrm{d}y &\leqslant \frac{1}{k}\iint_\Omega |\mathrm{D}u_x|^2 \,\mathrm{d}x\mathrm{d}y = \frac{1}{k}\iint_\Omega \left(u_{xx}^2 + u_{xy}^2\right)\mathrm{d}x\mathrm{d}y, \\
\iint_\Omega u_y^2 \,\mathrm{d}x\mathrm{d}y &\leqslant \frac{1}{k}\iint_\Omega |\mathrm{D}u_y|^2 \,\mathrm{d}x\mathrm{d}y = \frac{1}{k}\iint_\Omega \left(u_{xy}^2 + u_{yy}^2\right)\mathrm{d}x\mathrm{d}y.
\end{aligned}
$$

这里, k 是正的常数. 以上两个不等式相加, 得到

$$\iint_\Omega \left(u_x^2 + u_y^2\right)\mathrm{d}x\mathrm{d}y \leqslant \frac{1}{k}\iint_\Omega \left(u_{xx}^2 + 2u_{xy}^2 + u_{yy}^2\right)\mathrm{d}x\mathrm{d}y. \tag{6.1.20}$$

对 u 再用 Friedrichs 不等式, 得

$$\iint_\Omega u^2 \,\mathrm{d}x\mathrm{d}y \leqslant \frac{1}{k}\iint_\Omega \left(u_x^2 + u_y^2\right)\mathrm{d}x\mathrm{d}y. \tag{6.1.21}$$

比较 (6.1.20) 和 (6.1.21), 并注意到 (6.1.19), 可得

$$\iint_\Omega u^2 \,\mathrm{d}x\mathrm{d}y \leqslant \frac{1}{k^2}(\Delta^2 u, u).$$

从而证明了算子 Δ^2 在 M 上是正定的.

由此可知, 解重调和方程的边值问题 (6.1.16) 可以用求泛函

$$F(u) = \iint_\Omega [(\Delta u^2) - 2fu]\mathrm{d}x\mathrm{d}y$$

在 D 上的极小函数来代替. 如上文所讲, 极小函数在 D 的新的完备化空间中存在.

6.2 Laplace 算子的特征值问题

在 3.3 节中讨论 Sturm-Liouville 特征值问题时, 我们已经使用变分法证明了特征值与特征函数的存在性. 鉴于 Laplace 算子的特征值问题在理论和应用中的重要性, 并为了展示变分方法在解决特征值问题时的思想和一般程序, 本节将讨论Laplace算子 $-\Delta$ 的如下特征值问题:

$$\begin{cases} -\Delta u = \lambda u, \ x \in \Omega, \\ u = 0, \ x \in \partial\Omega, \end{cases} \tag{6.2.1}$$

其中, $\Omega \subset \mathbb{R}^n (n \geqslant 3)$ 是有界区域.

若有实数 λ 及函数 $u \in H_0^1(\Omega)$, $u \neq 0$, 满足

$$\int_\Omega Du \cdot Dv \, \mathrm{d}x = \lambda \int_\Omega uv \, \mathrm{d}x, \quad \forall v \in H_0^1(\Omega), \tag{6.2.2}$$

则称 λ 是 Laplace 算子 $-\Delta$ 的 (广义) 特征值, 而称 u 是 (算子 $-\Delta$ 的) 对应于特征值 λ 的 (广义) 特征函数.

6.2.1 特征值与特征函数的存在性

我们在 Sobolev 空间 $H_0^1(\Omega)$ 中讨论特征值问题 (6.2.1), 记

$$Q[u] \equiv \int_\Omega |Du|^2 \mathrm{d}x = \|u\|_{H_0^1}^2, \ \forall u \in H_0^1(\Omega).$$

则由 Friedrichs 不等式, 有

$$Q[u] = \int_\Omega |Du|^2 \mathrm{d}x \geqslant c \int_\Omega u^2 \mathrm{d}x = c\|u\|_2^2. \tag{6.2.3}$$

其中, $c > 0$ 仅与 Ω 和空间维数 n 有关. 此处及下文, 在下标中用 H_0^1 表示 $H_0^1(\Omega)$, 而 $\|\cdot\|_2$ 表示 $L_2(\Omega)$ 范数 $\|\cdot\|_{L_2(\Omega)}$.

定义泛函

$$J[u] = \frac{Q[u]}{\|u\|_2^2}, \ \forall u \in H_0^1(\Omega), \ \text{且} \ u \neq 0. \tag{6.2.4}$$

令

$$K_1 = \{u \mid u \in H_0^1(\Omega), \text{ 且 } u \neq 0\},$$

$$K_1' = \{u \mid u \in H_0^1(\Omega), \text{ 且 } \|u\|_2 = 1\}.$$

由 (6.2.3) 知对任意 $u \in H_0^1(\Omega)$, $J[u] \geqslant c > 0$, 故 J 在 $H_0^1(\Omega)$ 上有正下界, 从而

$$\lambda_1 = \inf_{u \in K_1} J[u] = \inf_{u \in K_1'} Q[u] \tag{6.2.5}$$

存在, 且 $\lambda_1 \geqslant c > 0$.

定理 6.2.1 ($-\Delta$ 的主特征值)　由 (6.2.5) 所定义的实数 λ_1 是算子 $-\Delta$ 的主特征值, 即最小特征值.

证明　(1) 取 $Q[u]$ 的极小化序列 $\{u_k\} \subset K_1'$, 即有

$$\lim_{k \to \infty} Q[u_k] = \lambda_1. \tag{6.2.6}$$

由此式知数列 $\{Q[u_k]\}$ 有界, 即 $\{\|u_k\|_{H_0^1}\}$ 有界. 因 $H_0^1(\Omega)$ 中的有界序列是 $L_2(\Omega)$ 中的列紧序列, 故存在子列, 仍记为 $\{u_k\}$, 它在 $L_2(\Omega)$ 中收敛到一个函数 $u \in L_2(\Omega)$, 即

$$\lim_{k \to \infty} \|u_k - u\|_2 = 0, \quad \|u\|_2 = 1. \tag{6.2.7}$$

(2) 由 (6.2.7), 得

$$\left\| \frac{u_k + u_l}{2} - u \right\|_2 \leqslant \frac{1}{2}\|u_k - u\|_2 + \frac{1}{2}\|u_l - u\|_2$$

$$\to 0, \text{ 当 } k, l \to \infty \text{ 时}.$$

所以

$$\left\| \frac{u_k + u_l}{2} \right\|_2 \to \|u\|_2 = 1, \text{ 当 } k, l \to \infty \text{ 时}. \tag{6.2.8}$$

由 (6.2.5) 知

$$Q[u] \geqslant \lambda_1 \|u\|_2^2, \ \forall u \in H_0^1(\Omega). \tag{6.2.9}$$

又易验证

$$Q\left[\frac{u_k - u_l}{2}\right] + Q\left[\frac{u_k + u_l}{2}\right] = \frac{1}{2}Q[u_k] + \frac{1}{2}Q[u_l],$$

于是, 由上式及 $Q[u]$ 的定义, 并用 (6.2.9) 和 (6.2.6), 得

$$\frac{1}{4}\|u_k - u_l\|_{H_0^1}^2 = \left\| \frac{u_k - u_l}{2} \right\|_{H_0^1}^2 = Q\left[\frac{u_k - u_l}{2}\right]$$

$$\leqslant \frac{1}{2}Q[u_k] + \frac{1}{2}Q[u_l] - \lambda_1 \left\| \frac{u_k + u_l}{2} \right\|_2^2$$

$$\to \frac{\lambda_1}{2} + \frac{\lambda_1}{2} - \lambda_1 = 0, \text{ 当 } k, l \to \infty \text{ 时}.$$

故 $\{u_k\}$ 是 $H_0^1(\Omega)$ 中 Cauchy 序列, 由 (6.2.3) 及极限唯一性知 (6.2.7) 式中的 u 也是序列 $\{u_k\}$ 在 $H_0^1(\Omega)$ 中的极限, 即

$$\lim_{k \to \infty} \|u_k - u\|_{H_0^1} = 0, \ \text{且} \ u \in H_0^1(\Omega). \tag{6.2.10}$$

(3) 由 (6.2.10) 可得

$$|Q[u_k] - Q[u_l]| = \big| \|u_k\|_{H_0^1}^2 - \|u_l\|_{H_0^1}^2 \big|$$
$$\to 0, \ \text{当} \ k, l \to \infty \ \text{时}.$$

由此得

$$\lambda_1 = \lim_{k \to \infty} Q[u_k] = Q[u] = \frac{Q[u]}{\|u\|_2^2}$$
$$= J[u] = \inf_{v \in K_1} J[v]. \tag{6.2.11}$$

于是, 对任意取定的 $0 \neq v \in H_0^1(\Omega)$, $J[u + tv]$ 作为 $t \in \mathbb{R}$ 的函数在 $t = 0$ 取到极小值, 所以

$$\frac{\mathrm{d}J}{\mathrm{d}t}\bigg|_{t=0} = 0. \tag{6.2.12}$$

由此通过微商运算得到

$$\int_\Omega \mathrm{D}u \cdot \mathrm{D}v \, \mathrm{d}x - \frac{Q[u]}{\|u\|_2^2} \int_\Omega uv \, \mathrm{d}x = 0. \tag{6.2.13}$$

结合 (6.2.11) 式, 便得

$$\int_\Omega \mathrm{D}u \cdot \mathrm{D}v \, \mathrm{d}x = \lambda_1 \int_\Omega uv \, \mathrm{d}x.$$

由 $v \in H_0^1(\Omega)$ 的任意性, 便知 λ_1 是算子 $-\Delta$ 的特征值, u 是对应的特征函数.

(4) 设 λ 是 $-\Delta$ 的任意一个特征值, $v \in H_0^1(\Omega)$ 是对应的特征函数, 则

$$\int_\Omega \mathrm{D}v \cdot \mathrm{D}\varphi \, \mathrm{d}x = \lambda \int_\Omega v\varphi \, \mathrm{d}x, \quad \forall \varphi \in H_0^1(\Omega).$$

在上式中取 $\varphi = v$, 得

$$\lambda = \int_\Omega |\mathrm{D}v|^2 \mathrm{d}x \bigg/ \int_\Omega v^2 \, \mathrm{d}x = \frac{Q[v]}{\|v\|_2^2}$$
$$= J[v] \geqslant \inf_{w \in K_1} J[w] = \lambda_1,$$

即 λ_1 是 $-\Delta$ 的最小特征值. $\qquad \square$

定理 6.2.2 (多个特征值与特征函数的存在性) $-\Delta$ 的所有特征值 (包括重数) 组成无穷数列

$$0 < \lambda_1 \leqslant \lambda_2 \leqslant \cdots \leqslant \lambda_m \leqslant \cdots,$$

对应的特征函数为

$$u_1, \; u_2, \cdots, \; u_m, \cdots,$$

满足 $\|u_k\|_2 = 1, \; k = 1, 2, \cdots$.

证明 (1) 用数学归纳法证之. 已求得 $\lambda_1 > 0$, 且对应的特征函数 u_1 满足 $\|u_1\|_2 = 1$. 现求 λ_2 及 u_2.

记 $V_1 = \mathrm{span}\{u_1\} \subset L_2(\Omega)$. 用 $V_1^\perp$ 表示 V_1 在 $L_2(\Omega)$ 中的正交补空间. 并令

$$K_2 = \{v \mid 0 \neq v \in H_0^1(\Omega) \cap V_1^\perp\},$$

$$K_2' = \{v \mid v \in K_2, \; \text{且} \; \|v\|_2 = 1\}.$$

(2) 重复定理 6.2.1 中对变分问题 (6.2.5) 的讨论步骤, 可以得到: 存在 $u_2 \in H_0^1(\Omega) \cap V_1^\perp$, 满足 $\|u_2\|_2 = 1$ 及

$$\lambda_2 = Q[u_2] = J[u_2] = \inf_{v \in K_2} J[v] = \inf_{v \in K_2'} Q[v], \tag{6.2.14}$$

$$\int_\Omega \mathrm{D}u_2 \cdot \mathrm{D}v \, \mathrm{d}x = \lambda_2 \int_\Omega u_2 v \, \mathrm{d}x, \; \forall \, v \in K_2. \tag{6.2.15}$$

任取 $v \in H_0^1(\Omega)$, 作正交分解

$$v = \varphi + \psi, \; \psi \in V_1, \; \varphi \in V_1^\perp.$$

因 $\psi \in V_1$, 故有实数 a, 使得 $\psi = au_1$, 因 u_1 是特征函数及 $u_2 \in V_1^\perp$, 便得

$$
\begin{aligned}
\int_\Omega \mathrm{D}u_2 \cdot \mathrm{D}\psi \, \mathrm{d}x &= a \int_\Omega \mathrm{D}u_2 \cdot \mathrm{D}u_1 \, \mathrm{d}x \\
&= a\lambda_1 \int_\Omega u_1 u_2 \, \mathrm{d}x \\
&= 0.
\end{aligned} \tag{6.2.16}
$$

由此并注意到 $(u_2, \psi) = 0$, 就得到

$$
\begin{aligned}
\int_\Omega \mathrm{D}u_2 \cdot \mathrm{D}v \, \mathrm{d}x &= \int_\Omega \mathrm{D}u_2 \cdot \mathrm{D}\psi \, \mathrm{d}x + \int_\Omega \mathrm{D}u_2 \cdot \mathrm{D}\varphi \, \mathrm{d}x \\
&= \int_\Omega \mathrm{D}u_2 \cdot \mathrm{D}\varphi \mathrm{d}x \\
&= \lambda_2 \int_\Omega u_2 \varphi \, \mathrm{d}x \\
&= \lambda_2 \int_\Omega u_2(\varphi + \psi) \mathrm{d}x \\
&= \lambda_2 \int_\Omega u_2 v \, \mathrm{d}x.
\end{aligned}
$$

由 $v \in H_0^1(\Omega)$ 的任意性便知 λ_2 是算子 $-\Delta$ 的特征值, 而 u_2 是对应的特征函数. 由集合 K_1 和 K_2 的定义, 显然有 $\lambda_2 \geqslant \lambda_1$.

(3) 假设已得到 $-\Delta$ 的前 $m - 1$ 个特征值 $0 < \lambda_1 \leqslant \lambda_2 \leqslant \cdots \leqslant \lambda_{m-1}$ 及对应的特征函数 $u_1, u_2, \cdots, u_{m-1}$, 且 $\|u_k\|_2 = 1$, $k = 1, 2, \cdots, m - 1$. 令 $V_{m-1} = \mathrm{span}\{u_1, u_2, \cdots, u_{m-1}\}$, 用 $V_{m-1}^\perp$ 表示 V_{m-1} 在 $L_2(\Omega)$ 中的正交补空间, 并记

$$K_m = \{v \mid 0 \neq v \in H_0^1(\Omega) \cap V_{m-1}^\perp\},$$

$$K_m' = \{v \mid v \in K_m, \text{ 且 } \|v\|_2 = 1\}.$$

则类似第 (2) 步的证明 (留作练习), 可知

$$\lambda_m = \inf_{u \in K_m} J[u] = \inf_{u \in K_m'} Q[u]$$

就是算子 $-\Delta$ 的第 m 个特征值, 且存在对应的特征函数 $u_m \in K_m$, $\|u_m\|_2 = 1$, 即有

$$\int_\Omega \mathrm{D}u_m \cdot \mathrm{D}v \, \mathrm{d}x = \lambda_m \int_\Omega u_m v \mathrm{d}x, \ \forall \ v \in H_0^1(\Omega).$$

由 K_{m-1} 及 K_m 的定义, 显然有 $\lambda_m \geqslant \lambda_{m-1}$. □

6.2.2 特征值与特征函数的性质

Laplace 算子 $-\Delta$ 的特征值和特征函数具有下述重要性质:

定理 6.2.3 (C^∞ 光滑性) 算子 $-\Delta$ 的特征函数 $u \in C^\infty$, 因此, 它在 Ω 上处处满足方程

$$-\Delta u = \lambda u.$$

这个定理是根据方程的弱解的正则性得出的, 已超出本教材的范围, 在此省略.

定理 6.2.4 (主特征函数的定号性) Laplace 算子 $-\Delta$ 的主特征值 λ_1 对应的 (主) 特征函数 u 在 Ω 上恒正或恒负.

证明 (1) 由上所证, 对 λ_1 及其对应的特征函数 $u \in H_0^1(\Omega)$, 有

$$\lambda_1 = Q[u] = \int_\Omega |\mathrm{D}u|^2 \, \mathrm{d}x, \ \|u\|_2 = 1.$$

考虑 u 的正部 u^+ 与负部 u^-. 由定理 5.5.10 中 $\mathrm{D}u^+$ 与 $\mathrm{D}u^-$ 的表达式可知

$$\lambda_1 = \int_\Omega |\mathrm{D}u|^2 \mathrm{d}x$$

$$= \int_\Omega |\mathrm{D}u^+ + \mathrm{D}u^-|^2 \mathrm{d}x$$

$$= \int_{\Omega} |\mathrm{D}u^+|^2 \mathrm{d}x + \int_{\Omega} |\mathrm{D}u^-|^2 \mathrm{d}x$$

$$= Q[u^+] + Q[u^-]$$

$$\geqslant \lambda_1 \|u^+\|_2^2 + \lambda_1 \|u^-\|_2^2$$

$$= \lambda_1 \|u\|_2^2 = \lambda_1.$$

可见上式实为一个等式, 于是

$$Q[u^+] = \lambda_1 \|u^+\|_2^2, \quad Q[u^-] = \lambda_1 \|u^-\|_2^2. \tag{6.2.17}$$

(2) 设 u^+ 不恒为零. 则由 (6.2.4) 与 (6.2.5) 及上式知, u^+ 是对应于特征值 λ_1 的特征函数. 再由定理 6.2.3 知 $u^+ \in C^{\infty}$, 且满足

$$\begin{cases} -\Delta u^+ = \lambda_1 u^+ \geqslant 0, \ x \in \Omega \\ u^+ = 0, \ x \in \partial\Omega. \end{cases}$$

由上调和函数的强最小值原理 (定理5.1.2) 知在 Ω 内 $u^+ > 0$, 从而 $u = u^+ > 0$, $x \in \Omega$.

若在 Ω 内 $u^+ \equiv 0$, 则 $0 \geqslant u^- \equiv u$, 此式与 (6.2.17) 表明 u^- 是对应于特征值 λ_1 的特征函数, 再一次用定理 6.2.3 知 $u^- \in C^{\infty}$, 及

$$\begin{cases} -\Delta u^- = \lambda_1 u^- \leqslant 0, \ x \in \Omega, \\ u^- = 0, \ x \in \partial\Omega. \end{cases}$$

则由下调和函数的强最大值原理 (定理5.1.2) 知在 Ω 内 $u^- < 0$, 即有 $u = u^- < 0$, $x \in \Omega$. □

下面两个定理的证明可仿照 3.3 节 (Sturm-Liouville 特征值问题) 中相应性质与定理的证明进行, 在此不再赘述.

定理 6.2.5 (正交性) 对应于不同特征值的特征函数在 $L_2(\Omega)$ 中正交.

定理 6.2.6 (λ_k 的极限) $-\Delta$ 的特征值序列 $\{\lambda_k\}$ 趋于 $+\infty$, 即

$$\lim_{k \to \infty} \lambda_k = +\infty.$$

定理 6.2.7 (有限维性质) 对应于同一特征值的特征函数组成的空间是有限维的.

证明 反证. 设所论不成立, 则对应于某特征值 λ, 有无限多个线性无关的特征函数 $\{w_k\}$. 不妨设它们在 $L_2(\Omega)$ 中规范正交. 由特征函数的定义, 得

$$\|w_k\|_{H_0^1}^2 = Q[w_k] = \lambda \|w_k\|_2^2 = \lambda.$$

故 $\{w_k\}$ 在 $H_0^1(\Omega)$ 中有界, 从而在 $L_2(\Omega)$ 中列紧, 因此有子列, 仍记为 $\{w_k\}$, 它在 $L_2(\Omega)$ 中收敛. 但这是不可能的, 因为 $\|w_k - w_l\|_2 = \sqrt{2}$. $\square$

定理 6.2.8 (基底) 算子 $-\Delta$ 的特征函数列 $\{u_k\}$ 构成空间 $H_0^1(\Omega)$ 的规范正交基, 其中, 各 u_k $(k = 1, 2, \cdots)$ 对应于互不相同的特征值.

证明 注意到 Hilbert 空间 $H_0^1(\Omega)$ 中的两个函数 u, v 的内积是

$$[u, v] = \int_\Omega \mathrm{D}u \cdot \mathrm{D}v \, \mathrm{d}x,$$

则由定理 (6.2.5) 及特征函数的定义式, 便知特征函数列 $\{u_k\}$ 在 $H_0^1(\Omega)$ 中是正交列, 不妨设 $\|u_k\|_{H_0^1} = 1$, $k = 1, 2, \cdots$. 下证 $\{u_k\}$ 是 $H_0^1(\Omega)$ 的基底. 反证, 设不然, 则存在非零的 $v \in H_0^1(\Omega)$, 它与所有的特征函数正交, 即 $[v, u_k] = 0$, $k = 1, 2, \cdots$. 因 u_m 是对应于 λ_m 的特征函数, 由上式知 $0 = [u_m, v] = \lambda_m (u_m, v)$. 因 $\lambda_m > 0$, 所以 $(u_m, v) = 0$, $m = 1, 2, \cdots$. 即 v 在 $L_2(\Omega)$ 中与所有特征函数正交. 从而, v 与所有空间 $\mathrm{span}\{u_1, u_2, \cdots, u_{m-1}\}$, $m = 2, 3, \cdots$ 正交, 即 $v \in V_{m-1}^\perp$, $m = 2, 3, \cdots$. 因此

$$\lambda_m \leqslant \frac{Q[v]}{\|v\|_2^2}, \quad m = 2, 3, \cdots.$$

令 $m \to \infty$, 由定理 6.2.6, 上式左端趋于 $+\infty$, 而右端是一个确定的常数, 矛盾. $\square$

习 题 6

1. 把波动方程的初边值问题

$$\begin{cases} u_{tt} = u_{xx}, \ 0 < x < l, \ 0 < t < T, \\ u(x, 0) = \varphi(x), \ 0 \leqslant x \leqslant l, \\ u_t(x, 0) = \psi(x), \ 0 \leqslant x \leqslant l, \\ u(0, t) = u(l, t) = 0, \ 0 \leqslant t \leqslant T \end{cases}$$

化为相应的算子方程, 并写出此算子的定义域. 试问此算子是否是正算子?

2. 证明对应于 Neumann 问题的算子 $-\Delta$ 在函数集合 D_0 上是正算子.

3. 设 $L_2(\Omega)$ 中的线性子集合

$$D = \left\{ u \in L_2(\Omega) \, \middle| \, u \in C^2(\overline{\Omega}), \, \frac{\partial u}{\partial \nu} \bigg|_{\partial \Omega} = 0 \right\},$$

其中, ν 是 $\partial \Omega$ 的单位外法向. 证明: 在 D 上定义的算子 $A : Au = -\Delta u$ 是对称算子, 但非正算子.

4. 证明若常微分方程

$$-\frac{\mathrm{d}}{\mathrm{d}x} \left((1 + x^2) \frac{\mathrm{d}u}{\mathrm{d}x} \right) + 5u = 11x^2 - 3x + 2$$

在边值条件 $u(0) = u(1) = 0$ 下的解存在, 则解必唯一.

5. 写出微分方程

$$\sum_{k=1}^{m} (-1)^k \frac{\mathrm{d}^k}{\mathrm{d}x^k} \left(P_k(x) \frac{\mathrm{d}^k u}{\mathrm{d}x^k} \right) = f(x)$$

在边值条件

$$u(a) = u'(a) = \cdots = u^{(m-1)}(a) = 0,$$
$$u(b) = u'(b) = \cdots = u^{(m-1)}(b) = 0$$

下的解满足的算子方程, 并写出此算子的定义域. 当 $P_k(x) \geqslant 0, k = 1, 2, \cdots, m$, 并且 $P_m(x)$ 具有正下界时, 证明此算子是正定的.

6. 设区域 Ω 由直角三角形构成, 函数 u 在 Ω 内满足 Poisson 方程 $-\Delta u = f$, 在 Ω 的边界 $\partial \Omega$ 上满足: 在直角边上 $u = 0$, 在斜边上外法向微商 $\dfrac{\partial u}{\partial \nu} = 0$. 试证 在 $\overline{\Omega}$ 中具有二阶连续微商且满足上述边值条件的函数族中, 算子 $-\Delta$ 是正定 的.

7. 证明例 6.1.3.

[提示: 见例 6.1.3 后的提示.]

8. 设 $L_2(\Omega)$ 的线性子集

$$M = \{ u \in L_2(\Omega) \mid u \in C^2(\overline{\Omega}), \ u|_{\partial\Omega} = 0 \}.$$

试证定义在 M 上的算子

$$Au = -\frac{\partial}{\partial x} \left((x^2 + y^2 + 1) \frac{\partial u}{\partial x} \right) - \frac{\partial}{\partial y} \left(\mathrm{e}^{x+y} \frac{\partial u}{\partial y} \right)$$

是正定的.

9. 设 $L_2([0,1])$ 的线性子集

$$M = \{ u \in L_2([0,1]) \mid u \in C^2([0,1]), \ u(1) = 0 \}.$$

证明: 定义在 M 上的算子

$$Au = -\frac{\mathrm{d}}{\mathrm{d}x} \left(x^3 \frac{\mathrm{d}u}{\mathrm{d}x} \right)$$

是正算子, 但不是正定算子.

10. 证明泛函 (6.1.6) 的极小函数唯一.

11. 在定理 6.2.1 的证明中, 请完成由 (6.2.12) 导出 (6.2.13) 的过程.

12. 完成定理 6.2.2 证明中的第 (3) 步.

13. 证明定理 6.2.5 与定理 6.2.6.

14. 设二阶线性自伴随严格椭圆型算子

$$Au = - \sum_{i,j=1}^{n} \frac{\partial}{\partial x_i} \left(a^{ij} \frac{\partial u}{\partial x_j} \right) + c(x)u,$$

其中

$$a^{ij}(x) = a^{ji}(x) \in C^1(\overline{\Omega}), \ c(x) \in C(\overline{\Omega}), \ c(x) \geqslant 0,$$

$$\sum_{i,j=1}^{n} a^{ij}(x)\xi_i\xi_j \geqslant \alpha|\xi|^2, \ \forall \, x \in \overline{\Omega}, \ \xi \in \mathbb{R}^n, \ \alpha > 0.$$

令

$$B[u,v] = \int_{\Omega} \left[\sum_{i,j=1}^{n} a^{ij}(x)u_{x_i}v_{x_j} + c(x)uv \right] \mathrm{d}x.$$

若有实数 λ 和非零函数 $u(x) \in H_0^1(\Omega)$ 满足

$$B[u,v] = \lambda(u,v), \quad \forall \, v \in H_0^1(\Omega),$$

其中, $(\, , \,)$ 表示 $L_2(\Omega)$ 中内积, 则称 λ 是算子 A 或特征值问题

$$\begin{cases} Au = \lambda u, \ x \in \Omega, \\ u = 0, \ x \in \partial\Omega \end{cases}$$

的 (广义) 特征值, 称 u 是对应于 λ 的 (广义) 特征函数. 试证明:

(a) 存在 A 的主特征值 $\lambda_1 > 0$, 对应的主特征函数 $u_1 \geqslant 0$;

(b) 对算子 A, 定理 6.2.2, 定理 6.2.5 至定理 6.2.8 都成立.

[提示: 记 $Q[u] = B[u,u]$, 参考 6.2.1 和 6.2.2 小节的证明.]

第 7 章 特征理论 偏微分方程组

7.1 方程的特征理论

在第 3 章对弦振动方程 Cauchy 问题的讨论中知道, 当初值条件给定在非特征线 $t = 0$ 上时, 定解问题是适定的. 但若把初值条件都给定在一条特征线上时, 一般说来解不存在, 除非初始数据满足一个附加的条件. 另外, 在第 3 章中对依赖区域、决定区域和影响区域的划分也是依据特征线 (面) 做出的. 这些都说明解与特征线 (面) 之间存在着内在的联系. 因此, 为了深入了解解的性质, 有必要进一步探讨特征线 (面) 的理论, 简称特征理论. 我们从弱间断解入手导出特征线 (面) 的概念, 直接把解和特征线 (面) 联系起来.

7.1.1 弱间断解与弱间断面

在第 3 章 3.1.3 小节中, 讲了波的影响区域, 并指出特征线 $x + at = x_0$ 与 $x - at = x_1$ 是解的间断线. 对二维波动方程进行同样的分析可知, 特征锥面 (见图3.7)

$$(\xi - x_1^0)^2 + (\eta - x_2^0)^2 = a^2(t - t^0)^2$$

是解的间断面. 这些例子并非特殊的现象, 解沿着特征线 (面) 间断的现象具有普遍的意义. 但应注意, 并非解的任何意义上的间断都沿着特征面发生. 可是, 对其中一种间断, 即所谓弱间断, 解的间断必沿着特征面发生. 下面, 我们以二阶线性方程为例, 详细阐述这方面的基本知识.

设 $\Omega \subset \mathbb{R}^N (N \geqslant 2)$ 是连通区域, 在 Ω 上给定二阶线性方程

$$\sum_{i,j=1}^N a^{ij}(x) \frac{\partial^2 u}{\partial x_i \partial x_j} + \sum_{i=1}^N a^i(x) \frac{\partial u}{\partial x_i} + a(x)u = f(x), \tag{7.1.1}$$

其中, $a^{ij}(x)$, $a^i(x)$, $a(x)$ 及 $f(x)$ 是 x 的连续函数. 另外, 设有 Ω 中的 $N-1$ 维光滑超曲面 S, 它的方程是 $\varphi(x) = 0$. S 把 Ω 分为两个不相交的区域 Ω_1 和 Ω_2 (图7.1).

定义 7.1.1 若 $u(x) \in C^1(\bar{\Omega}) \cap C^2(\Omega_1 \cup S) \cap C^2(\Omega_2 \cup S)$, 且在 $\Omega_1 \cup \Omega_2$ 中满足方程 (7.1.1), 而且至少有 u 的一个二阶偏微商在跨越 S 时, 在 S 上处处有第一类间断, 则称 u 是方程 (7.1.1) 的弱间断解, S 称为弱间断面.

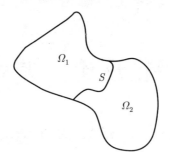

图 7.1　区域 $\Omega = \Omega_1 \cup \Omega_2 \cup S$

由定义可知, 弱间断解在 Ω 上不是古典解, 但可把它看作古典解在最弱意义下的推广. 这种解在物理学中是有意义的. 例如, 第 3 章的弦振动方程 (3.1.1), 按力学中的 Hamilton 原理, 真实位移函数 $u(x,t)$ 是泛函

$$I[u] = \frac{1}{2} \int_0^t \int_0^l (\rho u_t^2 - T u_x^2 + 2Fu)\mathrm{d}x\mathrm{d}t$$

在容许函数类

$$K = \{u(x,t) \mid u \in C^1([0,l] \times [0,+\infty)), u(0,t) = u(l,t) = 0\}$$

中的极小函数, 其中, ρ, T 是常数, $0 < t < +\infty$. 可见, 只要 u 具有一阶光滑性即可, 但由于用了与求极小函数等价的弦振动方程的边值问题进行求解, 从而提高了对解的光滑程度的要求, 即要求 u 具有方程中出现的二阶连续偏微商.

我们先看一个具有弱间断解的具体例子. 考虑弦振动方程

$$u_{tt} = a^2 u_{xx}, \ x \in \mathbb{R}, \ t > 0.$$

已知它的通积分是 $u(x,t) = F(x - at) + G(x + at)$, 其中, F, G 是任意的二阶连续可微函数. 若取 $G \equiv 0$, 取

$$F(x - at) = \begin{cases} [(x-at)^2 - 1]^2, & \text{当 } |x - at| \leqslant 1 \text{ 时,} \\ 0, & \text{当 } |x - at| > 1 \text{ 时,} \end{cases}$$

则 $u(x,t)$ 不是古典解, 但它是弱间断解. 弱间断线是 $x - at = \pm 1$, 它们恰恰是方程的特征线 (图7.2), 这并非巧合. 对两个自变量的二阶半线性方程, 我们已引入过特征线的概念, 在第 3 章对波动方程也定义了特征锥面. 下面, 我们将证明解的弱间断只可能沿特征线 (面) 发生.

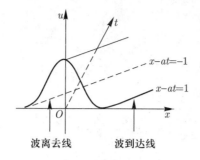

图 7.2　弱间断解

7.1.2　特征方程与特征曲面

设光滑曲面 $S:\ \varphi(x)=0\ (\mathrm{D}\varphi\neq 0)$ 是方程 (7.1.1) 的弱间断面. 下面推导它应满足的条件. 由于 $\mathrm{D}\varphi\neq 0$, 于是在 S 上任一点 x_0 的附近存在一个可逆光滑变换 $y=y(x)$, 并且满足 $y_N=\varphi(x),\ y_i(x_0)=0, i=1,2,\cdots,N$. 在新坐标下, S 的方程 (在 x_0 附近) 是 $y_N=0$, 而 $y_1,y_2,\cdots,y_{N-1}$ 各轴的方向位于 S 的过 x_0 点的切平面内. 因为 u 在 S 上只产生弱间断, 所以它的所有一阶偏微商在 S 附近连续, 从而 $u_{y_iy_j}(i,j=1,2,\cdots,N-1)$ 及 $u_{y_jy_N}(j\neq N)$ 在 S 上唯一确定, 这是因为 u 的二阶偏微商分别在 Ω_1 和 Ω_2 上连续到 S 及对 $y_j\ (j\neq N)$ 的偏微商是沿 S 的切平面内的方向的. 于是, 由于 u 是弱间断解, 则 $u_{y_Ny_N}$ 在跨越 S 时必产生第一类间断, 否则 u 及其所有一阶、二阶偏微商都在 S 上连续, u 就不是间断解而是古典解了. 如果用符号

$$[u]=\lim_{y_N\to 0^+}u-\lim_{y_N\to 0^-}u$$

表示一个函数 u 在 S 上 x_0 点邻近跨越 S 时的跃度, 则根据以上分析, 有

$$[u]=0,\ [u_{y_i}]=0,\ i=1,2,\cdots,N,$$
$$[u_{y_iy_j}]=0,\ i,j\text{ 不同时为 } N,\ [u_{y_Ny_N}]\neq 0.$$

利用上面引入的坐标变换 $y_i=y_i(x),\ i=1,2,\cdots,N$, 在 x_0 邻近把方程 (7.1.1) 化为

$$\sum_{i,j=1}^{N}\left(a^{ij}(x(y))\frac{\partial y_N}{\partial x_i}\frac{\partial y_N}{\partial x_j}\right)\frac{\partial^2 u}{\partial y_N^2}+\cdots=f(x(y)),\tag{7.1.2}$$

其中, 省略的各项对 y_N 的偏微商至多是一阶的. 在 (7.1.2) 式中分别令 $y_N\to 0^+$ 及 $y_N\to 0^-$, 得到两个极限式, 而后把此二极限式相减, 并注意到 u 及各阶偏微

商在 S 上的跃度, 便得

$$\sum_{i,j=1}^{N}\left(a^{ij}(x(y))\frac{\partial y_N}{\partial x_i}\frac{\partial y_N}{\partial x_j}\right)\bigg|_{y_N=0}\left[\frac{\partial^2 u}{\partial y_N^2}\right]=0,$$

即

$$\sum_{i,j=1}^{N}\left(a^{ij}(x)\frac{\partial \varphi}{\partial x_i}\frac{\partial \varphi}{\partial x_j}\right)\left[\frac{\partial^2 u}{\partial y_N^2}\right]=0 \tag{7.1.3}$$

在 S 上 x_0 点附近成立. 由于在 x_0 邻近 $\left[\dfrac{\partial^2 u}{\partial y_N^2}\right]\neq 0$, 所以必有

$$\sum_{i,j=1}^{N}a^{ij}(x)\frac{\partial \varphi}{\partial x_i}\frac{\partial \varphi}{\partial x_j}=0. \tag{7.1.4}$$

由 x_0 在 S 上的任意性, 知 (7.1.4) 式在 S 上处处成立, 这就是弱间断面所满足的条件. 在两个自变量的情况下, (7.1.4) 式与第 1 章中定义的特征方程 (1.3.14) 一致, 而它的通积分 $\varphi=c$ 就是那里定义的特征线. 所以, 在这种情况下, 解的弱间断线就是方程的特征线, 即解沿特征线产生弱间断. 对于多个自变量的一般情况, 我们有

定义 7.1.2 方程 (7.1.4) 叫做方程 (7.1.1) 的特征方程; 若在 S 上 (7.1.4) 式处处成立, 则称 S: $\varphi(x)=0$ 是 (7.1.1) 的特征曲面; 若在点 x_0 处的方向 $(\alpha_1,\alpha_2,\cdots,\alpha_N)$ 满足

$$\sum_{i,j=1}^{N}a^{ij}(x_0)\alpha_i\alpha_j=0, \tag{7.1.5}$$

则称该方向是方程 (7.1.1) 在 x_0 点的特征方向.

由于曲面 S 的法向量是 $(\varphi_{x_1},\varphi_{x_2},\cdots,\varphi_{x_N})$, 于是通过比较 (7.1.4) 与 (7.1.5) 式便知, 特征曲面就是其上每点的法向都为该点的特征方向的曲面. 通常也把方程 (7.1.5) 叫做 (7.1.1) 的特征方程. 下面, 我们分析大家熟悉的几个方程的特征曲面.

例 7.1.1 三维热传导方程

$$u_t=a^2(u_{xx}+u_{yy}+u_{zz}).$$

它的特征方程是

$$\alpha_1^2+\alpha_2^2+\alpha_3^2=0,$$

其中, $(\alpha_0,\alpha_1,\alpha_2,\alpha_3)$ 是 $\mathbb{R}^4$ 中的单位向量, 即

$$\alpha_0^2+\alpha_1^2+\alpha_2^2+\alpha_3^2=1.$$

因此, $\alpha_0^2 = 1$. 所以, 特征方向为 $(\pm 1, 0, 0, 0)$, 从而, 热传导方程的特征曲面是超平面 $t =$ 常数.

例 7.1.2 $\mathbb{R}^N\,(N \geqslant 2)$ 中调和方程

$$\Delta u = \sum_{k=1}^{N} \frac{\partial^2 u}{\partial x_k^2} = 0.$$

它的特征方程是

$$\sum_{k=1}^{N} \alpha_k^2 = 0.$$

显然 $\alpha_k = 0,\ k = 1, 2, \cdots, N$. 所以, 调和方程没有实的特征方向, 从而没有实的特征曲面.

例 7.1.3 二维波动方程

$$u_{tt} = a^2(u_{xx} + u_{yy}).$$

它的特征方程是

$$\alpha_0^2 = a^2(\alpha_1^2 + \alpha_2^2),$$

其中, $(\alpha_0, \alpha_1, \alpha_2)$ 是方向余弦数组, 即有

$$\alpha_0^2 + \alpha_1^2 + \alpha_2^2 = 1,$$

于是

$$\alpha_0 = \pm \frac{a}{\sqrt{1 + a^2}}.$$

故过任一点的特征方向与 t 轴的夹角是 $\arctan \dfrac{1}{a}$, 特征方向是

$$\left(\frac{\cos\theta}{\sqrt{1 + a^2}}, \frac{\sin\theta}{\sqrt{1 + a^2}}, \frac{a}{\sqrt{1 + a^2}} \right),$$

其中, θ 是参数. 由此可知, 波动方程在任一点有无穷多个特征方向. 对固定的 θ 值, 作过点 (x_0, y_0, t_0) 且以此点的特征方向为法线方向的平面

$$a(t - t_0) + (x - x_0)\cos\theta + (y - y_0)\sin\theta = 0, \tag{7.1.6}$$

当 θ 变动时就得到一平面族. 对 (7.1.6) 式关于 θ 求导, 得

$$-(x - x_0)\sin\theta + (y - y_0)\cos\theta = 0.$$

将此式与 (7.1.6) 式联立消去 θ, 便得平面族 (7.1.6) 的包络面

$$(x - x_0)^2 + (y - y_0)^2 = a^2(t - t_0)^2.$$

易知, 它就是过点 (x_0, y_0, t_0) 的特征曲面 (证明留作练习), 即第3章中提到过的特征锥面.

由 (7.1.3) 式与 (7.1.4) 式知, 在特征线 (面) S 上给定 u 及其所有一阶偏微商的值不能唯一确定其上所有二阶偏微商的值. 所以, 若把初始数据都给定在同一条特征线 (面) 上, 则 Cauchy 问题一般没有解. 下面以两个自变量的二阶拟线性方程为例具体说明这个事实. 设

$$au_{xx} + 2bu_{xy} + cu_{yy} = d, \tag{7.1.7}$$

其中, a, b, c 和 d 依赖于 x, y, u, u_x 和 u_y. Cauchy 问题的一般提法是: 求函数 $u(x, y)$, 使满足方程 (7.1.7), 并在一条已知光滑平面曲线 S 上取给定的值 (这些值必须是相容的):

$$u = h(s), \ u_x = \varphi(s), \ u_y = \psi(s). \tag{7.1.8}$$

设 S 的参数方程是

$$x = x(s), \ y = y(s), \ x'(s) \ \text{与} \ y'(s) \ \text{不同时为零}.$$

等价地, 也可用条件

$$u = h(s), \ \frac{-u_x y'(s) + u_y x'(s)}{\sqrt{x'^2(s) + y'^2(s)}} = \lambda(s) \tag{7.1.9}$$

代替条件 (7.1.8) (请读者自己验证等价性). (7.1.9) 中第二个等式左边即是 u 沿 S 的法向微商.

沿曲线 S 对 u 求全微商, 得

$$h'(s) = \varphi(s)x'(s) + \psi(s)y'(s).$$

这就是初始数据应满足的相容条件. 若对 u_x, u_y 分别沿 S 求全微商, 同样得到

$$\frac{\mathrm{d}u_x}{\mathrm{d}s} = u_{xx}x'(s) + u_{xy}y'(s),$$
$$\frac{\mathrm{d}u_y}{\mathrm{d}s} = u_{xy}x'(s) + u_{yy}y'(s).$$

于是, 在曲线 S 上应有

$$\begin{cases} au_{xx} + 2bu_{xy} + cu_{yy} = d, \\ x'u_{xx} + y'u_{xy} = \varphi', \\ x'u_{xy} + y'u_{yy} = \psi'. \end{cases}$$

此即 u 的二阶微商在 S 上应满足的相容条件. 但若系数行列式在 S 上取零值, 即

$$\Delta = a{y'}^2 - 2bx'y' + c{x'}^2 = 0, \tag{7.1.10}$$

则 u 在 S 上的二阶偏微商一般没有解, 从而 Cauchy 问题 (7.1.7) 和 (7.1.8) 没有解. (7.1.10) 式即为

$$a\,\mathrm{d}y^2 - 2b\,\mathrm{d}x\mathrm{d}y + c\,\mathrm{d}x^2 = 0,$$

将它的通积分 $\varphi(x,y) = c$ 代入, 得

$$a\varphi_x^2 + 2b\varphi_x\varphi_y + c\varphi_y^2 = 0.$$

它就是 (7.1.7) 的特征方程, S 是特征曲线. 所以, 要想使 Cauchy 问题 (7.1.7) 和 (7.1.8) 有解, 那么 Cauchy 数据不可都给在同一条特征线上. 回忆在第 3 章中波动方程的 Cauchy 问题, 初始数据有两个, 即 u 和 $\dfrac{\partial u}{\partial t}$ 在直线 $t = 0$ 上的值. 这里, 平面 $t = 0$ 不是波动方程的特征面. 但由于 $t = 0$ 是热传导方程的特征线 (面), 所以在第 4 章讨论热传导方程的 Cauchy 问题时, 只在超平面 $t = 0$ 上给出了未知函数的值, 而不能再附加上未知函数在 $t = 0$ 上的法向微商值. 否则, 如上所论, 解一般不存在.

对一般的 m 阶线性偏微分方程的 Cauchy 问题, 类似地可以证明: 只要光滑曲面 $\varphi(x) = 0$ 不是特征曲面且 $\mathrm{D}\varphi(x) \neq 0$, 可以在 $\varphi(x) = 0$ 上给出 m 个互相独立的 Cauchy 数据, 即未知函数 u 及其直到 $m - 1$ 阶的法向微商值, 则该 Cauchy 问题的解存在.

7.2 方程组的特征理论

为书写简便, 并能较直观地阐述问题, 我们考虑两个自变量的一阶线性偏微分方程组

$$\frac{\partial u_i}{\partial t} + \sum_{j=1}^{m} a^{ij}\frac{\partial u_j}{\partial x} + \sum_{j=1}^{m} b^{ij}u_j + c^i = 0, \ i = 1, 2, \cdots, m, \tag{7.2.1}$$

其中, a^{ij}, b^{ij}, c^i 都是区域 Ω 中 (x,t) 的充分光滑的函数. 若引入 m 维列向量

$$U = \begin{pmatrix} u_1 \\ \vdots \\ u_m \end{pmatrix}, \quad C = \begin{pmatrix} c^1 \\ \vdots \\ c^m \end{pmatrix},$$

和 $m \times m$ 矩阵 $A = (a^{ij})$, $B = (b^{ij})$, 则方程组 (7.2.1) 与下列向量方程等价:

$$U_t + AU_x + BU + C = 0. \tag{7.2.2}$$

由 7.1.2 小节的讨论, 大家已了解到特征线 (面) 在研究单个方程中的重要性, 而特征线 (面) 与方程的弱间断解有密切的关系. 所以, 我们将从定义方程组 (7.2.1) 的弱间断解出发展开本节的内容, 讨论方程组 (7.2.1) 的特征理论.

7.2.1 弱间断解与特征线

定义 7.2.1 设有光滑曲线

$$\Gamma : x = x(\sigma), \ t = t(\sigma), \ \sigma_1 \leqslant \sigma \leqslant \sigma_2, \ \text{且} \ x'^2(\sigma) + t'^2(\sigma) \neq 0, \tag{7.2.3}$$

它把区域 Ω 分为区域 Ω_1 与 Ω_2 (见图 7.1). 若函数 U 在 Ω_1 与 Ω_2 内满足方程, 在 Γ 附近连续, 但 U 的一阶偏微商至少有一个在越过 Γ 时处处有第一类间断, 则称 Γ 是 U 的弱间断线, U 叫做方程组 (7.2.1) (或 (7.2.2)) 的弱间断解.

设 Γ 是弱间断线, 我们仍用符号 $[f]$ 表示函数 f 在跨越 Γ 时的跃度. 于是, 对弱间断解 U, 有 $[U] = 0$, $[U_x]$ 与 $[U_t]$ 不同时为零. 因 U 在 Ω_1 与 Ω_2 中满足方程 (7.2.2), 故在 Γ 上成立关系式

$$A[U_x] + [U_t] = 0. \tag{7.2.4}$$

另外, 若记 U 在 Ω_1 上为 U_1, 在 Ω_2 上为 U_2, 则跃度 $[U]$ 可以表示为

$$[U] = U_2(x(\sigma), t(\sigma)) - U_1(x(\sigma), t(\sigma)).$$

于是, 沿 Γ 有

$$\begin{aligned}
\frac{\mathrm{d}[U]}{\mathrm{d}\sigma} &= \left(\frac{\partial U_2}{\partial x} - \frac{\partial U_1}{\partial x} \right) \Big|_{\Gamma} x'(\sigma) + \left(\frac{\partial U_2}{\partial t} - \frac{\partial U_1}{\partial t} \right) \Big|_{\Gamma} t'(\sigma) \\
&= [U_x] x'(\sigma) + [U_t] t'(\sigma),
\end{aligned}$$

注意到沿 Γ 有 $[U] \equiv 0$, 便得

$$[U_x] x'(\sigma) + [U_t] t'(\sigma) = 0. \tag{7.2.5}$$

联立 (7.2.4) 与 (7.2.5), 这是一个关于 $[U_x]$ 与 $[U_t]$ 的线性齐次方程组. 因为 $[U_x]$ 与 $[U_t]$ 不同时为零, 由线性代数方程组的可解性定理知系数行列式等于零, 即

$$\begin{vmatrix} A & I \\ x'I & t'I \end{vmatrix} = |a^{ij} t'(\sigma) - \delta_{ij} x'(\sigma)| = 0,$$

也即

$$\left| a^{ij} - \delta_{ij} \frac{\mathrm{d}x}{\mathrm{d}t} \right| = 0, \tag{7.2.6}$$

其中, I 是 $m \times m$ 单位矩阵. 于是得到

定理 7.2.2 若由 (7.2.3) 表示的曲线 Γ 是方程组 (7.2.1) 或 (7.2.2) 的解的弱间断线, 则沿 Γ 成立 (7.2.6).

(7.2.6) 是一个关于 $\frac{\mathrm{d}x}{\mathrm{d}t}$ 的 m 次多项式. 若记 A 的 m 个 (包括重数) 特征值是 $\lambda_1(x,t),\ \lambda_2(x,t),\cdots,\lambda_m(x,t)$, 则当 Γ 是弱间断线时, 由 (7.2.6) 知

$$\frac{\mathrm{d}x}{\mathrm{d}t} = \lambda_i(x,t),\ i = 1,2,\cdots,m$$

至少对某个 i 值成立.

定义 7.2.3 称方程 (7.2.6) 是方程组 (7.2.1) 的特征方程; 满足 (7.2.6) 的方向 $\frac{\mathrm{d}x}{\mathrm{d}t} = \lambda_i(x,t),\ i = 1,2,\cdots,m$, 叫做方程组 (7.2.1) 的特征方向; 处处与特征方向相切的曲线叫做 (7.2.1) 的特征曲线.

于是, 方程组 (7.2.1) (或 (7.2.2)) 的弱间断解只可能沿着特征线发生. 类似于方程的情形, 对方程组 (7.2.1) 也依它的特征的性态进行分类如下:

定义 7.2.4 若方程组 (7.2.1) 在 Ω 内一点的特征方向 (即 A 的特征值) 都是实的, 则称方程组 (7.2.1) 在该点是双曲型方程组, 若它在 Ω 内每点都是双曲型的, 就称它在 Ω 内是双曲型方程组; 进而若特征方向 (即 A 的 m 个特征值) 互异, 则称 (7.2.1) 是狭义双曲型的. 若 (7.2.6) 在 Ω 内一点或 Ω 内没有实的特征方向, 则称它在该点或 Ω 内是椭圆型方程组.

例 7.2.1 考察 Cauchy-Riemann 方程组

$$\begin{cases} u_x - v_y = 0, \\ v_x + u_y = 0. \end{cases} \tag{7.2.7}$$

根据 (7.2.6) 的形式, 可写出它的特征方向是

$$\left| \begin{matrix} -\dfrac{\mathrm{d}y}{\mathrm{d}x} & -1 \\ 1 & -\dfrac{\mathrm{d}y}{\mathrm{d}x} \end{matrix} \right| = \left(\frac{\mathrm{d}y}{\mathrm{d}x} \right)^2 + 1 = 0,$$

即

$$\frac{\mathrm{d}y}{\mathrm{d}x} = \pm \mathrm{i}.$$

所以 (7.2.7) 没有实的特征方向, 它是椭圆型方程组.

例 7.2.2 在静止气体中, 设声波速度为 $v(x,t)$, 气体密度为 $\rho(x,t)$, 其中, $x \in \mathbb{R}$. 则成立下面的声波方程组:

$$
\begin{cases}
v_t + \dfrac{c_0^2}{\rho_0} \rho_x = 0, \\
\rho_t + \rho_0 v_x = 0,
\end{cases}
\tag{7.2.8}
$$

其中, c_0 和 ρ_0 都是正的常数.

它的特征方程是

$$
\begin{vmatrix}
-\dfrac{\mathrm{d}x}{\mathrm{d}t} & \dfrac{c_0^2}{\rho_0} \\[3mm]
\rho_0 & -\dfrac{\mathrm{d}x}{\mathrm{d}t}
\end{vmatrix}
= \left(\frac{\mathrm{d}x}{\mathrm{d}t} \right)^2 - c_0^2 = 0,
$$

解得 $\dfrac{\mathrm{d}x}{\mathrm{d}t} = \pm c_0$, 即方程组 (7.2.8) 在每一点都有两个互异的实特征方向, 所以它是狭义双曲型方程组, 其特征线方程是 $x \pm c_0 t = $ 常数, 故过区域中每一点有两条不同的特征线.

7.2.2 狭义双曲型方程组的标准型

在方程组 (7.2.1) 中, 若 $a^{ij} = \lambda_i \delta_{ij}$ $(i, j = 1, 2, \cdots, m)$, 即在 (7.2.2) 中矩阵为实对角矩阵

$$
A = \Lambda = \begin{pmatrix}
\lambda_1 & & 0 \\
& \ddots & \\
0 & & \lambda_m
\end{pmatrix}, \ \lambda_i \, (i = 1, 2, \cdots, m) \text{互异},
$$

则 (7.2.1) 与 (7.2.2) 分别具有形式

$$
\frac{\partial u_i}{\partial t} + \lambda_i \frac{\partial u_i}{\partial x} + \sum_{j=1}^{m} b^{ij} u_j + c^i = 0, \ i = 1, 2, \cdots, m
\tag{7.2.9}
$$

和

$$
U_t + \Lambda U_x + BU + C = 0.
\tag{7.2.10}
$$

我们称 (7.2.9) (或 (7.2.10)) 是狭义双曲型方程组的标准型. 它的特点是组中每个方程的主部只含一个未知函数, 这给理论研究和求解都带来方便. 具体将一个一般狭义双曲型方程组化成标准型的办法如下.

记 (7.2.2) 中 A 的 m 个相异特征值为 $\lambda_i(x,t)$, $i = 1, 2, \cdots, m$. 不妨设

$$
\lambda_1(x,t) < \lambda_2(x,t) < \cdots < \lambda_m(x,t).
\tag{7.2.11}
$$

记

$$\Lambda = \begin{pmatrix} \lambda_1 & & 0 \\ & \ddots & \\ 0 & & \lambda_m \end{pmatrix}, \tag{7.2.12}$$

而 $\Lambda_i = (\lambda_i^{(1)}, \lambda_i^{(2)}, \cdots, \lambda_i^{(m)})$ 是对应于 λ_i 的特征向量, 它是向量方程

$$\Lambda_i A = \lambda_i \Lambda_i$$

的解. 用 $\Lambda_i \ (i = 1, 2, \cdots, m)$ 组成矩阵

$$T = \begin{pmatrix} \lambda_1^{(1)} & \lambda_1^{(2)} & \cdots & \lambda_1^{(m)} \\ \lambda_2^{(1)} & \lambda_2^{(2)} & \cdots & \lambda_2^{(m)} \\ \vdots & \vdots & & \vdots \\ \lambda_m^{(1)} & \lambda_m^{(2)} & \cdots & \lambda_m^{(m)} \end{pmatrix},$$

易知 T 是满秩的. 用 T 左乘 (7.2.2) 式, 得

$$TU_t + TAT^{-1}TU_x + TBU + TC = 0,$$

即

$$TU_t + \Lambda TU_x + TBU + TC = 0.$$

上式可进一步化为

$$(TU)_t + \Lambda(TU)_x + (TB - T_t - \Lambda T_x)U + TC = 0.$$

令 $TU = V$, 因 T 满秩, 故有 $U = T^{-1}V$, 均代入上式, 得

$$V_t + \Lambda V_x + DV + E = 0, \tag{7.2.13}$$

其中, $D = TBT^{-1} - T_t T^{-1} - \Lambda T_x T^{-1}, \ E = TC.$

方程 (7.2.13) 就是 (7.2.2) 的标准型, 若把它写成方程组

$$\frac{\partial v_i}{\partial t} + \lambda_i \frac{\partial v_i}{\partial x} + \sum_{j=1}^{m} d^{ij} v_j + e_i = 0, \ i = 1, 2, \cdots, m \tag{7.2.14}$$

的形式, 就得到 (7.2.1) 的标准型.

例 7.2.3 考虑例 7.2.2 中的方程组.

已求得特征方向是 c_0 和 $-c_0$ (即系数矩阵的两个特征值), 对应的特征向量分别是 (ρ_0, c_0) 和 $(\rho_0, -c_0)$, 于是

$$T = \begin{pmatrix} \rho_0 & c_0 \\ \rho_0 & -c_0 \end{pmatrix},$$

作变换

$$\begin{pmatrix} \tilde{v} \\ \tilde{\rho} \end{pmatrix} = T \begin{pmatrix} v \\ \rho \end{pmatrix},$$

便可将例 7.2.2 中方程组化为标准型

$$\begin{cases} \dfrac{\partial \tilde{v}}{\partial t} + c_0 \dfrac{\partial \tilde{v}}{\partial x} = 0, \\ \dfrac{\partial \tilde{\rho}}{\partial t} - c_0 \dfrac{\partial \tilde{\rho}}{\partial x} = 0. \end{cases}$$

函数 $\tilde{\rho}(x, t)$ 沿特征线 $x + c_0 t = \xi$ (图 7.3) 对 t 求全微商, 并利用上式, 得

$$\frac{\mathrm{d}\tilde{\rho}}{\mathrm{d}t} = \frac{\partial \tilde{\rho}}{\partial t} + \frac{\partial \tilde{\rho}}{\partial x} \frac{\mathrm{d}x}{\mathrm{d}t} = \frac{\partial \tilde{\rho}}{\partial t} - c_0 \frac{\partial \tilde{\rho}}{\partial x} = 0.$$

所以, 在特征线 $x + c_0 t = \xi$ 上 $\tilde{\rho} \equiv$ 常数 $= f(\xi)$, 其中, f 是 $\tilde{\rho}$ 的初始函数. 从而, $\tilde{\rho}(x, t) = f(x + c_0 t)$. 可进行类似的分析, 求出 $\tilde{v}$. 然后通过代数运算就得到解 v 与 ρ. 故若已知 v 和 ρ 在 $t = 0$ 时的初值, 利用标准型就较容易地求得例 7.2.2 的解.

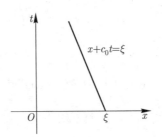

图 7.3　沿特征线求解

7.3　双曲型方程组的 Cauchy 问题

首先指出, 并非对一切类型的方程组都可以提 Cauchy 问题, 有例子表明, 当特征方程 (7.2.6) 有复根时, 方程组 (7.2.1) 的 Cauchy 问题的解是不稳定的. 所以我们仅限于讨论双曲型方程组的 Cauchy 问题. 为便于理解和叙述, 这里仅讨论两个自变量的对角形方程组的 Cauchy 问题.

7.3.1 解的存在性与唯一性

考虑对角形方程组的 Cauchy 问题

$$\begin{cases} \dfrac{\partial v_i}{\partial t} + \lambda_i(x,t)\dfrac{\partial v_i}{\partial x} = \displaystyle\sum_{j=1}^{m} c_{ij}(x,t)v_j(x,t) + d_i(x,t), & x \in \mathbb{R}, \ t > 0, \\ v_i(x,0) = g_i(x), \quad i = 1,2,\cdots,m, \ x \in \mathbb{R}. \end{cases} \tag{7.3.1}$$

若以 V, g 和 d 分别记以 v_i, g_i 和 d_i 为元素的 m 维列向量, $C = (c_{ij})$ 表示 $m \times m$ 矩阵, 并设 (7.2.11) 成立, Λ 如 (7.2.12) 所示, 则 (7.3.1) 取向量形式

$$\begin{cases} V_t + \Lambda V_x = CV + d, \ x \in \mathbb{R}, \ t > 0, \\ V(x,0) = g(x), \ x \in \mathbb{R}. \end{cases} \tag{7.3.2}$$

我们分以下几步完成解的存在唯一性的证明.

(1) 先将方程组 (7.3.1) 化成等价的积分方程组. 任意取定一点 $(x,t) \in \mathbb{R} \times (0,+\infty)$, 以下用 (X,τ) 表示动点坐标. 记以 (x,t) 为终点的第 $i(i = 1,2,\cdots,m)$ 条向后的特征线为 (图 7.4):

$$\gamma_i : X = \alpha_i(\tau; x,t),$$

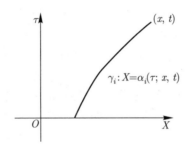

图 7.4 过点 (x,t) 的第 i 条特征线 γ_i

它满足 $\dfrac{\mathrm{d}X}{\mathrm{d}\tau} = \lambda_i(X,\tau)$. 函数 $v_i(X,\tau)$ 在上述 γ_i 上可表示为 $v_i(\alpha_i(\tau; x,t),\tau)$. 于是, v_i 沿 γ_i 对 τ 求全微商得

$$\begin{aligned} \frac{\mathrm{d}v_i}{\mathrm{d}\tau} &= \frac{\partial v_i}{\partial \tau} + \frac{\partial v_i}{\partial X}\frac{\mathrm{d}X}{\mathrm{d}\tau} \\ &= \frac{\partial v_i}{\partial \tau} + \lambda_i(X,\tau)\frac{\partial v_i}{\partial X} \\ &= \sum_{j=1}^{m} C_{ij}(\alpha_i(\tau; x,t),\tau)v_j(\alpha_i(\tau; x,t),\tau) + d_i(\alpha_i(\tau; x,t),\tau), \\ &\qquad i = 1,2,\cdots,m. \end{aligned} \tag{7.3.3}$$

上式沿 γ_i 关于 τ 在 $[0, t]$ 上积分, 得

$$v_i(x, t) = g_i(\alpha_i(0; x, t)) + \int_0^t \left(\sum_{j=1}^m c_{ij} v_j + d_i \right) \mathrm{d}\tau, \ i = 1, 2, \cdots, m, \tag{7.3.4}$$

其中, c_{ij}, v_j 和 d_i 的自变量 $(X, \tau) = (\alpha_i(\tau; x, t), \tau)$. 用向量记号把积分方程组 (7.3.4) 写成

$$V(x, t) = W + \mathscr{S}V, \tag{7.3.5}$$

其中, W 是以 $w_i(i = 1, 2, \cdots, m)$ 为元素的 m 维列向量, 而

$$\begin{aligned} w_i &= w_i(x, t) \\ &= g_i(\alpha_i(0; x, t)) + \int_0^t d_i(\alpha_i(\tau; x, t), \tau) \mathrm{d}\tau, \ i = 1, 2, \cdots, m; \end{aligned} \tag{7.3.6}$$

$\mathscr{S}V$ 是以 $(\mathscr{S}V)_i$ $(i = 1, 2, \cdots, m)$ 为分量的列向量, 其中

$$\begin{aligned} (\mathscr{S}V)_i &= \int_0^t \sum_{j=1}^m c_{ij}(\alpha_i(\tau; x, t), \tau) v_j(\alpha_i(\tau; x, t), \tau) \mathrm{d}\tau, \\ & \quad\quad\quad\quad\quad\quad i = 1, 2, \cdots, m. \end{aligned} \tag{7.3.7}$$

易知, (7.3.1) (或 (7.3.2)) 的解必是 (7.3.4) (或 (7.3.5)) 的解; 反之, 若 (7.3.4) (或 (7.3.5)) 的解属于 C^1 类, 则必是 (7.3.1) (或 (7.3.2)) 的解. 所以, 要证 Cauchy 问题 (7.3.1) (或 (7.3.2)) 的解存在且唯一, 只需证问题 (7.3.4) (或 (7.3.5)) 存在唯一的 C^1 类解即可.

(2) 为此, 记

$$\Omega = \{(x, t) \mid 0 \leqslant t \leqslant \eta, \ |x| < \infty\}, \tag{7.3.8}$$

其中, 常数 $\eta > 0$. 设 g_i, α_i, d_i, $c_{ij}(i, j = 1, 2, \cdots, m)$ 及其一阶微商在 Ω 上连续且一致有界. 下证当 $0 \leqslant t \leqslant \eta$, η 足够小时, (7.3.5) 存在唯一 C^1 光滑解.

引入向量空间

$$C_1^* = \{V(x, t) \mid V \text{ 及 } V_x \text{在 } \Omega \text{ 上连续且一致有界}\},$$

并规定其范数

$$\|V\| = \max\{|V|, \ |V_x|\},$$

其中

$$\begin{aligned} |V| &= \sup_{\substack{1 \leqslant k \leqslant m \\ (x, t) \in \Omega}} |v_k(x, t)|, \\ |V_x| &= \sup_{\substack{1 \leqslant k \leqslant m \\ (x, t) \in \Omega}} \left| \frac{\partial v_k}{\partial x}(x, t) \right|. \end{aligned} \tag{7.3.9}$$

易知, C_1^* 是 Banach (巴拿赫) 空间.

令

$$V^{(0)}(x,t) = \left(g_1(\alpha_1(0;x,t)), \cdots, g_m(\alpha_m(0;x,t))\right)^{\mathrm{T}},$$

$$V^{(n)}(x,t) = \mathcal{T}V^{(n-1)}(x,t), \ n = 1, 2, \cdots.$$

其中, $\mathcal{T}$ 是 C_1^* 到自身的映射:

$$\mathcal{T}\varphi = W + \mathcal{S}\varphi, \ \forall \varphi \in C_1^*.$$

下证 $\mathcal{T}$ 是压缩映射. 因为对 $\varphi,\ \psi \in C_1^*$, 有 $\mathcal{T}\varphi - \mathcal{T}\psi = \mathcal{S}\varphi - \mathcal{S}\psi$, 所以, 只需证 $\mathcal{S}$ 是压缩映射即可. 由 $\mathcal{S}$ 的定义式 (7.3.7) 知, $\mathcal{S}$ 是 C_1^* 到自身的线性映射. 另外, 对 $\mathcal{S}$ 的范数, 有估计

$$
\begin{aligned}
\|\mathcal{S}\| &= \sup_{\|V\|=1} \|\mathcal{S}V\| \\
&= \max_{\|V\|=1} \left\{ |\mathcal{S}V|,\ |(\mathcal{S}V)_x| \right\} \\
&\leqslant \eta \sum_{j=1}^m \sup_{\substack{1\leqslant i\leqslant m \\ (x,t)\in\Omega}} |c_{ij}(x,t)| + \\
&\quad \eta \left(\sum_{j=1}^m \left(\sup_{\substack{1\leqslant i\leqslant m \\ (x,t)\in\Omega}} |c_{ij,x}(x,t)| \sup_{\substack{1\leqslant i\leqslant m \\ 0\leqslant\tau\leqslant\eta}} |\alpha_{i,x}(\tau;x,t)| + \right. \right. \\
&\quad \left. \left. \sup_{\substack{1\leqslant i\leqslant m \\ (x,t)\in\Omega}} |c_{ij}(x,t)| \sup_{\substack{1\leqslant i\leqslant m \\ 0\leqslant\tau\leqslant\eta}} |\alpha_{i,x}(\tau;x,t)| \right) \right) \\
&= \eta q^*,
\end{aligned}
$$

其中

$$c_{ij,x} = \frac{\partial c_{ij}}{\partial x}, \quad \alpha_{i,x} = \frac{\partial \alpha_i}{\partial x}.$$

由对各已知函数所设知 $q^* < \infty$. 取正数 $\eta = \eta^0$ 足够小, 使 $\eta^0 q^* = q^0 < 1$. 于是, 当 Ω 的定义式 (7.3.8) 中的 η 取作 η^0 时, $\mathcal{S}$ 便是 C_1^* 中的压缩映射. 从而, $\mathcal{T}$ 也是压缩映射.

(3) 由压缩映射原理知, 存在唯一的不动点 $V \in C_1^*$, 使得 $\mathcal{T}V = V$, 即 $V = W + \mathcal{S}V$. 这就证明了 (7.3.5) 存在唯一解 $V \in C_1^*$. 对此解 V, 由 (7.3.4) 得

$$v_i(x,t) = w_i(x,t) + \int_0^t \sum_{j=1}^m c_{ij}(\alpha_i(\tau;x,t),\tau)v_j(\alpha_i(\tau;x,t),\tau)\mathrm{d}\tau, \tag{7.3.10}$$

其中, $0 < t < \eta^0$. 由所设, $w_i,\ c_{ij},\ \alpha_i$ 关于 t 连续可微, v_j 关于 X 连续可微, 于是由 (7.3.10) 便得到连续的 $\dfrac{\partial v_i}{\partial t}$. 综上所述, 我们得到

定理 7.3.1 (存在唯一性) 若在 Cauchy 问题 (7.3.2) 中, $\Lambda(x,t)$, $C(x,t)$, $d(x,t)$ 和 $g(x)$ 在 $0 \leqslant t \leqslant \eta$, $|x| < \infty$ 上本身及其所有一阶偏微商连续且一致有界, 则存在常数 $\eta^0 > 0$, 使 Cauchy 问题 (7.3.2), 也即 (7.3.1), 当 $0 \leqslant t \leqslant \eta^0$, $|x| < \infty$ 时, 存在唯一的 C^1 类解

$$V(x,t) = (v_1(x,t), v_2(x,t), \cdots, v_m(x,t))^{\mathrm{T}}.$$

7.3.2　解的稳定性

设对应于初值条件 $g^{(1)}(x)$ 与 $g^{(2)}(x)$ 的 Cauchy 问题 (7.3.2) 的 C^1 类解分别是 $V^{(1)}$ 与 $V^{(2)}$. 于是, 由 (7.3.5) 知

$$V^{(j)} = W^{(j)} + \mathscr{S}V^{(j)}, \quad j = 1, 2, \tag{7.3.11}$$

其中, $W^{(j)}$ 的元素 $w_i^{(j)}$ $(i = 1, 2, \cdots, m)$ 由 (7.3.6) 式确定, 只是那里的 w_i, g_i 分别以 $w_i^{(j)}$ 和 $g_i^{(j)}$ 代替 $(j = 1, 2)$, $i = 1, 2, \cdots, m$. 由 (7.3.11) 得

$$\|V^{(1)} - V^{(2)}\| \leqslant \|g^{(1)} - g^{(2)}\| + \|\mathscr{S}(V^{(1)} - V^{(2)})\|$$
$$< \|g^{(1)} - g^{(2)}\| + q^0 \|V^{(1)} - V^{(2)}\|,$$

所以

$$(1 - q^0)\|V^{(1)} - V^{(2)}\| < \|g^{(1)} - g^{(2)}\|.$$

于是, 对任意给定的正数 ε, 当 $\|g^{(1)} - g^{(2)}\| < \varepsilon$ 时, 就有 $\|V^{(1)} - V^{(2)}\| < \varepsilon/(1 - q^0)$, 从而得到

定理 7.3.2 (稳定性) Cauchy 问题 (7.3.2) 的解在函数空间 C_1^* 的范数下对初始数据是稳定的, 即对 Cauchy 问题 (7.3.1), 当 $g_i(x), g_i'(x)$ $(i = 1, 2, \cdots, m)$ 的绝对值都变化微小时, 解 $v_i(x,t)(i = 1, 2, \cdots, m)$ 及其对 x 的偏微商的绝对值也都变化微小.

附注 由该定理的结论及定理 7.3.1 关于问题中已知函数的假设, 通过 (7.3.10) 式可以发现这时解对 t 的偏微商的绝对值也变化微小 (证明留作练习).

*7.4　Cauchy-Kovalevskaja 定理

本节介绍偏微分方程理论中一个经典但又十分重要的定理, 即 Cauchy-Kovalevskaja 定理, 以后简称 C-K 定理. 它指出: 任意阶 C-K 型方程组的 Cauchy 问题存在唯一的局部解析解, 只需预先假设出现在方程组中的已知函数和给定在非特征解析曲面上的初始函数 (即 Cauchy 数据) 关于各自的自变量是局部解析的.

7.4.1 Cauchy-Kovalevskaja 型方程组

Cauchy-Kovalevskaja 型方程组, 简称 C–K 型组, 是指形如

$$\frac{\partial^{m_i} u_i}{\partial t^{m_i}} = F_i(t, x, u_1, u_2, \cdots, u_N, \cdots, D_t^k D_x^\alpha u_j, \cdots) \tag{7.4.1}$$

的方程组, 其中, $i, j = 1, 2, \cdots, N$, $\alpha = (\alpha_1, \alpha_2, \cdots, \alpha_n)$ 是多重指标, k 是非负整数, $|\alpha| + k \leqslant m_i, k < m_i, x = (x_1, x_2, \cdots, x_n)$ 是 n 维自变量, 记号

$$D_t^k = \frac{\partial^k}{\partial t^k}, \ D_x^\alpha = \frac{\partial^{|\alpha|}}{\partial x_1^{\alpha_1} \partial x_2^{\alpha_2} \cdots \partial x_n^{\alpha_n}}.$$

这类方程组的特点是:

(i) 方程的个数与未知函数的个数相同, 都是 N 个;

(ii) 自变量 t 有特殊的地位: 在第 $i(i = 1, 2, \cdots, N)$ 个方程中对 t 的最高阶偏微商的阶数就是该方程的阶, 并且对该偏微商是解出的.

例 7.2.1 中的 Cauchy-Riemann 方程组和例 7.2.2 中的声波方程组都属于此种类型, 第 3 章讨论的波动方程就是此种方程组 ($N = 1$) 的特例, 而第 4 章讨论的热传导方程不属于此种类型.

考虑方程组 (7.4.1) 的 Cauchy 问题

$$\begin{cases} \dfrac{\partial^{m_i} u_i}{\partial t^{m_i}} = F_i(t, x, u_1, u_2, \cdots, u_N, \cdots, D_t^k D_x^\alpha u_j, \cdots), \\[2mm] \dfrac{\partial^{k_i} u_i}{\partial t^{k_i}}\bigg|_{t=t_0} = \varphi_i^{(k_i)}, \ k_i = 0, 1, \cdots, m_i - 1, \ i = 1, 2, \cdots, N. \end{cases} \tag{7.4.2}$$

对 Cauchy 问题 (7.4.2), 我们有

定理 7.4.1 (C–K 定理)　若 F_i 在点 $(t_0, x_0, \cdots, D_x^\alpha \varphi_j^{(k_j)}(x_0), \cdots)$ 的某个邻域内解析, $\varphi_i^{(k_i)}(x) (i = 1, 2, \cdots, N, k_i = 0, 1, \cdots, m_i - 1)$ 在点 x_0 的一邻域内解析, 则 Cauchy 问题 (7.4.2) 在点 (t_0, x_0) 的某个邻域内存在唯一的解析解.

附注　因为 C–K 型组对 t 的最高阶偏微商是解出的, 而关于 x 的最高阶偏微商不跨越超平面 $t = t_0$, 所以该平面就不是特征面. 但是, 若 Cauchy 数据给在特征面上, 这个定理不成立. 另外, 若 Cauchy 数据给在一非特征解析超曲面 $\varphi(t, x) = 0$ 上, 则对曲面 $\varphi = 0$ 上任一点, 存在可逆的解析变换把该点的一个邻域变换到超平面 $t = t_0$ 上某点的一个邻域. 所以, Cauchy 问题 (7.4.2) 的提法具有代表性.

7.4.2 Cauchy 问题的化简

我们要把高阶非线性 C–K 型组的 Cauchy 问题 (7.4.2) 简化为一个与它等价的一阶拟线性 C–K 型组的 Cauchy 问题. 于是, 在证明 C–K 定理时, 只需对后一个问题进行证明即可, 这将使证明简化.

首先, 把高阶非线性 C–K 型组 Cauchy 问题化为一个与其等价的一阶非线性 C–K 型组的 Cauchy 问题. 这只要把最高阶偏微商以外的各阶偏微商都取为新的未知函数即可. 我们通过下例来说明.

设有 Cauchy 问题

$$\begin{cases} u_{tt} = F(t, x, u, u_t, u_x, u_{tx}, u_{xx}), \\ u|_{t=0} = \varphi(x), \ u_t|_{t=0} = \psi(x), \end{cases} \tag{7.4.3}$$

其中, $u = u(t, x)$. 为使方程降阶, 令

$$v = u_t, \ w = u_x,$$

于是 (7.4.3) 可写为

$$\begin{cases} u_t = v, \\ v_t = F(t, x, u, v, w, v_x, w_x), \\ w_t = v_x, \\ u(x, 0) = \varphi(x), \ v(x, 0) = \psi(x), \ w(x, 0) = \varphi'(x). \end{cases} \tag{7.4.4}$$

显然, 若 u 是 (7.4.3) 的解, 则必满足 (7.4.4); 反之, 设 u 是 (7.4.4) 的解, 由 (7.4.4) 中前两个方程得

$$u_{tt} = F(t, x, u, u_t, w, u_{tx}, w_x). \tag{7.4.5}$$

再由 (7.4.4) 中的第一个和第三个方程得 $\dfrac{\partial}{\partial t}(u_x - w) = 0$, 故 $u_x - w$ 与 t 无关, 又当 $t = 0$ 时, $u_x = \varphi'(x) = w$, 所以, $u_x \equiv w$. 将此式代入 (7.4.5), 便得到 (7.4.3) 中方程式. 由 (7.4.4) 中初值条件易知 u 满足 (7.4.3) 中的初值条件. 所以, 问题 (7.4.4) 与 (7.4.3) 是等价的.

其次, 我们可以把一个一阶非线性 C–K 型组的 Cauchy 问题化为一个与其等价的一阶拟线性 C–K 型组的 Cauchy 问题. 方法是将所有对空间变量的偏微商取作新的未知函数, 然后这些新的未知函数对时间变量求偏微商, 并利用已知方程式即得. 我们也用一个例子来说明.

设 F 和 G 都是六个自变量的函数, 即 $F = F(t, x, p, q, r, s), G = G(t, x, p, q, r, s)$, 未知函数 u 和 v 是两个自变量 t, x 的函数. 考虑 Cauchy 问题

$$\begin{cases} u_t = F(t, x, u, v, u_x, v_x), \\ v_t = G(t, x, u, v, u_x, v_x), \\ u|_{t=0} = \varphi(x), \ v|_{t=0} = \psi(x). \end{cases} \tag{7.4.6}$$

按上面所说方法, 可令 $w = u_x$, $T = v_x$, 于是 (7.4.6) 化为

$$\begin{cases} u_t = F(t, x, u, v, w, T), \\ v_t = G(t, x, u, v, w, T), \\ w_t = F_x + F_p u_x + F_q v_x + F_r w_x + F_s T_x, \\ T_t = G_x + G_p u_x + G_q v_x + G_r w_x + G_s T_x, \\ u(x, 0) = \varphi(x), \ v(x, 0) = \psi(x), \\ w(x, 0) = \varphi'(x), \ T(x, 0) = \psi'(x). \end{cases} \tag{7.4.7}$$

不难证明问题 (7.4.6) 与 (7.4.7) 是等价的 (留作练习).

于是, 取代考虑问题 (7.4.2), 我们只需考虑一阶拟线性 C–K 型组的 Cauchy 问题

$$\begin{cases} \dfrac{\partial u_i}{\partial t} = \displaystyle\sum_{k=1}^{n} \sum_{j=1}^{N} a_{jk}^i(t, x, u) \dfrac{\partial u_j}{\partial x_k} + b^i(t, x, u), \\ u_i|_{t=t_0} = \varphi_i(x), \ i = 1, 2, \cdots, N; \quad u = (u_1, \cdots, u_N). \end{cases} \tag{7.4.8}$$

不失一般性, 设 (t_0, x_0) 是坐标原点 $(0, 0)$, 否则只要作一次坐标平移即可. 又可设所有 $\varphi_i(x) = 0$, 否则, 令 $v_i = u_i - \varphi_i$, $i = 1, 2, \cdots, N$, 转而考虑 v_i 的方程组. 另外, 可在 (7.4.8) 中添加一个新方程 $\dfrac{\partial u_{N+1}}{\partial t} = 1$ 和一个新的初值条件 $u_{N+1}|_{t=0} = 0$, 其中, $u_{N+1} \equiv t$. 所以, 不失一般性, 可设 (7.4.8) 中的 a_{jk}^i 与 b^i 都与自变量 t 无关. 至此, 我们已把 Cauchy 问题 (7.4.2) 化为如下形式的一阶拟线性 C–K 型方程组的 Cauchy 问题:

$$\begin{cases} \dfrac{\partial u_i}{\partial t} = \displaystyle\sum_{k=1}^{n} \sum_{j=1}^{N} a_{jk}^i(x, u) \dfrac{\partial u_j}{\partial x_k} + b^i(x, u), \\ u_i|_{t=0} = 0, \ i = 1, 2, \cdots, N; \quad u = (u_1, \cdots, u_N). \end{cases} \tag{7.4.9}$$

于是, C–K 定理 7.4.1 可等价地叙述为

定理 7.4.2 (C–K 定理) 若 $a_{jk}^i(x, u)$ 与 $b^i(x, u)$, $i, j = 1, 2, \cdots, N$; $k = 1, 2, \cdots, n$, 在 $\mathbb{R}^{n+N}$ 的原点的某个邻域内解析, 则 Cauchy 问题 (7.4.9) 在 $\mathbb{R}^{n+1}$ 的原点的邻域内存在唯一的解析解 $u(x, t)$.

C–K 定理的证明用的是强函数方法, 即用一个明显可解出的问题与所考虑的问题相比较, 这样一来, 复杂的估计便可用简单明显的计算来取代. 故需先介绍强函数的概念.

7.4.3 强函数

定义 7.4.3 设 $\varphi(x)$ 与 $\varPhi(x)$ 都在原点的一邻域内无穷次可微, 若对任意多

重指标 α 有 $|\mathrm{D}^\alpha\varphi(0)| \leqslant \mathrm{D}^\alpha\Phi(0)$, 则称 $\Phi(x)$ 在原点的邻域内是 $\varphi(x)$ 的强函数, 记为 $\varphi \ll \Phi$.

例 7.4.1　设 n 元函数 $\varphi(x)$ 在原点的一邻域内解析, 则存在常数 $h > 0$, $M > 0$, 使得

$$\Phi(x) = \frac{Mh}{h - (x_1 + x_2 + \cdots + x_n)}$$

是 $\varphi(x)$ 的强函数.

事实上, 由于 $\varphi(x)$ 在原点的一邻域内解析, 故它可在原点的一邻域中展开为收敛的幂级数:

$$\varphi(x) = \sum_{\alpha \geqslant 0} \frac{\mathrm{D}^\alpha\varphi(0)}{\alpha!} x^\alpha.$$

设它在点 $\rho = (\rho_1, \rho_2, \cdots, \rho_n)$, $\rho_i \neq 0$, $i = 1, 2, \cdots, n$ 绝对收敛, 则必存在 $M > 0$, 使对一切多重指标 α, 有

$$\left| \frac{\mathrm{D}^\alpha\varphi(0)}{\alpha!} \rho^\alpha \right| \leqslant M,$$

即

$$|\mathrm{D}^\alpha\varphi(0)| \leqslant \frac{M}{|\rho^\alpha|} \alpha!. \tag{7.4.10}$$

取 $h = \min\limits_{1 \leqslant i \leqslant n} |\rho_i|$, 则当 $|x_1| + |x_2| + \cdots + |x_n| < h$ 时, 有

$$\begin{aligned}
\Phi(x) &= \frac{M}{1 - \dfrac{x_1 + x_2 + \cdots + x_n}{h}} \\
&= M \sum_{k=0}^{\infty} \frac{(x_1 + x_2 + \cdots + x_n)^k}{h^k} \\
&= M \sum_{k=0}^{\infty} \sum_{|\alpha|=k} \frac{k!}{\alpha!} \frac{x^\alpha}{h^k} \\
&= \sum_{\alpha} \frac{M|\alpha|!}{h^{|\alpha|} \alpha!} x^\alpha,
\end{aligned}$$

于是

$$\mathrm{D}^\alpha\Phi(0) = \frac{M|\alpha|!}{h^{|\alpha|}} \geqslant \frac{M\alpha!}{|\rho^\alpha|}. \tag{7.4.11}$$

比较 (7.4.10) 与 (7.4.11) 两式知, $|\mathrm{D}^\alpha\varphi(0)| \leqslant \mathrm{D}^\alpha\Phi(0)$ 对任意多重指标 α 成立, 故 $\varphi(x) \ll \Phi(x)$.

7.4.4　Cauchy-Kovalevskaja 定理的证明

(1) 唯一性(幂级数解法). 设

$$u(x,t) = (u_1(x,t), u_2(x,t), \cdots, u_N(x,t))$$

是问题 (7.4.9) 在 $\mathbb{R}^{n+1}$ 中原点邻域内的解析解. 于是, 利用初值条件, 对任意多重指标 α, 可得

$$D_x^\alpha u_i(x,t)|_{(x,t)=(0,0)} = 0, \ i = 1, 2, \cdots, N. \tag{7.4.12}$$

进而, 对正整数 k, 利用 (7.4.9) 中方程得

$$
\begin{aligned}
D_t^k D_x^\alpha u_i(x,t)|_{(x,t)=(0,0)} &= D_x^\alpha D_t^k u_i(x,t)|_{(x,t)=(0,0)} \\
&= D_x^\alpha D_t^{k-1} \left[\sum_{k=1}^n \sum_{j=1}^N a_{jk}^i \frac{\partial u_j}{\partial x_k} + b^i \right]\Bigg|_{(x,t)=(0,0)} \\
&= D_t^{k-1} D_x^\alpha \left[\sum_{k=1}^n \sum_{j=1}^N a_{jk}^i \frac{\partial u_j}{\partial x_k} + b^i \right]\Bigg|_{(x,t)=(0,0)}.
\end{aligned}
\tag{7.4.13}
$$

由此式出发, 对 k 用数学归纳法, 基于 (7.4.12) 式, 对任意多重指标 α 及正整数 k, 可求出 (7.4.13) 式的值. 于是得到问题 (7.4.9) 的幂级数形式的解

$$u_i(x,t) = \sum_{k=0}^\infty \sum_{|\alpha| \geqslant 0} \frac{1}{\alpha! k!} D_t^k D_x^\alpha u_i(0,0) t^k x^\alpha, \ i = 1, 2, \cdots, N. \tag{7.4.14}$$

(7.4.12) 与 (7.4.13) 两式中的各个值恰恰是 $u(x,t)$ 在原点邻域内展开成收敛的幂级数的系数, 由于展开是唯一的, 而展开系数是由方程组 (7.4.9) 中的已知函数及初始数据按 (7.4.12) 和 (7.4.13) 唯一确定的. 所以, 若 (7.4.9) 在原点附近有解析解, 则必是 (7.4.14), 故解析解唯一. 以上这种解法称为*幂级数解法*. 但需注意, 在解析解的存在性尚未知道之前, 这个解只能是形式解.

(2) 存在性. 据上所述, 我们已经利用方程和初始数据通过 (7.4.12) 与 (7.4.13) 式构造了问题 (7.4.9) 的一个形式幂级数解 (7.4.14). 显然, 若它在原点的一邻域中收敛, 则必是问题 (7.4.9) 的在原点邻域内的解析解. 因此, 存在性的证明归结为证明幂级数 (7.4.14) 的收敛性. 下面用强函数方法实现这一证明.

设存在函数 $A_{jk}^i(x,u)$ 与 $B^i(x,u)$, $i,j = 1,2,\cdots,N; k = 1,2,\cdots,n$, 它们分别是 $a_{jk}^i(x,u)$ 和 $b^i(x,u)$ 的强函数. 于是我们就得到一个所谓问题 (7.4.9) 的强问题

$$
\begin{cases}
\dfrac{\partial U_i}{\partial t} = \displaystyle\sum_{k=1}^n \sum_{j=1}^N A_{jk}^i(x,U) \frac{\partial U_j}{\partial x_k} + B^i(x,U), \\
U_i(x,0) = 0, \ i = 1, 2, \cdots, N.
\end{cases}
\tag{7.4.15}
$$

如果这个问题在 $\mathbb{R}^{n+1}$ 中原点的一邻域中存在解析解 $U_i(x,t)$, $i = 1, 2, \cdots, N$, 并且它们分别是 (7.4.14) 中对应的 $u_i(x,t)$ 的强函数, 则 (7.4.14) 收敛, 从而完成证明.

事实上, 上述 $U_i(i = 1, 2, \cdots, N)$ 的确是 (7.4.14) 中对应的 $u_i(x,t)$ 的强函数. 因为, 我们完全可以仿照计算 (7.4.12) 与 (7.4.13) 的过程计算 $\mathrm{D}_x^\alpha U_i(x,t)$ 和 $\mathrm{D}_t^k \mathrm{D}_x^\alpha U_i(x,t)$ 在 $\mathbb{R}^{n+1}$ 中原点的值, 用以构造 (7.4.15) 的形式幂级数解. 由 (7.4.15) 局部解析解的唯一性知 $U_i(i = 1, 2, \cdots, N)$ 就是这样的解析解, 于是形式幂级数解就是此解析解 U_i. 进一步的分析发现, (7.4.13) 中诸值都是由 $a_{jk}^i(x,u)$, $b^i(x,u)$ 和初始值的各阶偏微商在原点的值相乘相加而得到的, 再注意到 A_{jk}^i, B^i 分别是 a_{jk}^i 和 b^i 的强函数便知, 在 $\mathbb{R}^{n+1}$ 中原点处, 对任意多重指标 α 和任意非负整数 k, 成立不等式

$$|\mathrm{D}_x^\alpha u_i| \leqslant \mathrm{D}_x^\alpha U_i, \ |\mathrm{D}_t^k \mathrm{D}_x^\alpha u_i| \leqslant \mathrm{D}_t^k \mathrm{D}_x^\alpha U_i, \ i = 1, 2, \cdots, N.$$

所以, $U_i(i = 1, 2, \cdots, N)$ 是 $u_i(x,t)$ 的强函数.

于是, 剩下的事情只是证明 (7.4.15) 的上述解析解 $U_i(i = 1, 2, \cdots, N)$ 的存在性. 因为 a_{jk}^i 和 b^i 在原点的邻域内解析, 由例 7.4.1 知存在常数 $h > 0$, $M > 0$, 使函数

$$A(x,u) = \frac{Mh}{h - \left(\sum_{j=1}^n x_j + \sum_{j=1}^N u_j \right)}$$

是 a_{jk}^i 同时也是 b^i 的强函数, $i, j = 1, 2, \cdots, N; k = 1, 2, \cdots, n.$ 将它代入 (7.4.15) 后得到

$$\begin{cases} \dfrac{\partial U_i}{\partial t} = \dfrac{Mh}{h - \left(\sum\limits_{j=1}^n x_j + \sum\limits_{j=1}^N U_j \right)} \left(\sum\limits_{k=1}^n \sum\limits_{j=1}^N \dfrac{\partial U_j}{\partial x_k} + 1 \right), \\ U_i(x,0) = 0, \ i = 1, 2, \cdots, N. \end{cases} \tag{7.4.16}$$

我们寻找 (7.4.16) 的具有形式

$$U_i(x,t) = U(s,t), \ i = 1, 2, \cdots, N$$

的解, 其中, $s = x_1 + x_2 + \cdots + x_n$, 则 (7.4.16) 变为

$$\begin{cases} \dfrac{\partial U}{\partial t} = \dfrac{Mh}{h - s - NU} \left(Nn \dfrac{\partial U}{\partial s} + 1 \right), \\ U(s,0) = 0. \end{cases} \tag{7.4.17}$$

由第 2 章例 2.1.3, 便得 (7.4.17) 的解

$$U(s,t) = \frac{1}{N(n+1)}\Big(h - s - \sqrt{(h-s)^2 - 2(n+1)MNht}\Big).$$

它是 s, t 的初等函数, 当 s 与 t 的绝对值充分小时, 它显然能在 (s, t) 平面原点的邻域内展成关于 s, t 的绝对收敛的幂级数. 从而, 当 $|t| + \sum_{j=1}^{n} |x_i| < \rho$ 时 (ρ 是仅由 M, N, h, n 决定的一个正常数), $U_i(x, t)$ 能展成关于 x, t 的收敛的幂级数, 即解析解 $U_i(x, t)\,(i = 1, 2, \cdots, N)$ 存在. $\qquad\square$

附注 1 该定理断言解析解的局部存在唯一性, 并没有保证整体解的存在性. 它既不排斥同一个 Cauchy 问题存在非解析解的可能性, 也不排斥在离开初始曲面一定距离之外解析解变成非解析解的可能性.

附注 2 由证明知, 若方程右端项及 Cauchy 数据是各自变元的解析函数, 则在初始超平面 $t = t_0$ 上任意点的邻域内都存在一个解析解. 由唯一性知, 在它们公共区域上任意两个这种解是相同的. 把这些解粘合在一起, 就得到超平面 $t = t_0$ 的一个邻域内的解析解.

附注 3 C–K 定理不能保证解对初始数据的连续依赖性, 只要把第 1 章中 Hadamard 的例子 (例 1.2.5) 改为 Cauchy 问题 (去掉边值条件, 令 $|x| < \infty$, $y > 0$ 即可), 就可以看出这一点. 另外, C–K 定理的证明本质上依赖于解析性假设. 定理在任意较弱的光滑性假设条件下不成立.

习 题 7

1. 若平面曲线 γ 分区域为 Ω_1 和 Ω_2 两部分 (图 7.1), 函数 $u(x, y)$ 在 Ω_1 和 Ω_2 上分别二次连续可微, 且满足调和方程 $\Delta u = 0$, 又 u 在 Ω_1 和 Ω_2 上有直至 γ 的一阶连续偏微商. 试证明: 函数 $u(x, y)$ 在 γ 上也具有二阶连续偏微商, 且满足方程 $\Delta u = 0$.

2. 求下列方程的特征方程和特征方向:

   (a) $u_{x_1 x_1} + u_{x_2 x_2} = u_{x_3 x_3} + u_{x_4 x_4}$;

   (b) $u_{tt} = u_{x_1 x_1} + u_{x_2 x_2} + u_{x_3 x_3}$;

   (c) $u_t = u_{xx} - u_{yy}$.

3. 证明经过可逆坐标变换 $x_i = f_i(y_1, \cdots, y_N)$, $i = 1, 2, \cdots, N$, 原方程的特征曲面变为变换后的新方程的特征曲面. 此性质称为特征曲面关于可逆坐标变换的不变性.

4. 证明二阶偏微分方程解的 m 阶弱间断 (即直至 $m - 1$ 阶偏微商连续, 至少有一个 m 阶偏微商在跨越曲面 S 时间断) 也只能沿特征曲面发生.

5. 试定义 m 阶线性偏微分方程

$$\sum_{|\alpha| \leqslant m} a_\alpha(x) D^\alpha u = f(x), \ x \in \mathbb{R}^N$$

的特征方程、特征方向及特征曲面. 其中, α 是多重指标.

6. 证明平面族 (7.1.6) 的包络面是二维波动方程的特征曲面.

7. 求三维波动方程 $u_{tt} = a^2(u_{xx} + u_{yy} + u_{zz})$ 的特征曲面.

8. 设 (7.1.7) 是线性方程 (即系数 a, b, c 和右端项仅是 x, y 的函数), 系数在开集 Ω 中连续, 又设 $\gamma: x = \varphi(y)$ 是 Ω 中一段弧, 它把 Ω 分为两个不相交的开集 Ω_1 与 Ω_2. 若 $u(x, y)$ 是 (7.1.7) 的在 γ 上间断的弱间断解. 试证明:

(a) 在 γ 上 u 的二阶偏微商的跃度满足

$$[u_{xx}]\varphi' + [u_{xy}] = 0,$$
$$[u_{xy}]\varphi' + [u_{yy}] = 0;$$

(b) 若 u 在 Ω_1 和 Ω_2 上有直到 γ 的三阶连续偏微商, 并记 $\lambda = [u_{xx}]$, 则若系数光滑, λ 必满足

$$2(b - c\varphi')\lambda'_y + (a_x - 2b_x\varphi' + c_x\varphi'^2 - c\varphi'')\lambda = 0.$$

9. 求下列一阶方程的特征线及沿特征线应成立的关系式:

(a) $u_t + a(x,t)u_x + b(x,t)u + c(x,t) = 0$;

(b) $u_t + a(x,t)u_x + b(x,t,u) = 0$.

10. 求下列一阶方程的 Cauchy 问题:

(a) $u_t + u_x = 0$, $|x| < \infty$, $t > 0$, $u(x,0) = \varphi(x)$;

(b) $u_t + u_x = u$, $|x| < \infty$, $t > 0$, $u(x,0) = \varphi(x)$.

11. 判断方程组

$$\begin{cases} \dfrac{\partial u_1}{\partial t} = a(x,t)\dfrac{\partial u_1}{\partial x} + b(x,t)\dfrac{\partial u_2}{\partial x} + f_1(x,t), \\ \dfrac{\partial u_2}{\partial t} = b(x,t)\dfrac{\partial u_1}{\partial x} + a(x,t)\dfrac{\partial u_2}{\partial x} + f_2(x,t) \end{cases}$$

属何种类型.

12. 把下列方程组化为标准型:

(a) $\begin{cases} u_t + (1 + \sin x)u_x + 2v_x + x = 0, \\ v_t + u = 0; \end{cases}$

(b) $\begin{cases} u_t = xu_x + v_x, \\ v_t = a^2 u_x + xv_x, \ a > 0. \end{cases}$

13. 证明方程组 (7.2.1) 在未知函数任何实系数的可逆线性变换下特征方向 (从而特征线) 不变, 故 (7.2.1) 的类型不变.

14. 证明方程组 (7.2.1) 在每一点的特征方向 (特征曲线) 经过自变量的可逆坐标变换后就变成变换后方程组在对应点的特征方向 (特征曲线), 即特征对可逆坐标变换具有不变性.

15. 证明方程组 (7.2.1) 的伴随方程组

$$-\frac{\partial v_i}{\partial t} - \frac{\partial \left(\sum\limits_{j=1}^{m} a^{ij} v_j \right)}{\partial x} + \sum\limits_{j=1}^{m} b^{ij} v_j + c^i = 0, \; i = 1, \, 2, \cdots, m$$

和原方程组 (7.2.1) 有相同的特征方向 (特征曲线), 因此属于同一类型.

16. 证明对于两个未知函数 (两个自变量 x 和 t 的函数) 的任一线性椭圆型方程组, 都可以通过未知函数的实系数的满秩变换化为下面的标准型:

$$\begin{cases} \dfrac{\partial v_1}{\partial t} = a(x,t)\dfrac{\partial v_1}{\partial x} - b(x,t)\dfrac{\partial v_2}{\partial x} + f_1, \\ \dfrac{\partial v_2}{\partial t} = b(x,t)\dfrac{\partial u_1}{\partial x} + a(x,t)\dfrac{\partial v_2}{\partial x} + f_2, \end{cases}$$

其中, $b(x,t) \neq 0$, f_1 与 f_2 是未知函数的线性函数.

17. 证明定理 7.3.2 后面的附注.

18. 考虑两个自变量的线性方程组

$$\begin{cases} u_t + A(x,t) v_x = 0, \\ v_t + u_x = 0. \end{cases}$$

若 $A(x,t) > 0$, 在直线 $x=0$ 外处处二阶连续可微, 在直线 $x=0$ 上具有第一类间断. 证明对此类具有间断系数的线性方程组, 如果初始函数有连续的一阶偏微商, 当直线 $x=0$ 穿过区域 G 时, 则在 G 上的 Cauchy 问题也存在唯一的连续解, 此解在直线 $x=0$ 上可能具有弱间断, 而在 $x \neq 0$ 时处处连续可微.

19. 验证 (7.3.8) 所示区域 Ω 中, 问题 (7.3.1) 的解必满足 (7.3.4); 反之, 若积分方程组 (7.3.4) 的解在 $\overline{\Omega}$ 上连续, 且在 Ω 内属于 C^1 类, 则必是 (7.3.1) 的解.

20. 把波动方程的 Cauchy 问题

$$\begin{cases} u_{tt} = a^2(u_{xx} + u_{yy} + u_{zz}), \; -\infty < x, y, z < +\infty, \; t > 0, \\ u|_{t=0} = \varphi(x,y,z), \; u_t|_{t=0} = \psi(x,y,z) \end{cases}$$

化为一个与其等价的一阶方程组的 Cauchy 问题.

21. 试把弹性力学方程组的 Cauchy 问题

$$\begin{cases} (\lambda + \mu)\dfrac{\partial}{\partial x_i}\left(\displaystyle\sum_{k=1}^{3}\dfrac{\partial u_k}{\partial x_k}\right) + \mu\Delta u_i - \rho\dfrac{\partial^2 u_i}{\partial t^2} + F_i = 0, & i = 1,2,3 \\ u_i|_{t=0} = \varphi_i(x_1, x_2, x_3), \quad \dfrac{\partial u_i}{\partial t}\bigg|_{t=0} = \psi_i(x_1, x_2, x_3), \end{cases}$$

化为一个与其等价的一阶方程组 Cauchy 问题. 其中, u_i, F_i, $i = 1,2,3$ 是 t, x_1, x_2 和 x_3 的函数; μ, λ, ρ 是常数.

22. 把二阶非线性 C–K 型方程的 Cauchy 问题

$$\begin{cases} u_{tt} = (u_x)^2 + (u_y)^2, \\ u|_{t=0} = 0, \ u_t|_{t=0} = \mathrm{e}^x\sin y \end{cases}$$

化为一个与其等价的一阶拟线性 C–K 型组的 Cauchy 问题.

23. 证明方程组的定解问题

$$\begin{cases} u_{t_1 t_1} = F(t_1, t_2, u, v, u_{t_1}, v_{t_1}, u_{t_2}, v_{t_2}, u_{t_1 t_2}, u_{t_2 t_2}), \\ v_{t_2 t_2} = G(t_1, t_2, u, v, u_{t_1}, v_{t_1}, u_{t_2}, v_{t_2}, v_{t_1 t_2}, v_{t_1 t_1}), \\ u|_{t_1=0} = \varphi(t_2), \ u_{t_1}|_{t_1=0} = \psi(t_2), \\ v|_{t_2=0} = \tilde{\varphi}(t_1), \ v_{t_2}|_{t_2=0} = \tilde{\psi}(t_1) \end{cases}$$

可以化为同类型的且与其等价的一阶方程组的定解问题.

24. 证明函数

$$\Phi(x) = \frac{Mh}{h - (\lambda x_1 + x_2 + \cdots + x_n)}, \ \lambda > 1$$

是例 7.4.1 中 φ 的一个强函数.

25. 用幂级数解法求解下列 Cauchy 问题:

(a) $$\begin{cases} u_t = uu_x + vv_y + x, \\ v_t = vu_y + uv_x + y, \\ u|_{t=0} = x + \sin(xy), \ v|_{t=0} = y + \cos(xy), \end{cases}$$

计算到幂级数的二次项, 在点 $(x, y, t) = (0, 0, 0)$ 附近;

(b) $$\begin{cases} u_t + u_x = v, \\ v_t - v_x = u, \\ u|_{t=0} = \sin x, \ v|_{t=0} = \cos x, \end{cases}$$

计算到幂级数的三次项, 在点 $(x, t) = (1, 0)$ 附近.

26. 证明问题 (7.4.6) 与 (7.4.7) 的等价性.

27. 设 $u = (u_1, u_2, \cdots, u_N)$ 是 $x = (x_1, x_2, \cdots, x_n)$ 的 n 元函数. 考虑非线性方程组的 Cauchy 问题

$$
\begin{cases}
\dfrac{\partial u_i}{\partial x_n} = G_i(x, u, \mathrm{D}u), \ i = 1, 2, \cdots, N, \\
u_i(x_1, x_2, \cdots, x_{n-1}, 0) = 0,
\end{cases}
$$

其中, G_i 关于它们的变量在原点解析. 不化为拟线性方程组, 而直接用强函数法证明上述问题存在局部解析解.

28. 试说明对于定解问题

$$
\begin{cases}
\dfrac{\partial u_i}{\partial t_1} = F_i\left(t_1, t_2, x_1, \cdots, x_n, u_1, \cdots, u_{N_1}, v_1, \cdots, v_{N_2}, \dfrac{\partial u_j}{\partial x_k}, \dfrac{\partial v_s}{\partial x_k}, \dfrac{\partial u_j}{\partial t_2}\right), \\
\dfrac{\partial v_r}{\partial t_2} = G_r\left(t_1, t_2, x_1, \cdots, x_n, u_1, \cdots, u_{N_1}, v_1, \cdots, v_{N_2}, \dfrac{\partial u_j}{\partial x_k}, \dfrac{\partial v_s}{\partial x_k}, \dfrac{\partial v_s}{\partial t_1}\right), \\
u_i|_{t_1=0} = \varphi_i(t_2, x_1, \cdots, x_n), \\
v_r|_{t_2=0} = \psi_r(t_1, x_1, \cdots, x_n), \\
i, j = 1, 2, \cdots, N_1; \ r, s = 1, 2, \cdots, N_2; \ k = 1, 2, \cdots, n,
\end{cases}
$$

其解析解存在唯一.

29. 对于一阶线性方程组的广义 Cauchy 问题

$$
\begin{cases}
\displaystyle\sum_{j=1}^{N} a_{ij}(t, x) \dfrac{\partial u_j}{\partial t} + \sum_{j=1}^{N} b_{ij}(t, x) \dfrac{\partial u_j}{\partial x} + \sum_{j=1}^{N} c_{ij}(t, x) u_j + d_i(t, x) = 0, \\
\qquad\qquad\qquad\qquad\qquad\qquad i = 1, 2, \cdots, N, \ x \in \mathbb{R}, \\
u_i|_{\varphi(t, x) = 0} = \varphi_i(t, x), \ i = 1, 2, \cdots, N.
\end{cases}
$$

试证明: 只要 $\varphi(t, x) = 0$ 在点 (t_0, x_0) 近旁是非特征曲线, 则 C–K 定理成立. 即当 $a_{ij}, b_{ij}, c_{ij}, \varphi_i, \varphi$ 都是解析函数时, 问题在 (t_0, x_0) 近旁存在唯一的解析解.

第 8 章　广义函数与基本解

8.1　基本空间

8.1.1　引言

至此, 我们已讨论了偏微分方程古典理论的一些基本概念和问题. 回想起来, 它有诸多令人不满意之处, 其中一条就是对解的光滑性要求过高, 这不仅常常不符合实际问题的要求, 而且影响了理论的进一步发展. 在第 3 章和第 5 章中, 曾分别引入弱解的概念, 以便降低对解的光滑性要求. 但我们并不满足于仅仅对个别问题分别引入弱解, 而希望对一般的方程及定解问题统一地扩充解的概念. 这首先需要扩充函数的概念.

在第 4 章, 大家已经看到 Fourier 变换在求解定解问题时的重要作用, 它是求解偏微分方程诸多问题的有力工具. 但是, 能作 Fourier 变换的函数是不多的. 一般的 $L^p(\mathbb{R}^N)(p > 1)$ 函数未必属于 $L^1(\mathbb{R}^N)$, 从而可能不能作 Fourier 变换. 最简单的函数 $f(x) \equiv 1$, 就不存在它的 Fourier 变换. 鉴于 Fourier 变换在偏微分方程中的重要作用, 我们希望拓广它的使用范围, 从而也需要扩充函数的概念.

扩充函数概念有其更深刻的原因. 方程及其定解问题原本来自物理学和一些技术领域, 而它的研究成果又给物理学和技术的发展提供理论指导和启迪. 但是, 当物理学家 Dirac (狄拉克) 为了量子力学的需要引入了很有用的 δ 函数 $\delta(x)$ 时, 数学和物理学的这种紧密关系便出现了裂隙. 物理学家原本定义的 δ 函数是这样的 "函数":

$$\delta(x) = \begin{cases} 0, & x \neq 0, \\ \infty, & x = 0, \end{cases} \tag{8.1.1}$$

$$\int_{-\infty}^{+\infty} \delta(x)\mathrm{d}x = 1, \tag{8.1.2}$$

且 "证明" 了对任意连续函数 $\varphi(x)$, 有

$$\int_{-\infty}^{+\infty} \delta(x)\varphi(x)\mathrm{d}x = \varphi(0). \tag{8.1.3}$$

由通常的函数的定义, (8.1.1) 式不是函数; 由 Lebesgue (勒贝格) 积分的概念, (8.1.1) 与 (8.1.2) 矛盾. 但从物理学的观点看, $\delta(x)$ 的意义十分明确, 它表示质量

等于 1 个单位的质点置于 $x = 0$ 处 (其他处无质量) 时, 沿 x 轴的密度分布函数, 这种集中量的分布在物理学中常常遇到. 物理学家在 20 世纪 30 年代就广泛使用 δ 函数讨论问题, 并获得相当的成功. 直到 20 世纪 40 年代末, Schwartz (施瓦兹) 等人建立了广义函数基础理论, 才为这类奇异 "函数" 建立了严格的数学理论, 而数学家们对这类 "函数" 的研究扩大了它们的应用范围, 同时也推动了数学本身的发展.

仅从以上三个方面来看, 扩充函数概念是十分必要的了. 由 (8.1.3) 式可以获得推广函数概念的启迪. 设实数 $p > 2$, 其共轭指数为 q, 即 $\dfrac{1}{p} + \dfrac{1}{q} = 1$. 记 Ω 为 $\mathbb{R}^N$ 中有界区域, 取空间 $L_p(\Omega)$. 由泛函分析的知识知, 对任意 $f(x) \in L_q(\Omega)$, 它按方式

$$F[\varphi] = \langle f, \varphi \rangle \equiv \int_\Omega f(x)\varphi(x)\mathrm{d}x, \ \forall \varphi \in L_p(\Omega) \tag{8.1.4}$$

定义了 $L_p(\Omega)$ 上的一个线性连续泛函; 反之, 对 $L_p(\Omega)$ 上任意一个线性连续泛函, 按 Riesz 表现定理, 存在唯一的 $f(x) \in L_q(\Omega)$ 将此泛函表示为 (8.1.4) 式. 于是, $L_p(\Omega)$ 上的线性连续泛函与 $L_q(\Omega)$ 中元素一样多. 因 $p > 2$, 所以 $0 < q < 2$, 故 $L_q(\Omega)$ 中元素比 $L_p(\Omega)$ 中元素多. 如果我们把 $L_p(\Omega)$ 上的线性连续泛函称为 "函数", 就得到比 $L_p(\Omega)$ 中的函数多得多的 "函数", 从而扩充了函数的范畴. 并且 p 越大, 即函数空间的性质越好, $L_p(\Omega)$ 上的线性连续泛函的数量越多. 于是, 我们有

定义 8.1.1 称确定在某些具体的函数空间上的线性连续泛函为广义函数, 这些具体的函数空间称为**基本空间**. 形如 (8.1.4) 的广义函数, 即通过一个积分建立的广义函数, 称为**正则广义函数**, 其他的称为**奇异广义函数**.

附注 奇异广义函数是存在的. 事实上, 若函数空间的性质足够好, 例如 $C(\overline{\Omega})$, 则 $L_1(\Omega)$ 中任一函数仍可按 (8.1.4) 式确定一个 $C(\overline{\Omega})$ 上的线性连续泛函, 即正则广义函数; 但是, $C(\overline{\Omega})$ 上的线性连续泛函不一定能用一个 $f(x) \in L_1(\Omega)$ 表示为 (8.1.4) 的形式 (此时, φ 是 $\overline{\Omega}$ 上的连续函数). 例如 δ 函数. 设原点在区域 Ω 内, $\delta(x)$ 函数的定义是

$$\langle \delta(x), \varphi(x) \rangle = \varphi(0), \ \forall \varphi \in C(\overline{\Omega}). \tag{8.1.5}$$

易知, 它是广义函数, 但它不是正则的.

下面介绍几个常见的基本空间. 所有讨论在 $\mathbb{R}^N$ 上进行, 除基本空间 $\mathscr{S}(\mathbb{R}^N)$ 必须在 $\mathbb{R}^N$ 上讨论外, 其他两个基本空间 $\mathscr{D}(\mathbb{R}^N)$ 和 $\mathscr{E}(\mathbb{R}^N)$ 都很容易地推广到 $\mathbb{R}^N$ 中的一个开集上去.

在介绍基本空间之前, 我们把使用过的和将要使用的重要记号罗列如下, 以便于查对. $x = (x_1, x_2, \cdots, x_N) \in \mathbb{R}^N$, $\xi = (\xi_1, \xi_2, \cdots, \xi_N) \in \mathbb{R}^N$ 都是 N 维自变量;

$\alpha = (\alpha_1, \alpha_2, \cdots, \alpha_N)$ 是多重指标, 其中, $\alpha_i\,(i = 1, 2, \cdots, N)$ 是非负整数;

$|\alpha| = \alpha_1 + \alpha_2 + \cdots + \alpha_N,\ \alpha! = \alpha_1!\,\alpha_2! \cdots \alpha_N!;$

$x^\alpha = x_1^{\alpha_1} x_2^{\alpha_2} \cdots x_N^{\alpha_N},\ \xi^\alpha = \xi_1^{\alpha_1} \xi_2^{\alpha_2} \cdots \xi_N^{\alpha_N};$

$$|x|^2 = \sum_{i=1}^{N} x_i^2, \quad x \cdot \xi = x_1 \xi_1 + x_2 \xi_2 + \cdots + x_N \xi_N;$$

$\mathrm{D}_x^\alpha = \mathrm{D}_{x_1}^{\alpha_1} \cdots \mathrm{D}_{x_N}^{\alpha_N},\ \mathrm{D}_\xi^\alpha = \mathrm{D}_{\xi_1}^{\alpha_1} \cdots \mathrm{D}_{\xi_N}^{\alpha_N},\ $ 符号 $\mathrm{D}_{x_j}^{\alpha_i} = \dfrac{\partial^{\alpha_i}}{\partial x_j^{\alpha_i}}.$

在自变量比较明显的情况下, 常常省去 D_x^α 和 D_ξ^α 的下标而简记为 D^α, 把 D_{x_j} 和 D_{ξ_j} 写作 D_j.

8.1.2 基本空间 $\mathscr{D}(\mathbb{R}^N)$ 和 $\mathscr{E}(\mathbb{R}^N)$

上面提到, 函数空间的性质愈好, 其上广义函数愈多. 因此, 首先考虑到的基本空间当然是 $C_0^\infty(\mathbb{R}^N)$, 即具有紧支集的无限次可微函数组成的空间. 所谓一个函数 $f(x)$ 的支集, 是指集合 $\{x \in \mathbb{R}^N \mid f(x) \neq 0\}$ 的闭包, 记作 $\mathrm{spt}\, f(x)$. 在 $C_0^\infty(\mathbb{R}^N)$ 中定义收敛概念如下:

定义 8.1.2 如果函数列 $\{\varphi_n(x)\} \subset C_0^\infty(\mathbb{R}^N)$, 且满足条件

(i) 存在紧集 K, 使得 $\mathrm{spt}\, \varphi_n(x) \subset K,\ n = 1, 2, \cdots;$

(ii) 对任意多重指标 α, 成立

$$\lim_{n \to \infty} \sup_{x \in K} |\mathrm{D}^\alpha \varphi_n(x)| = 0,$$

则称函数列 $\{\varphi_n(x)\}$ 在 $C_0^\infty(\mathbb{R}^N)$ 中收敛于零, 记为 $\varphi_n(x) \to 0(\mathscr{D})$, 若 $\varphi_n(x) - \varphi(x) \to 0(\mathscr{D})$, 则称 $\varphi_n(x) \to \varphi(x)(\mathscr{D})$. 赋予这种收敛概念的空间 $C_0^\infty(\mathbb{R}^N)$ 叫做基本空间 $\mathscr{D}(\mathbb{R}^N)$, 简记为基本空间 $\mathscr{D}$.

例 8.1.1 第 5 章 5.3 节中所述的函数 $\eta(x) \in \mathscr{D},\ \eta_\varepsilon(x) \in \mathscr{D}$.

并且, $\mathrm{spt}\, \eta(x) = \overline{B}_1(0),\ \mathrm{spt}\, \eta_\varepsilon(x) = \overline{B}_\varepsilon(0)$, 这里及后文, $B_r(0)$ 表示以原点为心、以 $r > 0$ 为半径的开球.

利用 $\eta_\varepsilon(x)$ 可以得到许多 $\mathscr{D}$ 中的函数. 例如, 设 $u(x)$ 是 $\mathbb{R}^N$ 中的局部可积函数, 定义

$$u_\varepsilon(x) = \int_{\mathbb{R}^N} u(y) \eta_\varepsilon(x - y) \mathrm{d}y,$$

则 $u_\varepsilon(x) \in C^\infty(\mathbb{R}^N)$. 进而若 $u(x)$ 有紧支集, 则 $u_\varepsilon(x) \in \mathscr{D}$. 所以, $\mathscr{D}$ 中的元素是很多的.

例 8.1.2 设 $R > 1$, $\chi_R(x)$ 是 $\mathbb{R}^N$ 中球 $B_R = \overline{B}_R(0)$ 的特征函数, 即

$$\chi_R(x) = \begin{cases} 1, & |x| \leqslant R, \\ 0, & |x| > R. \end{cases}$$

令

$$\beta_R(x) = \int_{\mathbb{R}^N} \chi_R(x-t)\eta(t)\mathrm{d}t = \int_{|x-t|\leqslant 1} \chi_R(t)\eta(x-t)\mathrm{d}t,$$

易知 $\beta_R(x) \in C^\infty(\mathbb{R}^N)$, 且 spt $\beta_R(x) = \overline{B}_{R+1}(0)$, 故 $\beta_R(x) \in \mathscr{D}$, 且在球 $\overline{B}_{R-1}(0)$ 中恒等于 1.

定义 8.1.3 设 $\{\varphi_n(x)\} \subset C^\infty(\mathbb{R}^N)$. 如果在任一紧集 K 上有

$$\lim_{n\to\infty} \sup_{x\in K} |\mathrm{D}^\alpha \varphi_n(x)| \to 0, \ \forall \text{ 多重指标 } \alpha,$$

则称函数列 $\{\varphi_n(x)\}$ 在 $C^\infty(\mathbb{R}^N)$ 中收敛于零, 记为 $\varphi_n(x) \to 0(\mathscr{E})$, 如果 $\varphi_n(x) - \varphi(x) \to 0(\mathscr{E})$, 则称 $\varphi_n(x) \to \varphi(x)(\mathscr{E})$. 我们称赋予这种收敛概念的空间 $C^\infty(\mathbb{R}^N)$ 为基本空间 $\mathscr{E}(\mathbb{R}^N)$, 简记为 $\mathscr{E}$.

附注 作为函数空间, $\mathscr{D} \subset \mathscr{E}$ 是显然的. 另外, 易知 $\mathscr{D}$ 中的收敛性比 $\mathscr{E}$ 中的收敛性强, 即在 $\mathscr{D}$ 中收敛的函数列必在 $\mathscr{E}$ 中收敛; 反之未必对. 例如, 取 $\eta(x)$ 为例 8.1.1 中函数, 并且定义

$$\varphi_n(x) = \eta(x_1 - n, x_2, \cdots, x_N), \ n = 1, 2, \cdots.$$

易证 $\varphi_n \to 0(\mathscr{E})$, 但 $\varphi_n \not\to 0(\mathscr{D})$ (证明留作练习).

定义 8.1.4 设基本空间 (或下文的广义函数空间) $A \subset B$, 若 $\{\varphi_n\} \subset A$, $\varphi_n \to 0$ 于 A 中, 则必有 $I\varphi_n \to 0$ 于 B 中, 就称 A 连续嵌入 B, 记为 $A \hookrightarrow B$. 其中, 恒等算子 I 叫做嵌入算子.

现在考查 $\mathscr{D}$ 与 $\mathscr{E}$ 的关系. 作为函数集合, 显然有 $\mathscr{D} \subset \mathscr{E}$; 从收敛性方面看, 若 $\varphi_n \to 0(\mathscr{D})$, 由基本空间中收敛性的定义, 易知 $\varphi_n \to 0(\mathscr{E})$. 于是, 可定义一个线性算子 $I: \mathscr{D} \to \mathscr{E}$, 使得对任意 $\varphi \in \mathscr{D}$, 有 $I\varphi = \varphi \in \mathscr{E}$. 由上所说, 当 $\varphi_n \to 0(\mathscr{D})$ 时, 有 $I\varphi_n \to 0(\mathscr{E})$, 即嵌入算子 I 是连续的. 于是得 $\mathscr{D} \hookrightarrow \mathscr{E}$. 不仅如此, $\mathscr{D}$ 在 $\mathscr{E}$ 中还是稠密的. 事实上, 任取 $\varphi \in \mathscr{E}$, 定义 $\varphi_m = \beta_m \varphi$, 其中, β_m 是例 8.1.2 中的函数, 显然 $\varphi_m \in \mathscr{D}$. 由于 β_m 在球 $\overline{B}_{m-1}(0)$ 中恒等于 1, 所以对任意取定的紧集 K, 当 m 充分大时, 在 K 上 $\varphi_m \equiv \varphi$. 从而, 对任一多重指标 α, 当 $m \to \infty$ 时, 有

$$\sup_K |\mathrm{D}^\alpha(\varphi_m - \varphi)| \to 0,$$

即 $\varphi_m \to \varphi(\mathscr{E})$. 综上所述, 我们得到

定理 8.1.5 $\mathscr{D} \hookrightarrow \mathscr{E}$, 且 $\mathscr{D}$ 在 $\mathscr{E}$ 中稠密.

8.1.3 基本空间 $\mathscr{S}(\mathbb{R}^N)$ 及其上的 Fourier 变换

前面提到, Fourier 变换是求解偏微分方程及其定解问题的有力工具. 但是, 基本空间 $\mathscr{D}$ 过小, 它的元素的 Fourier 变换一般不再属于 $\mathscr{D}$; 而基本空间 $\mathscr{E}$ 太

大, 它的很多元素, 例如三角函数等, 不能作 Fourier 变换. 下面, 我们引入一个适中的空间, 使得其中的任何函数均可作 Fourier 变换, 且变换后的函数仍在该空间内.

首先, 我们考虑一类所谓速减函数. 若定义在 $\mathbb{R}^N$ 上的函数 $\varphi(x)$ 满足条件

(i) $\varphi(x) \in C^\infty(\mathbb{R}^N)$;

(ii) 对任意多重指标 α 和 β, 存在常数 $c(\alpha, \beta) > 0$, 使

$$|x^\alpha \mathrm{D}^\beta \varphi(x)| \leqslant c(\alpha, \beta), \ \forall \, x \in \mathbb{R}^N,$$

则称它是速减函数. 不难证明 (留作练习), 速减函数定义中条件 (ii) 与下述任意一个条件等价:

(iii) 对任意多重指标 α 和 β, 有

$$\lim_{|x| \to \infty} x^\alpha \mathrm{D}^\beta \varphi(x) = 0;$$

(iv) 对任意多重指标 β 和正数 k, 存在常数 $c(k, \beta) > 0$, 使

$$(1 + |x|^2)^k |\mathrm{D}^\beta \varphi(x)| \leqslant c(k, \beta).$$

在速减函数集合中引入下述收敛概念:

定义 8.1.6 称速减函数列 $\{\varphi_m(x)\}$ 收敛于零, 若对任意多重指标 α 和 β, 当 $m \to \infty$ 时, 都有

$$\sup_{\mathbb{R}^N} |x^\alpha \mathrm{D}^\beta \varphi_m(x)| \to 0,$$

记为 $\varphi_m(x) \to 0(\mathscr{S})$. 若 $\varphi_m(x) - \varphi(x) \to 0(\mathscr{S})$, 则称 $\varphi_m(x) \to \varphi(x)(\mathscr{S})$. 赋予上述收敛概念的速减函数集合叫做基本空间 $\mathscr{S}(\mathbb{R}^N)$, 并简记为基本空间 $\mathscr{S}$.

例 8.1.3 $\mathrm{e}^{-|x|^2} \in \mathscr{S}$.

例 8.1.4 若 $f(x), g(x) \in \mathscr{S}$, 则它们的卷积

$$f * g(x) = \int_{\mathbb{R}^N} f(x - y) g(y) \mathrm{d}y$$

存在且属于 $\mathscr{S}$.

证明 因为 $f(x), g(x) \in \mathscr{S}$, 所以它们绝对可积. 记

$$c_1 = \int_{\mathbb{R}^N} |f(x)| \mathrm{d}x, \ c_2 = \int_{\mathbb{R}^N} |g(x)| \mathrm{d}x,$$

则对任意多重指标 α, 有

$$|x^\alpha (f * g)(x)| \leqslant |x^\alpha| \int_{\mathbb{R}^N} |f(x - y) g(y)| \mathrm{d}y$$

$$\leqslant 2^{|\alpha|} \int_{|x-y|\leqslant\frac{|x|}{2}} \left|\frac{x}{2}\right|^{|\alpha|} |f(x-y)g(y)|\mathrm{d}y +$$

$$2^{|\alpha|} \int_{|x-y|>\frac{|x|}{2}} \left|\frac{x}{2}\right|^{|\alpha|} |f(x-y)g(y)|\mathrm{d}y$$

$$\leqslant 2^{|\alpha|} \int_{|x-y|\leqslant\frac{|x|}{2}} |y|^{|\alpha|}|g(y)||f(x-y)|\mathrm{d}y +$$

$$2^{|\alpha|} \int_{|x-y|>\frac{|x|}{2}} |x-y|^{|\alpha|}|f(x-y)||g(y)|\mathrm{d}y$$

$$\leqslant 2^{|\alpha|} \left(c_1 \sup_{|y|\geqslant\frac{|x|}{2}} |y|^{|\alpha|}|g(y)| + c_2 \sup_{|y|>\frac{|x|}{2}} |y|^{|\alpha|}|f(y)| \right)$$

$$\leqslant 2^{|\alpha|} \left(c_1 \sup_{\mathbb{R}^N}\{(1+|y|^2)^{|\alpha|/2}|g(y)|\} + c_2 \sup_{\mathbb{R}^N}\{(1+|y|^2)^{|\alpha|/2}|f(y)|\} \right)$$

$$\leqslant C(\alpha).$$

上式最后一步是因为 $f(x)$ 与 $g(x)$ 均属于 $\mathscr{S}$. 特别地, 取 $\alpha=0$, 便知卷积存在. 另外, 对任意多重指标 β, 由速降函数定义中条件 (ii) 的等价条件 (iv), 不难证明下式成立:

$$\mathrm{D}^\beta(f{*}g(x)) = \int_{\mathbb{R}^N} \mathrm{D}^\beta f(x-y)g(y)\mathrm{d}y.$$

由于 $\mathrm{D}^\beta f \in \mathscr{S}$, 于是同上证明可知

$$x^\alpha \mathrm{D}^\beta(f{*}g) \to 0, \text{ 当 } |x| \to \infty \text{ 时,}$$

所以, $f{*}g \in \mathscr{S}$. □

例 8.1.5 设 $Q(x)$ 为多项式, $P(\mathrm{D}) = \sum_{|\alpha|\leqslant m} a_\alpha \mathrm{D}^\alpha$ 是常系数线性偏微分算子, 其中, α 是多重指标, m 是正整数, a_α 是常数. 若 $u(x) \in \mathscr{S}$, 则不难验证 $Q(x)P(\mathrm{D})u(x) \in \mathscr{S}$.

对于两个基本空间 $\mathscr{D}$ 和 $\mathscr{S}$ 的关系, 我们有

定理 8.1.7 $\mathscr{D} \hookrightarrow \mathscr{S}$, 且 $\mathscr{D}$ 在 $\mathscr{S}$ 中稠密.

证明 作为函数集合, 显然有 $\mathscr{D} \subset \mathscr{S}$. 若函数序列 $\{\varphi_m\} \subset \mathscr{D}$ 且 $\varphi_m \to 0(\mathscr{D})$, 即存在紧集 K, 使得对任意 m, 有 $\mathrm{spt}\,\varphi_m \subset K$, 且对任意多重指标 α, 当 $m \to \infty$ 时, 有

$$\sup_K |\mathrm{D}^\alpha\varphi_m(x)| \to 0.$$

于是, 对任意多重指标 β, 有

$$\sup_{\mathbb{R}^N} |x^\beta \mathrm{D}^\alpha \varphi_m(x)| = \sup_K |x^\beta \mathrm{D}^\alpha \varphi_m(x)|$$

$$\leqslant c(\beta) \sup_K |\mathrm{D}^\alpha \varphi_m(x)|$$

$$\to 0, \text{ 当 } m \to \infty \text{ 时,}$$

其中, $c(\beta)$ 是 x^β 在 K 上的上界. 此即 $\varphi_m \to 0(\mathscr{S})$, 所以有 $\mathscr{D} \hookrightarrow \mathscr{S}$.

再证稠密性. 对任意 $\varphi(x) \in \mathscr{S}$, 作函数 $\varphi_m(x) = \varphi(x)\beta_m(x)$, 其中, $\beta_m(x)$ 是例 8.1.2 中的函数, 则 $\varphi_m \in \mathscr{D}$. 对任意多重指标 α, γ, 有

$$x^\alpha \mathrm{D}^\gamma (\varphi_m - \varphi) = x^\alpha \mathrm{D}^\gamma [(\beta_m - 1)\varphi]$$

$$= \sum_{|s|+|p|=|\gamma|} \frac{\gamma!}{s!p!} x^\alpha \mathrm{D}^s(\beta_m - 1)\mathrm{D}^p\varphi,$$

上式中, s 和 p 都是多重指标. 注意到 $\beta_m - 1$ 及其各阶导数在 $|x| \leqslant m - 1$ 时等于零, 并且 $\mathrm{D}^s(\beta_m - 1)$ 被一个仅依赖于空间维数 N 及阶 $|s|$ 的正常数界定, 故有

$$\sup_{\mathbb{R}^N} |x^\alpha \mathrm{D}^\gamma (\varphi_m - \varphi)| \leqslant c \sup_{|x|>m-1} \sum_{|p| \leqslant |\gamma|} |x^\alpha \mathrm{D}^p \varphi|$$

$$\to 0, \text{ 当 } m \to \infty \text{ 时.}$$

最后的极限过程用了 $\varphi(x) \in \mathscr{S}$ 这一事实. 此即 $\varphi_m \to \varphi(\mathscr{S})$, 从而 $\mathscr{D}$ 在 $\mathscr{S}$ 中稠密. $\qquad\square$

与定理 8.1.5 和定理 8.1.7 类似, 我们有

定理 8.1.8 $\mathscr{S} \hookrightarrow \mathscr{E}$, 且 $\mathscr{S}$ 在 $\mathscr{E}$ 中稠密.

证明留作练习.

对任意 $f(x) \in \mathscr{S}$, 定义它的 Fourier 变换为

$$\hat{f}(\xi) = \int_{\mathbb{R}^N_x} f(x)\mathrm{e}^{-\mathrm{i}x\cdot\xi}\mathrm{d}x. \tag{8.1.6}$$

对 $g(\xi) \in \mathscr{S}(\mathbb{R}^N_\xi)$, 定义它的 Fourier 逆变换为

$$\overset{\vee}{g}(x) = (2\pi)^{-N} \int_{\mathbb{R}^N_\xi} g(\xi)\mathrm{e}^{\mathrm{i}x\cdot\xi}\mathrm{d}\xi. \tag{8.1.7}$$

注意到基本空间 $\mathscr{S}$ 中的函数绝对可积, 所以 (8.1.6) 式与 (8.1.7) 式都有意义, 再由定理 8.1.9 及 $\mathscr{S}$ 中函数的无限次可微性知, $F^{-1}[F[f]] = f$ 及 $F[F^{-1}[g]] = g$. 这里为了强调 Fourier 变换本身, 便将 $f(x)$ 的 Fourier 变换记为 $F[f]$, 而将其逆变换记为 $F^{-1}[f]$. Fourier 变换有以下性质:

(1) 线性性质

若 $f(x)$, $g(x) \in \mathscr{S}$, 则对任意常数 α_1, α_2, 有

$$F[\alpha_1 f + \alpha_2 g] = \alpha_1 F[f] + \alpha_2 F[g].$$

(2) 微商性质

$$F[\mathrm{D}_{x_j} f] = \mathrm{i}\xi_j F[f],$$

此因 $f(x) \in \mathscr{S}$, 故当 $|x| \to \infty$ 时, 有 $f \to 0$, 于是

$$\begin{aligned}
F[\mathrm{D}_{x_j} f] &= \int_{\mathbb{R}^N} (\mathrm{D}_{x_j} f) \mathrm{e}^{-\mathrm{i}x\cdot\xi} \mathrm{d}x \\
&= -\int_{\mathbb{R}^N} (-\mathrm{i}\xi_j) f \mathrm{e}^{-\mathrm{i}x\cdot\xi} \mathrm{d}x \\
&= \mathrm{i}\xi_j F[f].
\end{aligned}$$

一般地, 对任一多重指标 α, 有

$$F[\mathrm{D}^\alpha f] = \mathrm{i}^{|\alpha|} \xi^\alpha F[f].$$

这个性质说明 Fourier 变换可把微商运算转化为乘积运算. 因此, 可用它把偏微分方程转化为常微分方程求解. 这就是称 Fourier 变换是求解偏微分方程的重要工具的原因.

(3) 幂乘性质

$$F[x_j f] = \mathrm{i}\mathrm{D}_{\xi_j} F[f].$$

通过简单的积分运算便知此式成立. 一般地, 对任一多重指标 α, 有

$$F[x^\alpha f] = \mathrm{i}^{|\alpha|} \mathrm{D}^\alpha F[f].$$

(4) 平移性质

$$F[f(x-a)] = \mathrm{e}^{-\mathrm{i}a\cdot\xi} F[f],$$

其中, $a \in \mathbb{R}^N$ 是常向量.

(5) 卷积性质

$$F[f*g] = F[f]F[g],$$
$$F[fg] = (2\pi)^{-N} F[f]*F[g].$$

事实上, 因 f 和 g 都是 $\mathscr{S}$ 中函数, 由例 8.1.4 知 $f*g \in \mathscr{S}$, 且 Fubini 定理的条

件和结论都成立, 从而有

$$F[f*g] = \int_{\mathbb{R}_x^N} \left(\int_{\mathbb{R}_t^N} f(x-t)g(t)\mathrm{d}t \right) \mathrm{e}^{-\mathrm{i}x\cdot\xi}\mathrm{d}x$$

$$= \int_{\mathbb{R}_t^N} \left(\int_{\mathbb{R}_x^N} f(x-t)\mathrm{e}^{-\mathrm{i}x\cdot\xi}\mathrm{d}x \right) g(t)\mathrm{d}t$$

$$= \int_{\mathbb{R}_t^N} \left(\int_{\mathbb{R}_x^N} f(x)\mathrm{e}^{-\mathrm{i}(x+t)\cdot\xi}\mathrm{d}x \right) g(t)\mathrm{d}t$$

$$= \left(\int_{\mathbb{R}_t^N} g(t)\mathrm{e}^{-\mathrm{i}t\cdot\xi}\mathrm{d}t \right) \left(\int_{\mathbb{R}_x^N} f(x)\mathrm{e}^{-\mathrm{i}x\cdot\xi}\mathrm{d}x \right)$$

$$= F[f]F[g].$$

由后文的定理 8.1.9 知, 若 $f \in \mathscr{S}$, 则 $F[f] \in \mathscr{S}$. 所以, 上式两边同作 Fourier 逆变换, 便证明了对 $\mathscr{S}$ 中的任意两个函数 f 和 g, 有

$$F^{-1}[fg] = F^{-1}[f]*F^{-1}[g].$$

类似地, 可证该性质中的第二个等式成立.

定理 8.1.9 (自同构)   Fourier 变换 F 是 $\mathscr{S}$ 到自身的同构.

证明   对任意 $f \in \mathscr{S}$, 必有 $F[f] \in \mathscr{S}$. 事实上, 因 $f \in \mathscr{S}$, 故对任意多重指标 β, $x^\beta f \in \mathscr{S}$, 故积分

$$\int_{\mathbb{R}^N} x^\beta f \mathrm{e}^{-\mathrm{i}x\cdot\xi}\mathrm{d}x$$

绝对且 (关于 ξ) 一致收敛. 由 Fourier 变换的性质 (3), 有

$$\int_{\mathbb{R}^N} x^\beta f \mathrm{e}^{-\mathrm{i}x\cdot\xi}\mathrm{d}x = \mathrm{i}^{|\beta|} \mathrm{D}^\beta F[f],$$

即微商 $\mathrm{D}^\beta F[f]$ 存在, 故 $F[f] \in C^\infty(\mathbb{R}^N)$. 另外, 对任意多重指标 α, β, 函数 $\mathrm{D}^\alpha(x^\beta f) \in \mathscr{S}$, 故它绝对可积. 由 Fourier 变换的性质 (3) 和 (2), 有

$$|\xi^\alpha \mathrm{D}^\beta F[f]| = |\xi^\alpha F[x^\beta f]|$$

$$= |F[\mathrm{D}^\alpha(x^\beta f)]| \leqslant \int_{\mathbb{R}^N} |\mathrm{D}^\alpha(x^\beta f)|\mathrm{d}x$$

$$\leqslant \sup_{\mathbb{R}^N} \{(1+|x|^2)^N |\mathrm{D}^\alpha(x^\beta f)|\} \int_{\mathbb{R}^N} (1+|x|^2)^{-N}\mathrm{d}x$$

$$= c \sup_{\mathbb{R}^N} \{(1+|x|^2)^N |\mathrm{D}^\alpha(x^\beta f)|\}$$

$$< C(N,\alpha,\beta),$$

于是 $F[f] \in \mathscr{S}$. 再证变换的连续性. 设 $\{f_m\} \subset \mathscr{S}$, 且当 $m \to \infty$ 时, 有 $f_m \to 0(\mathscr{S})$, 则对任意多重指标 α 与 β, 类似前面的计算, 当 $m \to \infty$ 时, 有

$$|\xi^\alpha \mathrm{D}^\beta F[f_m]| \leqslant \sup_{\mathbb{R}^N} \left\{ (1+|x|^2)^N |\mathrm{D}^\alpha (x^\beta f_m)| \right\} \int_{\mathbb{R}^N} (1+|x|^2)^{-N} \mathrm{d}x$$

$$\to 0,$$

即 $F[f_m] \to 0(\mathscr{S})$, 所以 Fourier 变换 F 是连续的. 由于 Fourier 逆变换与 Fourier 变换公式相似, 同样可证逆变换也是 $\mathscr{S}$ 到自身的一个线性连续映射. 于是, Fourier 变换 F 是 $\mathscr{S}$ 到自身的同构. □

由该定理可知, 基本空间 $\mathscr{S}$ 是讨论和使用常义函数 Fourier 变换的理想框架. 但该定理更重要的作用是保证了广义函数空间 $\mathscr{S}'$ 上的 Fourier 变换也是 $\mathscr{S}'$ 到自身的同构, 后面将具体讨论.

设 $f, g \in \mathscr{S}$, 于是二重积分

$$\int_{\mathbb{R}^N_x} \int_{\mathbb{R}^N_\xi} f(\xi) g(x) \mathrm{e}^{-\mathrm{i}x \cdot \xi} \mathrm{d}\xi \mathrm{d}x$$

绝对收敛, 利用 Fubini 定理, 得

$$\int_{\mathbb{R}^N} \int_{\mathbb{R}^N} f(\xi) g(x) \mathrm{e}^{-\mathrm{i}x \cdot \xi} \mathrm{d}\xi \mathrm{d}x = \int_{\mathbb{R}^N_x} g(x) \mathrm{d}x \int_{\mathbb{R}^N_\xi} f(\xi) \mathrm{e}^{-\mathrm{i}x \cdot \xi} \mathrm{d}\xi$$

$$= \int_{\mathbb{R}^N_\xi} f(\xi) \mathrm{d}\xi \int_{\mathbb{R}^N_x} g(x) \mathrm{e}^{-\mathrm{i}x \cdot \xi} \mathrm{d}x,$$

若不着意区分 Fourier 变换前后的自变量, 由上式得

$$\int_{\mathbb{R}^N} g(x) \hat{f}(x) \mathrm{d}x = \int_{\mathbb{R}^N} \hat{g}(x) f(x) \mathrm{d}x.$$

同样, 对二重积分

$$(2\pi)^{-N} \int_{\mathbb{R}^N_x} \int_{\mathbb{R}^N_\xi} f(x) \overline{\hat{g}(\xi)} \mathrm{e}^{-\mathrm{i}x \cdot \xi} \mathrm{d}\xi \mathrm{d}x$$

进行逐次积分, 可得

$$\int_{\mathbb{R}^N_x} f(x) \left((2\pi)^{-N} \int_{\mathbb{R}^N_\xi} \overline{\hat{g}(\xi)} \mathrm{e}^{-\mathrm{i}x \cdot \xi} \mathrm{d}\xi \right) \mathrm{d}x$$

$$= (2\pi)^{-N} \int_{\mathbb{R}^N_\xi} \overline{\hat{g}(\xi)} \left(\int_{\mathbb{R}^N_x} f(x) \mathrm{e}^{-\mathrm{i}x \cdot \xi} \mathrm{d}x \right) \mathrm{d}\xi.$$

综上所证, 我们得到

定理 8.1.10 (Parseval (帕塞瓦尔) 等式) 设 f, $g \in \mathscr{S}$, 则有

(1) $\displaystyle\int_{\mathbb{R}^N} g(x) \hat{f}(x)\mathrm{d}x = \int_{\mathbb{R}^N} \hat{g}(x)f(x)\mathrm{d}x$;

(2) $\displaystyle\int_{\mathbb{R}^N} f(x)\overline{g(x)}\mathrm{d}x = (2\pi)^{-N} \int_{\mathbb{R}^N} \hat{f}(x)\overline{\hat{g}(x)}\mathrm{d}x$.

定理中的第一个等式将是下文建立广义函数 Fourier 变换的基础.

例 8.1.6 考虑 Parseval 等式的一个应用.

对 $u \in C_0^\infty(\mathbb{R}^N)$, 定义范数

$$\|u\|_{H^1} = \left[\int_{\mathbb{R}^N} (u^2 + |\mathrm{D}u|^2)\mathrm{d}x \right]^{\frac{1}{2}}.$$

$C_0^\infty(\mathbb{R}^N)$ 按上述范数完备化所得的 Banach 空间记为 $H_0^1(\mathbb{R}^N)$. 由 Parseval 等式, 对 $u \in C_0^\infty(\mathbb{R}^N)$, 有

$$\begin{aligned}
\|u\|_{H^1}^2 &= \int_{\mathbb{R}^N} \left(u^2 + \sum_{k=1}^N \left(\frac{\partial u}{\partial x_k}\right)^2 \right) \mathrm{d}x \\
&= (2\pi)^{-N} \int_{\mathbb{R}^N} \left(|\hat{u}|^2 + \sum_{k=1}^N \mathrm{i}\xi_k \hat{u} \overline{\mathrm{i}\xi_k \hat{u}} \right) \mathrm{d}\xi \\
&= (2\pi)^{-N} \int_{\mathbb{R}^N} (|\hat{u}|^2 + |\xi|^2 |\hat{u}|^2)\mathrm{d}\xi \\
&= (2\pi)^{-N} \int_{\mathbb{R}^N} (1 + |x|^2)|\hat{u}(x)|^2\mathrm{d}x.
\end{aligned}$$

于是得空间 $H_0^1(\mathbb{R}^N)$ 的等价范数

$$\|u\|_{H^1}' \equiv \left[\int_{\mathbb{R}^N} (1 + |x|^2)|\hat{u}(x)|^2\mathrm{d}x \right]^{\frac{1}{2}},$$

这是一个含权 L^2 范数. 由此延伸开来, 可以导出分数指数的 Sobolev 空间. Parseval 等式的重要性由此可见一斑.

例 8.1.7 设 $f(\xi) = \mathrm{e}^{-t|\xi|^2}$, $t > 0$, $\xi \in \mathbb{R}^N$. 求 f 的 Fourier 逆变换 $F^{-1}[f]$.

解 由定义知

$$\begin{aligned}
F^{-1}[f] &= (2\pi)^{-N} \int_{\mathbb{R}^N} \mathrm{e}^{-t|\xi|^2} \mathrm{e}^{\mathrm{i}x\cdot\xi} \mathrm{d}\xi \\
&= (2\pi)^{-N} \mathrm{e}^{-\frac{|x|^2}{4t}} \int_{\mathbb{R}^N} \mathrm{e}^{-t(\xi - \frac{\mathrm{i}x}{2t})^2} \mathrm{d}\xi \\
&= \left(\frac{1}{4\pi^2 t}\right)^{N/2} \mathrm{e}^{-\frac{|x|^2}{4t}} \int_{\mathbb{R}^N} \mathrm{e}^{-\eta^2} \mathrm{d}\eta \\
&= (4\pi t)^{-N/2} \mathrm{e}^{-\frac{|x|^2}{4t}}.
\end{aligned}$$

8.2 广义函数空间

8.2.1 概念与例子

依次把基本空间 $\mathscr{D}$, $\mathscr{S}$ 和 $\mathscr{E}$ 上的线性连续泛函叫做 $\mathscr{D}'$ 广义函数、$\mathscr{S}'$ 广义函数和 $\mathscr{E}'$ 广义函数, 它们各自的全体分别组成 $\mathscr{D}'$, $\mathscr{S}'$ 和 $\mathscr{E}'$ 广义函数空间. 有时我们分别简称为广函和广函空间. 广义函数又叫做分布, 广义函数空间又叫做分布空间.

例 8.2.1 设 f 是 $\mathbb{R}^N$ 中的局部可积函数, 记为 $f \in L^1_{\text{loc}}$, 即对任意紧集 K, 积分

$$\int_K |f(x)| \mathrm{d}x < \infty,$$

则 $f(x)$ 按下述方式确立了一个 $\mathscr{D}'$ 广义函数 $\mathcal{F}$:

$$\mathcal{F}(\varphi) \equiv \langle f, \varphi \rangle = \int_{\mathbb{R}^N} f(x)\varphi(x)\mathrm{d}x, \ \forall \varphi \in \mathscr{D}. \tag{8.2.1}$$

证明 $\mathcal{F}$ 显然是线性的, 下证连续性. 设 $\varphi_m(x) \to 0(\mathscr{D})$, 即存在紧集 K, 使 $\text{spt } \varphi_m \subset K$, $m = 1, 2, \cdots$, 且对任意多重指标 α, 当 $m \to \infty$ 时, 有 $\sup\limits_K |\partial^\alpha \varphi_m| \to 0$. 于是, 当 $m \to \infty$ 时, 有

$$\begin{aligned}
|\mathcal{F}(\varphi_m)| &= |\langle f, \varphi_m \rangle| \\
&\leqslant \int_{\mathbb{R}^N} |f\varphi_m| \mathrm{d}x \\
&\leqslant \sup_K |\varphi_m| \int_K |f(x)| \mathrm{d}x \\
&\to 0,
\end{aligned}$$

即 $f(x)$ 的确按上述方式确立了一个 $\mathscr{D}'$ 广义函数 $\mathcal{F}$. □

附注 若把几乎处处相等的局部可积函数视为同一, 则 L^1_{loc} 与 $\mathscr{D}'$ 按本例方式建立的对应是一对一的, 但并非在上的. 事实上, 由 (8.1.5) 式定义的 δ 函数 $\delta(x)$ 是 $\mathscr{D}'$ 广义函数, 但它并不能由一个局部可积函数 $f(x)$ 通过 (8.2.1) 式来表示. 所以说 $\mathscr{D}'$ 含有比函数空间 L^1_{loc} 更多的元素.

基于此, 我们才把 $\mathscr{D}'$ (类似地, $\mathscr{S}'$ 或 $\mathscr{E}'$) 中的元素称为广义函数. 每一个局部可积函数按 (8.2.1) 式对应一个广义函数. 今后, 凡将一个局部可积函数 $f(x)$ 看成广义函数时, 都按这种方式定义, 并称为广义函数 $f(x)$. 值得注意的是, 并不是所有的函数都可看作广义函数, 例如, 普通的不可测函数并不能看成是广义函数. 广义函数只是局部可积函数的推广.

例 8.2.2 对任意 $\varphi \in \mathscr{D}$, 按 (8.1.5) 式定义的 δ 函数是 $\mathscr{D}'$ 广义函数.

事实上, δ 的线性是显然的, 而且当 $m \to \infty$, $\varphi_m \to 0(\mathscr{D})$ 时, 有 $\varphi_m(0) \to 0$, 从而

$$\langle \delta, \varphi_m \rangle = \varphi_m(0) \to 0, \text{ 当 } m \to \infty \text{ 时,}$$

即 δ 是连续的, 故 $\delta \in \mathscr{D}'$. 同样可证, δ 是 $\mathscr{S}'$ 和 $\mathscr{E}'$ 广义函数.

例 8.2.3 设 $f(x) \in C(\mathbb{R}^N)$, 若存在常数 $k > 0$, $c > 0$, 使

$$|f(x)| \leqslant c(1 + |x|^2)^k, \ \forall \ x \in \mathbb{R}^N,$$

则称 $f(x)$ 是缓增连续函数. 缓增连续函数 $f(x)$ 按方式

$$\langle f, \varphi \rangle = \int_{\mathbb{R}^N} f(x)\varphi(x)\mathrm{d}x, \ \forall \ \varphi \in \mathscr{S}$$

确定了一个 $\mathscr{S}'$ 广义函数 $\mathcal{F}$.

证明 对任意 $\varphi \in \mathscr{S}$, 由 $\mathscr{S}$ 空间的定义知, 存在常数 $c_1 > 0$, 使

$$(1 + |x|^2)^{k + \frac{N+1}{2}} |\varphi(x)| \leqslant c_1,$$

于是

$$|\mathcal{F}(\varphi)| \equiv |\langle f, \varphi \rangle| \leqslant \int_{\mathbb{R}^N} |f\varphi| \mathrm{d}x$$

$$\leqslant \int_{\mathbb{R}^N} \frac{c_1 c}{(1 + |x|^2)^{\frac{N+1}{2}}} \mathrm{d}x < \infty.$$

若 $\{\varphi_m\} \subset \mathscr{S}$, 且 $\varphi_m \to 0(\mathscr{S})$, 便有

$$|\mathcal{F}(\varphi_m)| = |\langle f, \varphi_m \rangle| = \left| \int_{\mathbb{R}^N} f\varphi_m \mathrm{d}x \right|$$

$$\leqslant \sup_{\mathbb{R}^N} \left\{ (1 + |x|^2)^{k + \frac{N+1}{2}} |\varphi_m| \right\} \int_{\mathbb{R}^N} \frac{c}{(1 + |x|^2)^{\frac{N+1}{2}}} \mathrm{d}x$$

$$\to 0, \text{ 当 } m \to \infty \text{ 时.}$$

所以, $\mathcal{F} \in \mathscr{S}'$, 不加区分地就说 $f(x) \in \mathscr{S}'$. □

8.2.2 广义函数的收敛性

现在在广义函数空间中引入弱 * 收敛. 以 $\mathscr{D}'$ 为例, 有

定义 8.2.1 称 $\{T_m\} \subset \mathscr{D}'$ 弱 * 收敛到 $T_0 \in \mathscr{D}'$, 若 $m \to \infty$ 时,

$$\langle T_m, \varphi \rangle \to \langle T_0, \varphi \rangle, \ \forall \ \varphi \in \mathscr{D}.$$

此收敛记为 $T_m \to T_0(\mathscr{D}')$, 或简记为 $T_m \to T_0$.

完全类似地可定义 $\mathscr{S}'$ 和 $\mathscr{E}'$ 上的弱 * 收敛性. 这种收敛性是非常弱的, 请看下面几个例子.

例 8.2.4 在 $\mathbb{R}$ 上, 函数列

$$f_m(x) = \frac{1}{\pi}\frac{\sin mx}{x}, \ m = 1, 2, \cdots$$

是 $L^1_{\mathrm{loc}}(\mathbb{R})$ 中函数列, 从而可看成是 $\mathscr{D}'$ 广义函数列, 则有

$$f_m \to \delta(\mathscr{D}').$$

证明 对任意 $\varphi \in \mathscr{D}$, 有

$$\langle f_m, \varphi \rangle = \int_{-\infty}^{+\infty} f_m(x)\varphi(x)\mathrm{d}x$$
$$= \int_{-A}^{A} f_m(x)\varphi(x)\mathrm{d}x,$$

其中, $\mathrm{spt}\,\varphi \subset [-A,\ A]$, $A > 0$.

另外, 由

$$\lim_{A \to +\infty} \frac{1}{\pi} \int_{-A}^{A} \frac{\sin mx}{x}\mathrm{d}x = 1,$$

故对任意给定的 $\varepsilon > 0$, 可取 A 足够大, 使 $[-A,\ A]$ 不但包含 φ 的支集, 且有

$$\left| \frac{1}{\pi} \int_{-A}^{A} \frac{\sin mx}{x}\mathrm{d}x - 1 \right| \leqslant \frac{\varepsilon}{2},$$

于是

$$|\langle f_m, \varphi \rangle - \varphi(0)| \leqslant \left| \frac{1}{\pi} \int_{-A}^{A} \frac{\sin mx}{x}[\varphi(x) - \varphi(0)]\mathrm{d}x \right| + \frac{\varepsilon}{2}|\varphi(0)|$$
$$= \frac{1}{\pi} \left| \int_0^A \sin mx \frac{\varphi(x) + \varphi(-x) - 2\varphi(0)}{x}\mathrm{d}x \right| + \frac{\varepsilon}{2}|\varphi(0)|.$$

固定 A, 由 Riemann-Lebesgue 定理, 存在正整数 N_0, 当 $m > N_0$ 时, 有

$$\frac{1}{\pi} \left| \int_0^A \sin mx \frac{\varphi(x) + \varphi(-x) - 2\varphi(0)}{x}\mathrm{d}x \right| \leqslant \frac{\varepsilon}{2},$$

从而当 $m \to \infty$ 时, $\langle f_m, \varphi \rangle \to \varphi(0) = \langle \delta, \varphi \rangle$, 也即 $f_m \to \delta(\mathscr{D}')$. $\square$

例 8.2.5 考虑 $\mathbb{R}^N$ 中的函数

$$\delta_h(x) = \begin{cases} \dfrac{1}{|B|}, & |x| \leqslant h, \\ 0, & \text{其他,} \end{cases}$$

其中, $|B|$ 是 N 维球 $B_h(0)$ 的体积. 作为广义函数, 当 $h \to 0$ 时, $\delta_h \to \delta$ 在 $\mathscr{D}'$, $\mathscr{S}'$ 及 $\mathscr{E}'$ 中都成立.

这是因为无论在上述哪一个广义函数空间中, 对相应的基本空间的任一函数 $\varphi(x)$, 都有

$$\langle \delta_h, \varphi \rangle = \int_{\mathbb{R}^N} \delta_h \varphi(x) \mathrm{d}x = \int_{B_h(0)} \frac{1}{|B|} \varphi(x) \mathrm{d}x = \varphi(x^*),$$

上面最后一步用了积分中值定理, x^* 是 $B_h(0)$ 中某点. 令 $h \to 0$, 便得

$$\langle \delta_h, \varphi \rangle \to \varphi(0) = \langle \delta, \varphi \rangle.$$

所以, $\delta_h \to \delta$ 分别在 $\mathscr{D}'$, $\mathscr{S}'$ 及 $\mathscr{E}'$ 中.

例 8.2.6 设 $\{f_m(x)\}$ 是 $\mathbb{R}^N$ 中局部可积函数列, 并且对任意紧集 K, 存在常数 $M_K > 0$, 使得

$$|f_m(x)| \leqslant M_K, \; \forall x \in K, \; m = 0, 1, 2, \cdots,$$

且当 $m \to \infty$ 时, $f_m(x)$ 几乎处处收敛到 $f_0(x)$, $x \in \mathbb{R}^N$. 则作为 $\mathscr{D}'$ 广义函数, 有 $f_m \to f_0$.

证明留作练习 (提示: 利用 Lebesgue 控制收敛定理).

下面考虑三个广义函数空间的关系. 设 $f \in \mathscr{S}'$, 因 $\mathscr{D} \subset \mathscr{S}$, 故对 $\varphi_m \in \mathscr{D}$, $\langle f, \varphi_m \rangle$ 有意义. 若 $\varphi_m \to 0(\mathscr{D})$ $(m \to \infty)$, 由定理 8.1.7 知 $\varphi_m \to 0(\mathscr{S})$, 于是 $\langle f, \varphi_m \rangle \to 0$. 所以 $f \in \mathscr{D}'$, 即 $\mathscr{S}' \subset \mathscr{D}'$.

另外, 若 $\{f_m\} \subset \mathscr{S}'$, 且 $f_m \to 0(\mathscr{S}')$ $(m \to \infty)$, 即对任意 $\varphi \in \mathscr{S}$, 有 $\langle f_m, \varphi \rangle \to 0$. 由于 $\mathscr{D} \subset \mathscr{S}$, 故对任意 $\varphi \in \mathscr{D}$, 也有 $\langle f_m, \varphi \rangle \to 0$, 即 $f_m \to 0(\mathscr{D}')$. 也就是说, 嵌入算子 $I : \mathscr{S}' \to \mathscr{D}'$ 是连续的, 这就证明了 $\mathscr{S}' \hookrightarrow \mathscr{D}'$. 同理可以证明 $\mathscr{E}' \hookrightarrow \mathscr{S}'$. 于是得到

定理 8.2.2 $\mathscr{E}' \hookrightarrow \mathscr{S}' \hookrightarrow \mathscr{D}'$.

有了广义函数列的收敛概念. 类似于数学分析中的作法, 可以定义一个广义函数级数 $\sum_{j=1}^{\infty} f_j$ 收敛到一个广义函数 f 的概念. 即对任意 $\varphi \in \mathscr{D}$, 当 $m \to \infty$ 时, 有

$$\left\langle \sum_{j=1}^{m} f_j, \varphi \right\rangle \to \langle f, \varphi \rangle,$$

其中, 所有广义函数是 $\mathscr{D}'$ 广义函数. 同样可以定义 $\mathscr{S}'$ 或 $\mathscr{E}'$ 空间上广义函数级数的收敛概念.

8.2.3　自变量的变换

由广义函数的定义知道, 讲广义函数逐点的值是没有意义的. 但它又是局部可积函数的推广, 当 $f(x)$ 局部可积时, 按以上约定我们就称之为广义函数 $f(x)$. 那么, 当 $f(x)$ 作为局部可积函数作了自变量的线性变换或仿射变换时, 此时它所对应的广义函数作何理解呢? 为此我们有以下概念:

定义 8.2.3　对某广函空间元素 $f(x)$ 和一个非奇异线性变换 $A : \mathbb{R}^N \to \mathbb{R}^N$, 规定 $f(Ax)$ 仍为同一广函空间的元素, 即对相应的基本空间中任意函数 $\varphi(x)$, 有

$$\langle f(Ax), \varphi(x) \rangle = \left| |A|^{-1} \right| \langle f(x), \varphi(A^{-1}x) \rangle,$$

其中, $|A|$ 是变换矩阵 A 的行列式.

不难验证这个定义是确切的, 并且它是局部可积函数积分时自变量变换的合理推广. 对自变量的仿射变换, 上述定义同样适用, 只需用变换的 Jacobi 式代替 $|A|$.

例 8.2.7　对称变换 $A : x \mapsto -x$, $|A| = (-1)^n$, 于是

$$\langle f(-x), \varphi(x) \rangle = \langle f(x), \varphi(-x) \rangle.$$

例 8.2.8　相似变换 $A : x \mapsto \lambda x$, $\lambda > 0$ 为常数, $|A| = \lambda^n$, 故有

$$\langle f(\lambda x), \varphi(x) \rangle = \lambda^{-n} \langle f(x), \varphi(\lambda^{-1}x) \rangle.$$

以上两例都是线性变换, 下例是一个仿射变换.

例 8.2.9　平移变换 $A : x \mapsto x - h$, h 为常数, 变换的 Jacobi 为 1, 故有

$$\langle f(x-h), \varphi(x) \rangle = \langle f(x), \varphi(x+h) \rangle.$$

对 $\mathbb{R}^2$ 上的连续函数 $f(x, y)$, 固定 y 的一个值就得到一个一元连续函数 $f(\cdot, y)$. 于是, 按这种方式 f 就确定了一个 $\mathbb{R} \to C(\mathbb{R})$ 的连续映射. 对广义函数 $T(x, y)$, 我们有类似的结论. 以 $\mathscr{D}'$ 广函为例, 我们有

定理 8.2.4　设 $x \in \mathbb{R}^N$, $y \in \mathbb{R}^M$, $T(x, y) \in \mathscr{D}'(\mathbb{R}^N \times \mathbb{R}^M)$, 则广义函数 $T(x, y)$ 确定了一个 $\mathscr{D}(\mathbb{R}^M)$ 到 $\mathscr{D}'(\mathbb{R}^N)$ 的线性连续映射.

证明　对任意固定的 $\psi(y) \in \mathscr{D}(\mathbb{R}^M)$, 按下述方式定义 $\mathscr{D}(\mathbb{R}^N)$ 上的广义函数 $\langle T(x, y), \psi(y) \rangle$: 对任意 $\varphi \in \mathscr{D}(\mathbb{R}^N)$, 规定

$$\langle \langle T(x, y), \psi(y) \rangle, \varphi(x) \rangle = \langle T(x, y), \varphi(x)\psi(y) \rangle.$$

此定义显然确定了一个 $\mathscr{D}'(\mathbb{R}^N)$ 广义函数. 事实上, 线性是显然的. 又若 $\{\varphi_m\} \subset \mathscr{D}(\mathbb{R}^N)$, 且 $\varphi_m \to 0(\mathscr{D})$, 则 $\varphi_m(x)\psi(y) \to 0(\mathscr{D}(\mathbb{R}^N \times \mathbb{R}^M))$. 于是, 当

$m \to \infty$ 时, 有

$$\langle \langle T(x,y),\ \psi(y)\rangle,\ \varphi_m(x)\rangle = \langle T(x,y),\ \varphi_m(x)\psi(y)\rangle$$
$$\to 0.$$

这说明 $\langle T(x,y),\ \psi(y)\rangle \in \mathscr{D}'(\mathbb{R}^N)$. 同理可知, 若当 $\{\psi_m\} \subset \mathscr{D}(\mathbb{R}^M)$, 且当 $m \to \infty$ 时 $\psi_m \to 0(\mathscr{D}(\mathbb{R}^M))$, 则必有

$$\langle T(x,y),\ \psi_m(y)\rangle \to 0,$$

即 $T(x,y)$ 确定了一个 $\mathscr{D}(\mathbb{R}^M)$ 到 $\mathscr{D}'(\mathbb{R}^N)$ 的线性连续映射. □

通过同样的分析, 我们也可以认为 $T(x,y)$ 确定了一个 $\mathscr{D}(\mathbb{R}^N)$ 到 $\mathscr{D}'(\mathbb{R}^M)$ 的线性连续映射.

如果我们把 $\delta(x)\delta(y)$ 规定为两个广函 $\delta(x)$ 与 $\delta(y)$ 作用的复合, 即对基本空间的任意函数 $\varphi(x,y)$, 有

$$\langle \delta(x)\delta(y),\ \varphi(x,y)\rangle = \langle \delta(x),\ \langle \delta(y),\ \varphi(x,y)\rangle\rangle,$$

请大家证明, 必有 $\delta(x,y) = \delta(x)\delta(y)$ 成立.

8.2.4 广义函数的微商与乘子

对三个广函空间 $\mathscr{D}'$, $\mathscr{E}'$ 和 $\mathscr{S}'$ 来说, 微商的定义和运算性质都是一样的. 为确定起见, 我们仅对 $\mathscr{D}'$ 广函来讨论.

设 $f \in \mathscr{D}'$, 规定 $\dfrac{\partial f}{\partial x_k}$ 仍为 $\mathscr{D}'$ 广函, 它由

$$\left\langle \frac{\partial f}{\partial x_k}, \varphi \right\rangle = -\left\langle f, \frac{\partial \varphi}{\partial x_k} \right\rangle,\ \forall \varphi \in \mathscr{D}$$

确定. 一般的有

$$\langle \mathrm{D}^\alpha f,\ \varphi\rangle = (-1)^{|\alpha|}\langle f, \mathrm{D}^\alpha\varphi\rangle,\ \forall \varphi \in \mathscr{D},$$

其中, α 是任意一个多重指标. 这个定义的确切性读者可以自己验证. 我们称 $\mathrm{D}^\alpha f$ 是广义微商或分布意义下的微商. 按定义式知, 当 f 是 α 次连续可微的常义函数时, 其常义微商与广义微商是一样的. 这个定义式保留了常义函数积分时分部积分的有效性.

另外, 由定义知, 广义函数的可微性是通过对偶地转移到基本空间的函数身上来实现的. 由于基本空间中的函数具有很好的性质, 从而广函的微商运算有很灵活的特性. 例如, 广函有任意阶微商, 混合微商与求导次序无关等. 广义函数的运算通过对偶地转移到基本空间上来实现, 例如微商运算, 可以说是广义函数研究中最基本的原则之一.

广义函数的微商有下述性质:

性质 1 广函有任意阶微商.

性质 2 若 $\alpha,\ \beta$ 是两个多重指标, 则

$$D^{\alpha+\beta} = D^{\alpha}(D^{\beta}) = D^{\beta}(D^{\alpha}),$$

即混合微商与求导次序无关.

性质 3 若 $f_m \to f\,(\mathscr{D}')$, 则 $D^{\alpha}f_m \to D^{\alpha}f\,(\mathscr{D}')\,(m \to \infty)$, 可见求广义微商与求极限的先后次序总可以交换.

这些性质的证明都是直接的, 留给读者完成.

例 8.2.10 Heaviside (赫维赛德) 函数

$$H(x) = \begin{cases} 1, & x \geqslant 0, \\ 0, & x < 0. \end{cases}$$

作为常义函数, $H(x)$ 在 $x = 0$ 点不可微. 但它是局部可积的, 于是 $H(x) \in \mathscr{D}'(\mathbb{R})$, 对任意 $\varphi(x) \in \mathscr{D}(\mathbb{R})$, 有

$$\left\langle \frac{\mathrm{d}H}{\mathrm{d}x}, \varphi \right\rangle = -\left\langle H, \frac{\mathrm{d}\varphi}{\mathrm{d}x} \right\rangle = -\int_0^\infty \frac{\mathrm{d}\varphi}{\mathrm{d}x} \mathrm{d}x$$
$$= \varphi(0) = \langle \delta,\ \varphi(x) \rangle,$$

所以 $H(x)$ 有广义微商 $\delta(x)$, 即 $\dfrac{\mathrm{d}H}{\mathrm{d}x} = \delta(x)$.

在介绍下一个例子之前, 先引入乘子的概念. 设 $\alpha(x) \in C^\infty$, 对任意 $\mathscr{D}'$ 广函 $f(x)$, $\alpha(x)f(x)$ 由下式定义:

$$\langle \alpha(x)f(x),\ \varphi \rangle = \langle f(x), \alpha(x)\varphi \rangle, \ \forall \varphi \in \mathscr{D}.$$

易知 $\alpha(x)f(x) \in \mathscr{D}'$. 我们称 $\alpha(x)$ 是 $\mathscr{D}'$ 乘子. 类似地可定义 $\mathscr{S}'$ 乘子与 $\mathscr{E}'$ 乘子. 任何一个 $C^\infty(\mathbb{R}^N)$ 函数都是 $\mathscr{D}'$ 乘子和 $\mathscr{E}'$ 乘子, 但未必是 $\mathscr{S}'$ 乘子. 例如, $\alpha(x) = \mathrm{e}^{x^2}$ 就不是 $\mathscr{S}'$ 乘子. 因为若取 $\varphi(x) = \mathrm{e}^{-x^2} \in \mathscr{S}$, 则 $\alpha(x)\varphi(x) = 1$ 就不属于 $\mathscr{S}$ 了. 不难验证, 多项式函数和缓增连续函数是 $\mathscr{S}'$ 乘子.

有了乘子概念就可知道, 以 $C^\infty(\mathbb{R}^N)$ 函数为系数的线性偏微分算子

$$P(\mathrm{D}) \equiv \sum_{|\alpha| \leqslant m} a_\alpha(x) \mathrm{D}^\alpha$$

作用于任意一个 $\mathscr{D}'$ 或 $\mathscr{E}'$ 广函都有意义, 它把 $\mathscr{D}'$ 或 $\mathscr{E}'$ 空间分别连续映射到本身. 同理, 当 $a_\alpha(x)$ 是 $\mathscr{S}'$ 乘子时, $P(\mathrm{D})$ 是 $\mathscr{S}'$ 到自身的一个线性连续映射.

例 8.2.11 设 $f(x)$ 在 $x = a$ 点有第一类间断, 其跃度为 h, 其常义微商 $[f']$ 在 $(-\infty, a] \cup [a, +\infty)$ 上连续, 计算 $f(x)$ 的广义微商 f'.

显然 $f(x)$ 与 $[f']$ 都是局部可积函数, 从而分别确定了一个 $\mathscr{D}'$ 广义函数. 则对任意 $\varphi \in \mathscr{D}(\mathbb{R})$, 有

$$
\begin{aligned}
\langle f', \varphi \rangle &= -\langle f, \varphi' \rangle \\
&= -\int_{-\infty}^{a} f(x)\varphi'(x)\mathrm{d}x - \int_{a}^{+\infty} f(x)\varphi'(x)\mathrm{d}x \\
&= [f(a+0) - f(a-0)]\varphi(a) + \int_{-\infty}^{+\infty} [f']\varphi\mathrm{d}x \\
&= h\varphi(a) + \int_{-\infty}^{+\infty} [f']\varphi\mathrm{d}x \\
&= \langle h\delta(x-a) + [f'], \ \varphi(x) \rangle.
\end{aligned}
$$

于是, f 的广义微商 f' 与常义微商所确定的广义函数有关系

$$
f' = [f'] + h\delta(x-a).
$$

此式习惯上称为跃度公式. 它表示在古典意义下某点不可微的函数, 其广义微商多了奇性. 由例 8.2.10 和例 8.2.11 可以看出, 这种奇性仅发生在函数的常义微商不存在的点处.

有了广函微商的概念和自变量的线性变换以及乘子的定义, 我们就可以定义含参数的广函对该参数的收敛性. 设 $f(x) \in \mathscr{D}'$, 对任意取定的 $\varphi \in \mathscr{D}$, 令 $x_i\, (i = 1, 2, \cdots, N)$ 轴方向的单位向量为 e_i, 则有

$$
\left\langle \frac{f(x + he_i) - f(x)}{h}, \ \varphi \right\rangle = \left\langle f(x), \ \frac{\varphi(x - he_i) - \varphi(x)}{h} \right\rangle,
$$

其中, h 是其绝对值充分小的实数. 易知, 当 $h \to 0$ 时

$$
\frac{\varphi(x - he_i) - \varphi(x)}{h} \to -\frac{\partial \varphi}{\partial x_i} (\mathscr{D}),
$$

从而

$$
\lim_{h \to 0} \left\langle \frac{f(x + he_i) - f(x)}{h}, \ \varphi \right\rangle = -\left\langle f(x), \ \frac{\partial \varphi}{\partial x_i} \right\rangle = \left\langle \frac{\partial f}{\partial x_i}, \ \varphi \right\rangle.
$$

因此

$$
\lim_{h \to 0} \frac{f(x + he_i) - f(x)}{h} = \frac{\partial f}{\partial x_i}.
$$

8.2.5 广义函数的支集

前面提到, 谈一个广义函数逐点的值是没有意义的, 但是我们有

定义 8.2.5 设 Ω 是 $\mathbb{R}^N$ 中开集, $f \in \mathscr{D}'(\mathbb{R}^N)$. 若对任意 $\varphi \in \mathscr{D}(\Omega)$, 都有 $\langle f, \varphi \rangle = 0$, 则称广函 f 在 Ω 内等于零或在 Ω 内取零值. 若两个广函 f 与 g 之差 $f - g$ 在 Ω 内取零值, 则称 f 与 g 在 Ω 内相等, 记 $f = g$ 于 Ω 中.

关于广函局部取零值与全局取零值的关系, 我们有

定理 8.2.6 设 $f \in \mathscr{D}'(\mathbb{R}^N)$, 对任意 $x \in \mathbb{R}^N$, 存在邻域 O_x, 使得 $f = 0$ 于 O_x 中, 则 $f = 0$ 于 $\mathbb{R}^N$ 中.

证明 取定 $\varphi \in \mathscr{D}$, 记 $K = \mathrm{spt}\,\varphi$. 对任意 $x \in K$, 由已知, 存在邻域 O_x, 使得 $f = 0$ 于 O_x 中. 于是 $\bigcup_{x \in K} O_x$ 覆盖了 K. 因 $\mathrm{spt}\,\varphi = K$ 为紧集, 由有限覆盖定理, 存在有限个邻域, 设为 $O_1, O_2, \cdots, O_m$, 覆盖了 K. 由单位分解定理知, 对 $\varphi \in \mathscr{D}$, 存在从属于该覆盖的单位分解 $\{\varphi_i, \ i = 1, 2, \cdots, m\}$, 满足 $\varphi_i \in \mathscr{D}(O_i)$, $\varphi_i \geqslant 0$, 且对 $x \in K$, 有 $\sum_{i=1}^{m} \varphi_i(x) = 1$. 于是, $\varphi_i \varphi \in \mathscr{D}(O_i)$, 从而

$$\langle f, \varphi \rangle = \left\langle f, \sum_{i=1}^{m} \varphi_i \varphi \right\rangle = \sum_{i=1}^{m} \langle f, \varphi_i \varphi \rangle = 0.$$

所以 $f = 0$ 于 $\mathbb{R}^N$ 中. □

例 8.2.12 $\delta(x) = 0$ 于 $\mathbb{R}^N \setminus \{0\}$ 中.

定义 8.2.7 广函 f 取零值的最大开集的余集称为 f 的支集, 记为 $\mathrm{spt}\,f$.

由定义知 $\mathrm{spt}\,f$ 是闭集. 由例 8.2.12 得

例 8.2.13 $\mathrm{spt}\,\delta(x) = \{0\}$.

例 8.2.14 设 $\varphi \in \mathscr{D}$, 记它对应的 $\mathscr{D}'$ 广函为 Φ, 则 $\mathrm{spt}\,\varphi = \mathrm{spt}\,\Phi$.

大家知道, 在实分析和复分析中, 紧集给讨论问题带来了诸多方便. 因此, 寻找或构造紧集有时就成为解决问题的关键所在. 在广义函数中, 我们有

定理 8.2.8 $\mathscr{E}'$ 广函具有紧支集.

证明 任取 $f \in \mathscr{E}'$, 因为 $\mathrm{spt}\,f$ 为闭集, 故只需证明支集有界. 设不然, 则有 $x_k \in \mathrm{spt}\,f$, $k = 1, 2, \cdots$, 且当 $k \to \infty$ 时, $|x_k| \to \infty$, 对每个 x_k, $k = 1, 2, \cdots$, 作球体 $B_{\rho_k}(x_k)$, 其中半径 $\rho_k \leqslant 1$. 于是必有 $\varphi_k \in \mathscr{D}(B_{\rho_k}(x_k))$, 使得 $\langle f, \varphi_k \rangle \neq 0$, 否则, 与 $x_k \in \mathrm{spt}\,f$ 矛盾. 作函数

$$g_k = \frac{\varphi_k}{\langle f, \varphi_k \rangle}, \ k = 1, 2, \cdots,$$

于是 $\langle f, g_k \rangle = 1$, $\mathrm{spt}\,g_k \subset B_{\rho_k}(x_k)$, $k = 1, 2, \cdots$. 另一方面, 对任意紧集 K, 当 k 充分大时, $K \cap \mathrm{spt}\,g_k = \varnothing$, 所以 $g_k = 0$ 于 K 上. 从而, $g_k \to 0(\mathscr{E})$, 于是

$$\lim_{k \to \infty} \langle f, g_k \rangle = 0,$$

这与 $\langle f, g_k \rangle = 1$, $k = 1, 2, \cdots$ 矛盾. 所以 f 有紧支集. □

有了广义函数取零值的概念, 说广义函数 f 在开集 Ω 上等于一个 C^∞ 函数 φ, 即 $f|_\Omega = \varphi$, 就有意义了. 此时的 φ 应理解为它所对应的 $\mathscr{D}'(\Omega)$ 广义函数, 而该广义函数的取值规律是由形如 (8.1.4) 的积分决定的. 换言之, φ 是一个正则广义函数. 既然在 Ω 上 f 与 φ 相等, 则 f 在 Ω 上就没有奇性. 于是我们有

定义 8.2.9 使 $\mathscr{D}'$ 广函 f 等于一个 C^∞ 函数的最大开集的余集叫做 f 的奇支集, 记作 sing spt f.

由定义可知, sing spt f 是闭集, 且 sing spt $f \subseteq$ spt f.

例 8.2.15 sing spt $H(x) = \{0\}$, 其中, $H(x)$ 是例 8.2.10 中的 Heaviside函数. 显然, sing spt $H(x) = \{0\} \subset$ spt $H(x) = [0, +\infty)$.

例 8.2.16 sing spt $\delta(x) =$ spt $\delta(x) = \{0\}$.

8.2.6 广义函数的卷积

为给出广义函数卷积的合理定义, 我们先从常义函数 $f, g \in \mathscr{S}$ 讲起. 由例 8.1.4 知

$$f * g(x) = \int_{\mathbb{R}^N} f(x - y) g(y) \mathrm{d}y \in \mathscr{S},$$

由它局部可积, 故可视 $f * g(x)$ 为 $\mathscr{D}'$ 广函. 则对任意 $\varphi \in \mathscr{D}$, 有

$$\begin{aligned}
\langle f * g, \varphi \rangle &= \int_{\mathbb{R}_x^N} \varphi(x) \left(\int_{\mathbb{R}_y^N} f(x - y) g(y) \mathrm{d}y \right) \mathrm{d}x \\
&= \int_{\mathbb{R}_y^N} \left(\int_{\mathbb{R}_x^N} f(x - y) \varphi(x) \mathrm{d}x \right) g(y) \mathrm{d}y \\
&= \int_{\mathbb{R}_x^N} f(x) \left(\int_{\mathbb{R}_y^N} g(y) \varphi(x + y) \mathrm{d}y \right) \mathrm{d}x \\
&= \langle f(x), \langle g(y), \varphi(x + y) \rangle \rangle.
\end{aligned}$$

于是, 若使广函卷积是常义函数卷积的合理推广, 应把两个广函 f 与 g 的卷积定义为

$$\langle f * g, \varphi(x) \rangle = \langle f(x), \langle g(y), \varphi(x + y) \rangle \rangle, \ \forall \varphi \in \mathscr{D}. \tag{8.2.2}$$

进一步的观察发现, 对上述规定须加以限制. 因为当 f 与 g 都是 $\mathscr{D}'$ 广函时, $\langle g(y), \varphi(x + y) \rangle$ 未必属于 $\mathscr{D}$, 从而上述定义没有意义. 造成此种现象的原因在于 $\varphi(x + y)$ 不一定在 (x, y) 空间中具有紧支集. 另一个问题是对常义函数卷积成立的交换律, 如果不加条件, 对广函卷积未必成立. 解决这些问题的办法是在 (8.2.2) 式中选择一个广函, 例如 g, 具有紧支集. 我们通过下述两个命题说明这种做法的有效性:

命题 8.2.10 若 $g \in \mathscr{E}'$, $\varphi(x) \in \mathscr{D}$, 则 $\psi(x) = \langle g(y), \varphi(x + y) \rangle \in \mathscr{D}$.

证明 先证 $\psi(x) \in C^\infty$. 对任意取定的 x_0, 当 x 在 x_0 邻近变化时, 作为 y 的函数, $\varphi(x+y)$ 的支集落在同一个紧集 K 中. 故当 $x \to x_0$ 时, 对任意一个多重指标 α, 在 K 内一致地有

$$\mathrm{D}_y^\alpha \varphi(x+y) \to \mathrm{D}_y^\alpha \varphi(x_0+y),$$

即 $\varphi(x+y) \to \varphi(x_0+y)(\mathscr{D})$. 由定理 8.1.7 知 $\mathscr{D} \hookrightarrow \mathscr{E}$, 所以 $\varphi(x+y) \to \varphi(x_0+y)(\mathscr{E})$. 从而, 当 $x \to x_0$ 时, 有

$$\langle g(y),\ \varphi(x+y) \rangle \to \langle g(y),\ \varphi(x_0+y) \rangle,$$

即当 $x \to x_0$ 时, $\psi(x) \to \psi(x_0)$. 所以 $\psi(x)$ 连续. 沿 $x_k (k = 1, 2, \cdots, N)$ 轴方向作差商

$$\frac{\psi(x_0 + \Delta_k x) - \psi(x_0)}{\Delta_k x} = \left\langle g(y),\ \frac{\varphi(x_0 + \Delta_k x + y) - \varphi(x_0 + y)}{\Delta_k x} \right\rangle.$$

同上分析, 当 $|\Delta_k x|$ 充分小时, 作为 y 的函数,

$$\frac{\varphi(x_0 + \Delta_k x + y) - \varphi(x_0 + y)}{\Delta_k x}$$

的支集含于同一个紧集 K 中, 且对任意多重指标 α, 当 $\Delta_k x \to 0$ 时, 极限

$$\mathrm{D}_y^\alpha \frac{\varphi(x_0 + \Delta_k x + y) - \varphi(x_0 + y)}{\Delta_k x} \to \mathrm{D}_y^\alpha \frac{\partial \varphi}{\partial x_k}$$

在 K 内一致成立. 这说明

$$\frac{\varphi(x_0 + \Delta_k x + y) - \varphi(x_0 + y)}{\Delta_k x} \to \frac{\partial \varphi}{\partial x_k}(\mathscr{D}).$$

于是, 基于与证明 $\psi(x)$ 的连续性时同样的推理, 当 $\Delta_k x \to 0$ 时, 有

$$\frac{\psi(x_0 + \Delta_k x) - \psi(x_0)}{\Delta_k x} \to \left\langle g(y),\ \frac{\partial \varphi}{\partial x_k} \right\rangle,$$

即 $\dfrac{\partial \psi}{\partial x_k}$ 存在. 类似地, 递归证明下去知, 对任意多重指标 α, $\mathrm{D}^\alpha \psi(x)$ 存在, 所以 $\psi(x) \in C^\infty$.

再证 $\psi(x)$ 有紧支集. 因 $g \in \mathscr{E}'$, 由定理 8.2.8, $g(y)$ 有紧支集 K. 取 $\zeta(y) \in \mathscr{D}(\mathbb{R}_y^N)$, 且在 K 中 $\zeta(y) \equiv 1$, 于是

$$\begin{aligned}
\psi(x) &= \langle g(y),\ \varphi(x+y) \rangle \\
&= \langle \zeta(y) g(y),\ \varphi(x+y) \rangle \\
&= \langle g(y),\ \zeta(y) \varphi(x+y) \rangle.
\end{aligned}$$

当 $|x|$ 充分大时, spt $\varphi(x+y) \cap$ spt $\zeta(y) = \varnothing$, 故对 $|x|$ 充分大的 x, 有 $\zeta(y)\varphi(x+y) = 0$, 因此, $\psi(x) = 0$, 即 $\psi(x)$ 有紧支集.

综上所述, $\psi(x) \in \mathscr{D}$. $\qquad\qquad\qquad\qquad\qquad\qquad\qquad\qquad\qquad\qquad\square$

由这个命题的建立便知, 在 (8.2.2) 式中只要 $g \in \mathscr{E}'$, 不管 f 属于哪个广函空间, 广函卷积的定义都有意义. 另外, 设 $f(x) \in \mathscr{D}'$, $\{\varphi_m(x)\} \subset \mathscr{D}$, 且当 $m \to \infty$ 时, $\varphi_m(x) \to 0(\mathscr{D})$. 于是, 所有 $\varphi_m(x)$ 的支集含于一个共同的紧集内. 若记

$$\psi_m(x) = \langle g(y),\ \varphi_m(x+y) \rangle,$$

并取上面用过的函数 $\zeta(y)$, 则有

$$\psi_m(x) = \langle \zeta(y)g(y),\ \varphi_m(x+y) \rangle$$
$$= \langle g(y),\ \zeta(y)\varphi_m(x+y) \rangle.$$

可以证明: 所有 $\psi_m(x)(m = 1, 2, \cdots)$ 的支集含于一个共同的紧集内, 且 $\psi_m(x) \to 0(\mathscr{D})$ (证明留作练习). 于是, 当 $m \to \infty$ 时, 有

$$\langle f * g,\ \varphi_m(x) \rangle = \langle f(x),\ \psi_m(x) \rangle \to 0(\mathscr{D}'),$$

即得 $f * g \in \mathscr{D}'$.

命题 8.2.11 形如 $\sum\limits_{k=1}^{n} \varphi_k(x)\psi_k(y)$ (n 是任意正整数) 的函数集合在 $\mathscr{D}(\mathbb{R}_x^N \times \mathbb{R}_y^M)$ 中稠密, 其中, $\varphi_k(x) \in \mathscr{D}(\mathbb{R}_x^N)$, $\psi_k(y) \in \mathscr{D}(\mathbb{R}_y^M)$.

证明 对任意 $h(x, y) \in \mathscr{D}(\mathbb{R}_x^N \times \mathbb{R}_y^M)$, 必存在 $l > 0$, 使

$$\text{spt } h \subset Q = \{|x_i| < l,\ |y_j| < l\,|\,i = 1, 2, \cdots, N; j = 1, 2, \cdots, M\}.$$

在 $Q \backslash$ spt h 中令 $h = 0$, 而后以 $2l$ 为周期将定义在 Q 中的函数 h 延拓到 $\mathbb{R}_x^N \times \mathbb{R}_y^M$ 中, 则 $h \in C^\infty(\mathbb{R}_x^N \times \mathbb{R}_y^M)$. 于是, 有 Fourier 展开

$$h(x, y) = \sum_{|\alpha| \geqslant 0} \sum_{|\beta| \geqslant 0} c_{\alpha,\beta} \mathrm{e}^{-\mathrm{i}\frac{\pi\alpha \cdot x}{l}} \mathrm{e}^{-\mathrm{i}\frac{\pi\beta \cdot y}{l}},$$

其中, α, β 分别是 N 重与 M 重指标. 此级数及其各阶微商在 $\mathbb{R}_x^N \times \mathbb{R}_y^M$ 上分别一致收敛到 $h(x, y)$ 及其相应的各阶微商. 取 $\xi(x) \in \mathscr{D}(\mathbb{R}_x^N)$, $\zeta(y) \in \mathscr{D}(\mathbb{R}_y^M)$, 使在 spt $h(x, y)$ 上满足 $\xi(x)\zeta(y) = 1$, 于是

$$h(x, y) = \xi(x)\zeta(y)h(x, y)$$
$$= \sum_{|\alpha| \geqslant 0} \sum_{|\beta| \geqslant 0} c_{\alpha,\beta} \xi(x) \mathrm{e}^{-\mathrm{i}\frac{\pi\alpha \cdot x}{l}} \zeta(y) \mathrm{e}^{-\mathrm{i}\frac{\pi\beta \cdot y}{l}}.$$

则此级数的部分和函数即为所求形式的函数, 并且在 $\mathscr{D}(\mathbb{R}_x^N \times \mathbb{R}_y^M)$ 中收敛到 $h(x, y)$. $\qquad\qquad\qquad\qquad\qquad\qquad\qquad\qquad\qquad\qquad\qquad\qquad\square$

现在, 我们说明广函卷积的可交换性. 由命题 8.2.10 知, $f*g$ 有意义, 类似于命题 8.2.10 的证明可得, 当 $f(x) \in \mathscr{D}'$, $g(y) \in \mathscr{E}'$ 时, 对任意 $\varphi \in \mathscr{D}$, 有 $\langle f(x), \varphi(x+y) \rangle \in \mathscr{E}$, 从而

$$\langle g*f, \ \varphi \rangle = \langle g(y), \ \langle f(x), \ \varphi(x+y) \rangle \rangle \tag{8.2.3}$$

有意义.

下面证明 $f*g = g*f$. 对 $\varphi \in \mathscr{D}(\mathbb{R}_x^N)$ 和 $\psi(y) \in \mathscr{D}(\mathbb{R}_y^N)$, 显然有

$$\langle f(x), \ \langle g(y), \ \varphi(x)\psi(y) \rangle \rangle = \langle f(x), \ \varphi(x)\langle g(y), \ \psi(y) \rangle \rangle$$
$$= \langle f(x), \ \varphi(x) \rangle \langle g(y), \ \psi(y) \rangle,$$
$$\langle g(y), \ \langle f(x), \ \varphi(x)\psi(y) \rangle \rangle = \langle g(y), \ \psi(y)\langle f(x), \ \varphi(x) \rangle \rangle$$
$$= \langle g(y), \ \psi(y) \rangle \langle f(x), \ \varphi(x) \rangle,$$

所以

$$\langle f(x), \ \langle g(y), \ \varphi(x)\psi(y) \rangle \rangle = \langle g(y), \ \langle f(x), \ \varphi(x)\psi(y) \rangle \rangle.$$

利用广函的线性性质, 对形如 $\sum\limits_{k=1}^{n} \varphi_k(x)\psi_k(y)$ 的函数, 其中 n 为任意正整数, $\varphi_k(x) \in \mathscr{D}(\mathbb{R}_x^N)$, $\psi_k(y) \in \mathscr{D}(\mathbb{R}_y^N)$, 利用上式可得

$$\left\langle f(x), \ \left\langle g(y), \ \sum_{k=1}^{n} \varphi_k(x)\psi_k(y) \right\rangle \right\rangle = \left\langle g(y), \ \left\langle f(x), \ \sum_{k=1}^{n} \varphi_k(x)\psi_k(y) \right\rangle \right\rangle.$$

于是, 对任意 $h(x, \ y) \in \mathscr{D}(\mathbb{R}_x^N \times \mathbb{R}_y^N)$, 由上式及命题 8.2.11 可知等式

$$\langle f(x), \ \langle g(y), \ h(x, \ y) \rangle \rangle = \langle g(y), \ \langle f(x), \ h(x, \ y) \rangle \rangle$$

成立. 利用上式, 对任意 $\varphi(x) \in \mathscr{D}(\mathbb{R}_x^N)$, 有

$$\langle f*g, \ \varphi(x) \rangle = \langle f(x), \ \langle g(y), \ \varphi(x+y) \rangle \rangle$$
$$= \langle f(x), \ \langle \zeta(y)g(y), \ \varphi(x+y) \rangle \rangle$$
$$= \langle f(x), \ \langle g(y), \ \zeta(y)\varphi(x+y) \rangle \rangle$$
$$= \langle g(y), \ \langle f(x), \ \zeta(y)\varphi(x+y) \rangle \rangle$$
$$= \langle g(y), \ \zeta(y)\langle f(x), \ \varphi(x+y) \rangle \rangle$$
$$= \langle \zeta(y)g(y), \ \langle f(x), \ \varphi(x+y) \rangle \rangle$$
$$= \langle g(y), \ \langle f(x), \ \varphi(x+y) \rangle \rangle$$
$$= \langle g*f, \ \varphi(x) \rangle,$$

其中, $\zeta(y)$ 是命题 8.2.10 中的函数 $\zeta(y)$, 以上推导用了乘子的概念. 所以, $f*g = g*f$, 即卷积满足交换律.

至此, 我们就能给出广函卷积一个明确的定义如下:

定义 8.2.12 设广函 T 与 S 至少有一个是 $\mathscr{E}'$ 广函, 则它们的卷积是一个 $\mathscr{D}'$ 广函, 并由下式决定:

$$\langle T*S,\ \varphi(x)\rangle = \langle T_x,\ \langle S_y,\ \varphi(x+y)\rangle\rangle,\ \forall \varphi(x) \in \mathscr{D}.$$

这里及下文, 广函的下标表示该广函所作用的基本函数的自变量.

现在看广函与常义函数的卷积. 设 $f \in \mathscr{D}'$, $g \in \mathscr{D}$ (或 $f \in \mathscr{E}'$, $g \in \mathscr{E}$), 则 g 决定了一个 $\mathscr{E}'$ 正则广函, 仍记作 g. 由定义 8.2.12 知, 对任意 $\varphi \in \mathscr{D}$, 有

$$
\begin{aligned}
\langle f*g,\ \varphi(x)\rangle &= \langle f_x,\ \langle g(y),\ \varphi(x+y)\rangle\rangle \\
&= \left\langle f_x,\ \int_{\mathbb{R}_y^N} g(y)\varphi(x+y)\mathrm{d}y \right\rangle \\
&= \left\langle f_x,\ \int_{\mathbb{R}_z^N} g(z-x)\varphi(z)\mathrm{d}z \right\rangle \\
&= \int_{\mathbb{R}_z^N} \langle f_x,\ g(z-x)\rangle\varphi(z)\mathrm{d}z. \tag{8.2.4}
\end{aligned}
$$

最后一步是将积分写为 Riemann 和的极限后, 把极限及 Riemann 和移到括号外面, 并用了广函是线性连续泛函这一事实而得到 (这种做法的合理性请读者自己验证). 从而

$$\langle f*g,\ \varphi(x)\rangle = \langle\langle f_x,\ g(z-x)\rangle,\ \varphi(z)\rangle,\ \forall \varphi(x) \in \mathscr{D}.$$

于是, 我们有

定义 8.2.13 设 $f \in \mathscr{D}'$, $g \in \mathscr{D}$ (或 $f \in \mathscr{E}'$, $g \in \mathscr{E}$), 规定

$$f*g(x) = \langle f_y,\ g(x-y)\rangle. \tag{8.2.5}$$

于是, 当 $f \in \mathscr{D}'$, $g \in \mathscr{D}$ (或 $f \in \mathscr{E}'$, $g \in \mathscr{E}$) 时, 卷积 $f*g$ 具有性质:

(i) $f*g(x) \in C^\infty(\mathbb{R}^N)$;

(ii) 若将卷积视为一个映射 $(f, g) \to f*g$, 则它是一个双线性且关于 f 与 g 分别连续的映射.

若 $f \in \mathscr{S}'$, $g \in \mathscr{S}$, 对任意 $\varphi \in \mathscr{S}$, 易知函数 $\langle g,\ \varphi(x+y)\rangle$ 也是 $\mathscr{S}$ 中的函数, 故 (8.2.4) 中的推导仍然成立, 所以也成立 (8.2.5) 式.

关于广函的卷积, 下列性质成立:

(1) 满足结合律:

$$(R*S)*T = R*(S*T).$$

这是因为等式两边皆指 $\langle R_x, \langle S_y, \langle T_z, \varphi(x+y+z)\rangle\rangle\rangle$.

(2) $T = \delta*T$.

因为对任意 $\varphi \in \mathscr{D}$, 有

$$\begin{aligned}\langle \delta*T, \varphi \rangle &= \langle T*\delta, \varphi \rangle \\ &= \langle T_x, \langle \delta_y, \varphi(x+y)\rangle\rangle \\ &= \langle T_x, \varphi(x)\rangle \\ &= \langle T, \varphi \rangle.\end{aligned}$$

(3) $D_j T = (D_j \delta)*T$.

(4) $D_j(S*T) = (D_j S)*T = S*(D_j T)$.

将此性质用于常系数线性偏微分算子 $P(D) = \sum\limits_{|\alpha| \leqslant m} a_\alpha D^\alpha$, 得

$$P(D)(S*T) = (P(D)S)*T.$$

此式在讨论偏微分方程及其 Cauchy 问题基本解时是很有用的.

(5) 对平移算子 τ_h 成立

$$\tau_h T = \delta_h * T.$$

其中, $\tau_h T(x) = T(x-h)$. 这些性质的证明留作练习.

8.2.7 $\mathscr{S}'$ 空间上的 Fourier 变换

鉴于 Fourier 变换在偏微分方程研究中的重要作用, 有必要把常义函数的 Fourier 变换推广到广义函数空间上去. 由于 $\mathscr{S}$ 空间中常义函数的 Fourier 变换具有好的性质, 自然会想到利用这些性质, 根据对偶的原则去获得 $\mathscr{S}'$ 广函的 Fourier 变换的一些好的性质. 于是, 我们有

定义 8.2.14 设 $f \in \mathscr{S}'$, 它的 Fourier 变换 $\hat{f}$ 由

$$\langle \hat{f}, \varphi \rangle = \langle f, \hat{\varphi} \rangle, \ \forall \ \varphi \in \mathscr{S}$$

确定.

由定理 8.1.9 知, $\hat{f} \in \mathscr{S}'$. 对常义函数 $f, \varphi \in \mathscr{S}$, 由定理 8.1.10 的第一个式子知 $\langle \hat{f}, \varphi \rangle = \langle f, \hat{\varphi} \rangle$, 所以, 广义函数与常义函数的 Fourier 变换是一致的.

类似地, 定义 $\mathscr{S}'$ 广函 f 的 Fourier 逆变换 $\check{f}$ 为

$$\langle \check{f}, \varphi \rangle = \langle f, \check{\varphi} \rangle, \ \varphi \in \mathscr{S}.$$

同样由定理 8.1.9 知, $\overset{\vee}{f} \in \mathscr{S}'$.

有时为了强调这个映射, 我们用 $F[f]$ 表示 $\hat{f}$, 用 $F^{-1}[f]$ 表示 $\overset{\vee}{f}$.

定义 8.2.15 Fourier 变换 F 是 $\mathscr{S}'$ 空间到自身的一个同构.

证明 由定义知, 当 $f \in \mathscr{S}'$ 时, 有 $F[f] \in \mathscr{S}'$, 并且显然保持线性关系不变. 另外, 由定理 8.1.9 知, 当 $\varphi \in \mathscr{S}$ 时, $F[\varphi] \in \mathscr{S}$, 故当 $f_m \to 0(\mathscr{S}')$ 时, 有

$$\langle F[f_m],\ \varphi \rangle = \langle f_m,\ F[\varphi] \rangle \to 0 \ (m \to \infty),$$

即映射 F 是连续的. 所以 F 是 $\mathscr{S}'$ 到自身的线性连续映射. 同理可证 F^{-1} 是 $\mathscr{S}'$ 到自身的线性连续映射, 于是 Fourier 变换 F 是 $\mathscr{S}'$ 空间到自身的一个同构. $\qquad\square$

广函的 Fourier 变换有以下性质:

(1) 线性性质

对任意 $f,\ g \in \mathscr{S}'$ 和常数 $\alpha,\ \beta$, 有

$$F[\alpha f + \beta g] = \alpha F[f] + \beta F[g].$$

(2) 还原性质

对任意 $f \in \mathscr{S}'$, 有

$$F[F^{-1}[f]] = f,\ F^{-1}[F[f]] = f.$$

因为对任意 $\varphi \in \mathscr{S}$, 利用 $\mathscr{S}$ 函数 Fourier 变换的性质, 有

$$
\begin{aligned}
\langle F^{-1}[F[f]],\ \varphi \rangle &= \langle F[f],\ F^{-1}[\varphi] \rangle \\
&= \langle f,\ F[F^{-1}[\varphi]] \rangle \\
&= \langle f,\ \varphi \rangle.
\end{aligned}
$$

同理可证另一式成立.

(3) 微商性质

对任意 $f \in \mathscr{S}'$, 有

$$F[\mathrm{D}_j f] = \mathrm{i}\xi_j F[f].$$

因为对任意 $\varphi \in \mathscr{S}$, 利用 $\mathscr{S}$ 函数 Fourier 变换的性质, 有

$$
\begin{aligned}
\langle F[\mathrm{D}_j f],\ \varphi \rangle &= \langle \mathrm{D}_j f,\ F[\varphi] \rangle \\
&= -\langle f,\ \mathrm{D}_j F[\varphi] \rangle \\
&= -\langle f,\ F[-\mathrm{i}\xi_j \varphi] \rangle \\
&= \langle F[f],\ \mathrm{i}\xi_j \varphi \rangle \\
&= \langle \mathrm{i}\xi_j F[f],\ \varphi \rangle.
\end{aligned}
$$

一般地, 对任意多重指标 α, 有

$$F[\mathrm{D}^\alpha f] = (\mathrm{i}\xi)^\alpha F[f].$$

(4) 幂乘性质

对任意 $f \in \mathscr{S}'$, 有

$$F[x_j f] = \mathrm{i}\mathrm{D}_j F[f],$$

一般地, 对任意多重指标 α, 有

$$F[x^\alpha f] = \mathrm{i}^{|\alpha|}\mathrm{D}^\alpha F[f].$$

这个性质的证明留给读者.

因为任意两个 $\mathscr{S}'$ 广函的卷积不一定存在, 所以类似于常义函数卷积性质 (5) 的式子不一定成立, 只能在附加条件下进行讨论. 例如, 若 $f \in \mathscr{S}'$, $\varphi \in \mathscr{S}$, 则利用 (8.2.5) 式可以证明 $F[\varphi * f]$ 存在, 且 $F[\varphi * f] = F[\varphi]F[f]$. 又如, 当 $f \in \mathscr{S}'$, $g \in \mathscr{E}'$ 时, 也成立等式 $F[f * g] = F[f]F[g]$.

例 8.2.17 求 $\mathscr{S}'$ 广函 $f = \mathrm{e}^{\mathrm{i}a\cdot x}$ 的 Fourier 变换. 此处 a 为 N 维实常向量, $x \in \mathbb{R}^N$, $a\cdot x$ 为数量积.

解 任取 $\varphi(\xi) \in \mathscr{S}(\mathbb{R}^N_\xi)$, 则有

$$
\begin{aligned}
\langle F[\mathrm{e}^{\mathrm{i}a\cdot x}],\ \varphi(\xi)\rangle &= \langle \mathrm{e}^{\mathrm{i}a\cdot x},\ \overset{\wedge}{\varphi}\rangle \\
&= \int_{\mathbb{R}^N} \overset{\wedge}{\varphi}\, \mathrm{e}^{\mathrm{i}a\cdot x}\mathrm{d}x \\
&= (2\pi)^N \left[(2\pi)^{-N}\int_{\mathbb{R}^N} \overset{\wedge}{\varphi}\, \mathrm{e}^{\mathrm{i}a\cdot x}\mathrm{d}x\right] \\
&= (2\pi)^N \varphi(a) \\
&= \langle \delta(\xi - a),\ (2\pi)^N \varphi(\xi)\rangle \\
&= \langle (2\pi)^N \delta(\xi - a),\ \varphi(\xi)\rangle,
\end{aligned}
$$

所以

$$F[\mathrm{e}^{\mathrm{i}a\cdot x}] = (2\pi)^N \delta(\xi - a).$$

例 8.2.18 $F[1] = (2\pi)^N \delta(\xi)$.

在例 8.2.17 中令 $a = 0$ 即得.

例 8.2.19 求 $F[\sin ax]$.

利用例 8.2.17 知

$$F[\mathrm{e}^{-\mathrm{i}a\cdot x}] = (2\pi)^N \delta(\xi + a).$$

再由 Fourier 变换的线性性质, 立得

$$\begin{aligned}
F[\sin ax] &= \frac{1}{2i} F[e^{ia \cdot x} - e^{-ia \cdot x}] \\
&= \frac{1}{2i} (F[e^{ia \cdot x}] - F[e^{-ia \cdot x}]) \\
&= \frac{1}{2i} (2\pi)^N (\delta(\xi - a) - \delta(\xi + a)) \\
&= i2^{N-1} \pi^N (\delta(\xi + a) - \delta(\xi - a)).
\end{aligned}$$

例 8.2.20 $F[\delta(x)] = 1$.

因为对任意 $\varphi(\xi) \in \mathscr{S}(\mathbb{R}^N_\xi)$, 有

$$\begin{aligned}
\langle F[\delta(x)], \ \varphi(\xi) \rangle = \langle \delta, \ \hat{\varphi} \rangle = \hat{\varphi}(0) \\
= \int_{\mathbb{R}^N} \varphi(\xi) d\xi \\
= \langle 1, \ \varphi(\xi) \rangle,
\end{aligned}$$

于是, $F[\delta(x)] = 1$.

在应用中, 对比较复杂的广函的 Fourier 变换, 查阅有关的 Fourier 变换表即可.

8.3 基 本 解

本节讨论常系数偏微分方程 (特别是读者已熟悉的三个基本方程) 及其定解问题的基本解, 用以说明广义函数在偏微分方程中的应用. 除非特别说明, 本节所说的解都是 $\mathscr{D}'$ 广义函数解.

8.3.1 基本解的概念

对上节引入的常系数线性偏微分算子 $P(D) = \sum\limits_{|\alpha| \leqslant m} a_\alpha D^\alpha$, 我们有

定义 8.3.1 称 $E(x, y) \in \mathscr{D}'(\mathbb{R}^N_x)$ 是定义在 $\mathbb{R}^N$ 上的 $P(D)$ 的基本解, 若它满足

$$P(D)E(x, y) = \delta(x - y). \tag{8.3.1}$$

其中, $y \in \mathbb{R}^N$ 是参数, 称为基本解 $E(x, y)$ 的极点. 若 $y = 0$, 则简记 $E(x, y)$ 为 $E(x)$.

$P(D)$ 的基本解也叫做方程 $P(D)u = 0$ 的基本解. 基本解不唯一, 因为一个基本解加上方程 $P(D)u = 0$ 的任意一个解也满足方程 (8.3.1), 故也是基本解. 但如上所述, 基本解以 y 点为极点, 换言之, 它在 y 的邻域中具有奇性, 故通常可

以把基本解中满足齐次方程的线性叠加部分去掉. 在后文求重调和算子与多调和算子的基本解时, 我们将用到这个约定.

例 8.3.1 Heaviside 函数 $H(x)$ 是一阶常微分算子 $\dfrac{\mathrm{d}}{\mathrm{d}x}$ (或齐次方程 $\dfrac{\mathrm{d}y}{\mathrm{d}x} = 0$) 的基本解.

解 由例 8.2.10 知 $\dfrac{\mathrm{d}H}{\mathrm{d}x} = \delta$.

例 8.3.2 求方程 $\dfrac{\mathrm{d}y}{\mathrm{d}x} + ay = 0$ 的基本解, 其中 a 是常数, $x \in \mathbb{R}$.

解 在方程

$$\frac{\mathrm{d}E}{\mathrm{d}x} + aE = \delta(x)$$

的两边乘 e^{ax}, 并注意到作为 $\mathscr{D}'$ 广函有 $\mathrm{e}^{ax}\delta(x) = \delta(x)$, 便得

$$\frac{\mathrm{d}}{\mathrm{d}x}(E\mathrm{e}^{ax}) = \delta.$$

由例 8.3.1 知, $E\mathrm{e}^{ax} = H(x)$, 故有 $E(x) = \mathrm{e}^{-ax}H(x)$, 它就是所求的基本解.

例 8.3.3 求 $\mathbb{R}^2$ 中偏微分算子 $\dfrac{\partial^2}{\partial x_1 \partial x_2}$ 的基本解, 即求 $E(x_1,\,x_2)$, 使满足

$$\frac{\partial^2 E}{\partial x_1 \partial x_2} = \delta(x_1,\,x_2).$$

解 设 $E \in L^1_{\mathrm{loc}}(\mathbb{R}^2)$, 方程两边同时作用于 $\varphi \in \mathscr{D}(\mathbb{R}^2)$, 得

$$\langle \delta(x_1, x_2),\, \varphi \rangle = \left\langle \frac{\partial^2 E}{\partial x_1 \partial x_2},\, \varphi \right\rangle = \left\langle E,\, \frac{\partial^2 \varphi}{\partial x_1 \partial x_2} \right\rangle,$$

即

$$\left\langle E,\, \frac{\partial^2 \varphi}{\partial x_1 \partial x_2} \right\rangle = \varphi(0,0).$$

若取

$$E(x_1, x_2) = \begin{cases} 1, & x_1 > 0,\ x_2 > 0, \\ 0, & \text{其他}, \end{cases} \tag{8.3.2}$$

则

$$\begin{aligned}
\left\langle E,\, \frac{\partial^2 \varphi}{\partial x_1 \partial x_2} \right\rangle &= \int_{\mathbb{R}^2} E \frac{\partial^2 \varphi}{\partial x_1 \partial x_2} \mathrm{d}x_1 \mathrm{d}x_2 \\
&= \int_{x_1>0,\ x_2>0} \frac{\partial^2 \varphi}{\partial x_1 \partial x_2} \mathrm{d}x_1 \mathrm{d}x_2 \\
&= \varphi(0,0).
\end{aligned}$$

即 (8.3.2) 为所求的基本解.

以上三例中的基本解都以原点为极点, 此因我们在求解时把基本解定义中的极点 y 取作原点之故. 若极点为原点时, 齐次方程 $P(D) = 0$ 的基本解是 $E(x)$,

则当极点 $y = \xi$ 不是原点时它的基本解是 $E(x - \xi)$. 事实上, 由已知, $P(D)E(x) = \delta(x)$, 则对任意的 $\varphi(x) \in \mathscr{D}$, 我们有

$$
\begin{aligned}
\langle P(D)E(x - \xi), \varphi(x) \rangle &= \langle P(D)E(x), \varphi(x + \xi) \rangle \\
&= \langle \delta(x), \varphi(x + \xi) \rangle = \varphi(\xi) \\
&= \langle \delta(x - \xi), \varphi(x) \rangle.
\end{aligned}
$$

所以, $P(D)E(x - \xi) = \delta(x - \xi)$. 据此, 以例 8.3.1 为例, 当极点 $y = \xi \neq 0$ 时的基本解是

$$
H(x, y) = H(x - \xi) = \begin{cases} 1, & x \geqslant \xi, \\ 0, & x < \xi. \end{cases}
$$

请读者写出此时例 8.3.2 和例 8.3.3 的基本解. 可见, 极点 $y \neq 0$ 时的基本解可以由极点为零时的基本解经过自变量平移变换而获得, 故在下文中一律取极点为原点.

基本解在偏微分方程的理论研究中有重要作用, 这里就不讲了. 下面介绍它在求解偏微分方程中的应用. 我们有

定理 8.3.2 设 $f \in \mathscr{D}'(\mathbb{R}^N)$, E 是 $P(\mathrm{D})$ 的基本解, 则 $E(x) * f(x)$ 是方程 $P(\mathrm{D})u = f$ 的解.

证明 令 $u = E(x) * f(x)$, 则有

$$
\begin{aligned}
P(\mathrm{D})u &= P(\mathrm{D})(E(x) * f(x)) \\
&= (P(\mathrm{D})E(x)) * f(x) \\
&= \delta(x) * f(x) \\
&= f(x).
\end{aligned}
$$

故 $u = E(x) * f(x)$ 是方程 $P(\mathrm{D})u = f(x)$ 的整体解, 即在 $\mathbb{R}^N$ 上的解. 以上我们实际上已假设了卷积 $E(x) * f(x)$ 存在. 如果此卷积不存在. 对任意紧集 $K \subset \mathbb{R}^N$, 取 $\mathscr{D}$ 中函数 $\zeta(x)$, 使在 K 上 $\zeta(x) = 1$, 则 $\zeta(x)f(x) \in \mathscr{E}'$, 于是卷积 $E(x) * \zeta(x)f(x)$ 必存在, 且为

$$
P(\mathrm{D})(E(x) * \zeta(x)f(x)) = \zeta(x)f(x).
$$

局限于 K 上, 就有

$$
P(\mathrm{D})(E(x) * \zeta(x)f(x)) = f(x), \ x \in K,
$$

这说明 $u = E(x) * f(x)$ 是方程的局部解. $\qquad\square$

基本解的概念来源于物理学, 它早就被物理学家使用了. 笼统地说, 在线性系统中, 基本解表示由集中量的分布所产生的物理效应. 而连续量的分布 $f(x)$ 所产生的物理效应自然应该是上述效应的叠加, 这就是定理 8.3.2 的物理意义.

8.3.2 热传导方程及其 Cauchy 问题的基本解

考虑热传导方程

$$\left(\frac{\partial}{\partial t} - \Delta\right) u(x,t) = 0, \ x \in \mathbb{R}^N, \ t > 0. \tag{8.3.3}$$

按照定义, 方程 (8.3.3) 或算子 $\dfrac{\partial}{\partial t} - \Delta$ 的基本解 $E(x,t)$ 满足

$$\left(\frac{\partial}{\partial t} - \Delta\right) E(x,t) = \delta(x,t). \tag{8.3.4}$$

我们想用 Fourier 变换求解, 自然要求 $E(x,t)$ 关于 x 属于 $\mathscr{S}'$, 当然也是 $\mathscr{D}'$ 广函. 另外, 前面说过, $\delta(x,t) = \delta(x)\delta(t)$. 于是, (8.3.4) 式两边关于变量 x 作 Fourier 变换, 得

$$\frac{\mathrm{d} \hat{E}(\xi,t)}{\mathrm{d}t} + |\xi|^2 \hat{E}(\xi,t) = \delta(t).$$

由例 8.3.2 知

$$\hat{E}(\xi,t) = H(t)\mathrm{e}^{-|\xi|^2 t}.$$

由例 8.1.7 易知

$$\begin{aligned}
E(x,t) &= F^{-1}[H(t)\mathrm{e}^{-|\xi|^2 t}]\\
&= H(t)F^{-1}[\mathrm{e}^{-|\xi|^2 t}]\\
&= (4\pi t)^{-N/2} H(t)\mathrm{e}^{-|x|^2/(4t)}.
\end{aligned} \tag{8.3.5}$$

用求得的 $E(x,t)$, 按定理 8.3.2 可求得 (8.3.4) 式的右端项为 $\mathscr{D}'$ 广函时的解.

如果我们考虑一个均匀的同一材料做成的无限长细杆, 假设 $t = 0$ 以前杆上各点温度为零. 则在 $t = 0$ 时刻在原点 $x = 0$ 处放出一个单位热量时, 沿杆引起的温度分布就是基本解 (8.3.5) ($N = 1$). 但由于基本解中因子 $H(t)$ 的出现使得 $E(x,t)$ 在 $t < 0$ 时取零值, 所以只能得到 $t > 0$ 时的解.

现在看 Cauchy 问题

$$\begin{cases}
\left(\dfrac{\partial}{\partial t} - \Delta\right) u(x,t) = 0, \ x \in \mathbb{R}^N, \ t > 0,\\
u(x,0) = \varphi(x).
\end{cases} \tag{8.3.6}$$

定义 Cauchy 问题 (8.3.6) 的基本解 $E(x,t) \in \mathscr{D}'(\mathbb{R}_x^N)$ 是问题

$$\begin{cases}
\left(\dfrac{\partial}{\partial t} - \Delta\right) E(x,t) = 0,\\
E(x,0) = \delta(x)
\end{cases} \tag{8.3.7}$$

的解. 利用 Fourier 变换, (8.3.7) 变为问题

$$\begin{cases} \dfrac{\mathrm{d}\,\hat{E}(\xi,t)}{\mathrm{d}t} + |\xi|^2\,\hat{E}(\xi,t) = 0, \ t > 0, \\ \hat{E}(\xi,0) = 1. \end{cases}$$

解得

$$\hat{E}(\xi,t) = \mathrm{e}^{-|\xi|^2 t},$$

作 Fourier 逆变换, 便得

$$E(x,t) = (4\pi t)^{-N/2}\mathrm{e}^{-|x|^2/(4t)}.$$

它就是热传导方程 Cauchy 问题的基本解.

对一般的 m 阶线性常系数抛物型算子 $\dfrac{\partial}{\partial t} - P(\mathrm{D}) \equiv \dfrac{\partial}{\partial t} - \displaystyle\sum_{|\alpha|\leqslant m} a_\alpha \mathrm{D}^\alpha$ 的 Cauchy 问题

$$\begin{cases} \left(\dfrac{\partial}{\partial t} - P(\mathrm{D})\right) u(x,t) = 0, \ x \in \mathbb{R}^N, \ t > 0, \\ u(x,0) = u_0(x) \in \mathscr{D}'(\mathbb{R}^N), \end{cases} \tag{8.3.8}$$

其基本解定义为问题

$$\begin{cases} \left(\dfrac{\partial}{\partial t} - P(\mathrm{D})\right) E(x,t) = 0, \ x \in \overset{\cdot}{\mathbb{R}}^N, \ t > 0, \\ E(x,0) = \delta(x) \in \mathscr{D}'(\mathbb{R}^N) \end{cases} \tag{8.3.9}$$

的解 $E(x,t) \in \mathscr{D}'(R_x^N)$, t 为参数. 其中, $E(x,t)$ 关于 t 变量弱连续, $\dfrac{\partial}{\partial t}$ 规定为差商算子当 $\Delta t \to 0$ 时的弱极限. 若求得了基本解 $E(x,t)$, 对问题 (8.3.8), 有

定理 8.3.3 若 $E(x,t)*u_0(x)$ 存在, 则 $u = E(x,t)*u_0(x)$ 是 Cauchy 问题 (8.3.8) 的解.

证明留给读者. 利用该定理便得到热传导方程 Cauchy 问题 (8.3.6) 的解

$$u(x,t) = E(x,t)*\varphi(x)$$
$$= (4\pi t)^{-N/2}\int_{\mathbb{R}^N} \varphi(y)\mathrm{e}^{-\frac{|x-y|^2}{4t}}\,\mathrm{d}y.$$

这个公式在第 4 章已推导出来, 并验证为真解. 但这里已是广义函数意义下的解, 因为广义函数具有非常好的性质, 故不必验证, 公式自然成立.

8.3.3 波动方程 Cauchy 问题的基本解

求波动方程的基本解将涉及更多的广义函数的知识, 已超出本书的内容范围. 下面讨论三维波动方程 Cauchy 问题的基本解. 我们定义 Cauchy 问题

$$\begin{cases} \left(\dfrac{\partial^2}{\partial t^2} - a^2\Delta\right) u(x,t) = 0, \ x = (x_1, x_2, x_3) \in \mathbb{R}^3, \ t > 0, \\ u(x,0) = 0, u_t(x,0) = \psi(x) \end{cases} \tag{8.3.10}$$

的基本解是问题

$$\begin{cases} \left(\dfrac{\partial^2}{\partial t^2} - a^2\Delta\right) E(x,t) = 0, \ x = (x_1, x_2, x_3) \in \mathbb{R}^3, \ t > 0, \\ E(x,0) = 0, E_t(x,0) = \delta(x) \end{cases} \tag{8.3.11}$$

的解 $E(x,t) \in \mathscr{D}'(\mathbb{R}^3_x)$. 不难验证 (8.3.10) 的解是 $E(x,t)*\psi(x)$.

我们仍然用 Fourier 变换求解问题 (8.3.11). 设 $E(x,t) \in \mathscr{S}'(\mathbb{R}^3_x)$, 对 (8.3.11) 各等式两边的广义函数作 Fourier 变换, 并记 $\hat{E}(\xi,t) = F[E(x,t)]$, 则得

$$\begin{cases} \dfrac{\mathrm{d}^2 \hat{E}}{\mathrm{d}t^2} + a^2|\xi|^2 \hat{E} = 0, \ t > 0, \\ \hat{E}(\xi,0) = 0, \ \dfrac{\mathrm{d}\hat{E}}{\mathrm{d}t}(\xi,0) = 1. \end{cases}$$

解得

$$\hat{E}(|\xi|,t) = \frac{\sin a|\xi|t}{a|\xi|}.$$

于是

$$E(x,t) = F^{-1}[\hat{E}(|\xi|,t)] = (2\pi)^{-3}\int_{\mathbb{R}^3} \frac{\sin a|\xi|t}{a|\xi|}\mathrm{e}^{\mathrm{i}\xi\cdot x}\mathrm{d}\xi.$$

注意到这个积分在坐标轴的旋转下是不变的, 我们使 ξ_3 轴过 x 点, 并记 $|\xi| = \rho$, 利用球坐标计算得

$$\begin{aligned} E(x,t) &= (2\pi)^{-3}\int_0^\infty \frac{\sin a\rho t}{a\rho}\rho^2\mathrm{d}\rho \int_0^{2\pi}\mathrm{d}\varphi \int_0^\pi \mathrm{e}^{\mathrm{i}|x|\rho\cos\theta}\sin\theta\mathrm{d}\theta \\ &= (2\pi^2 a|x|)^{-1}\int_0^\infty \sin(|x|\rho)\sin(a\rho t)\mathrm{d}\rho \\ &= \frac{1}{4\pi^2 a|x|}\lim_{A\to+\infty}\int_0^A [\cos(|x| - at)\rho - \cos(|x| + at)\rho]\mathrm{d}\rho \\ &= \frac{1}{4\pi^2 a|x|}\lim_{A\to+\infty}\left[\frac{\sin A(|x| - at)}{|x| - at} - \frac{\sin A(|x| + at)}{|x| + at}\right] \\ &= \frac{1}{4\pi a|x|}[\delta(|x| - at) - \delta(|x| + at)] \\ &= \frac{1}{4\pi a|x|}\delta(|x| - at). \end{aligned} \tag{8.3.12}$$

上面的计算用了例 8.2.4 和 $t > 0$ 这个事实.

利用基本解 (8.3.12), 便得 Cauchy 问题 (8.3.10) 的解是

$$
\begin{aligned}
u(x,t) &= E(x,t)*\psi(x) \\
&= \int_{\mathbb{R}^3_y} E(x-y,t)\psi(y)\mathrm{d}y \\
&= \int_{R^3_y} \frac{\delta(|x-y|-at)}{4\pi a|x-y|}\psi(y)\mathrm{d}y \\
&= \frac{1}{a}\int_0^\infty \mathrm{d}r \int_{S_r} \frac{1}{4\pi}\frac{\delta(r-at)}{r}\psi(y)\mathrm{d}S_y \\
&= \frac{1}{a}\int_0^\infty r\delta(r-at)\left[\frac{1}{4\pi r^2}\int_{S_r}\psi(y)\mathrm{d}S_y\right]\mathrm{d}r \\
&= \frac{1}{a}\int_0^\infty r\delta(r-at)[\psi]_r\mathrm{d}r = t[\psi]_{at},
\end{aligned}
\tag{8.3.13}
$$

其中, S_r 是以 x 为中心、以 $r > 0$ 为半径的球面, $[\psi]_r$ 是 ψ 在 S_r 上的球面平均值.

类似地, 可以定义波动方程 Cauchy 问题

$$
\begin{cases}
\left(\dfrac{\partial^2}{\partial t^2} - a^2\Delta\right)u(x,t) = 0, \ x = (x_1, x_2, x_3) \in \mathbb{R}^3, \ t > 0, \\
u(x,0) = \varphi(x), u_t(x,0) = 0
\end{cases}
\tag{8.3.14}
$$

的基本解, 并利用求基本解的方法求得 (8.3.14) 的解是 $u(x,t) = \dfrac{\partial}{\partial t}(t[\varphi]_{at})$. 这个结果请读者仿照推导 (8.3.12) 和 (8.3.13) 的方法自己完成. 于是, 用求基本解的方法及叠加原理最后得到波动方程 Cauchy 问题

$$
\begin{cases}
\left(\dfrac{\partial^2}{\partial t^2} - a^2\Delta\right)u(x,t) = 0, \ x = (x_1, x_2, x_3) \in \mathbb{R}^3, \ t > 0, \\
u(x,0) = \varphi(x), \ u_t(x,0) = \psi(x)
\end{cases}
\tag{8.3.15}
$$

的解

$$
u(x,t) = \frac{\partial}{\partial t}(t[\varphi]_{at}) + t[\psi]_{at}.
$$

这就是第 3 章中获得的 Poisson 公式, 不过这里已经是广义函数解了.

8.3.4 调和、重调和及多调和算子的基本解

首先, 在 $\mathbb{R}^N(N \geqslant 2)$ 中考虑调和算子的基本解 $E(x,y) \in \mathscr{D}'(\mathbb{R}^N_x)$, 即方程 $-\Delta E(x,y) = \delta(x-y)$ 的 $\mathscr{D}'$ 广函解. 由于 Δ 和 δ 函数在坐标系的旋转变换下具

有不变性, 我们求形如 $E = E(r)$ 的基本解, 其中 $r = |x - y|$, 即有

$$\frac{\mathrm{d}^2 E}{\mathrm{d}r^2} + \frac{N-1}{r}\frac{\mathrm{d}E}{\mathrm{d}r} = -\delta(r). \tag{8.3.16}$$

方程两边同乘 r^{N-1}, 注意到 $r^{N-1}\delta(r) = 0$, 并记 $U = r^{N-1}\dfrac{\mathrm{d}E}{\mathrm{d}r}$, 便得 $\dfrac{\mathrm{d}U}{\mathrm{d}r} = 0$, 解得 $\dfrac{\mathrm{d}E}{\mathrm{d}r} = cr^{1-N}$. 于是

$$E(r) = \begin{cases} cr^{2-N}, & N > 2, \\ c\ln r, & N = 2, \end{cases}$$

其中, c 是待定常数. 当 $N > 2$ 时, 在公式 (5.1.10) 中取 $u = \varphi \in \mathscr{D}(\Omega)$, 其中 Ω 是 $\mathbb{R}^N$ 中包含 $\mathrm{spt}\,\varphi$ 及 y 的任意有界区域, 得

$$\begin{aligned} \varphi(y) &= \int_\Omega k(x-y)\Delta\varphi\mathrm{d}x \\ &= \frac{1}{N(2-N)\omega_N}\int_\Omega |x-y|^{2-N}\Delta\varphi\mathrm{d}x. \end{aligned}$$

另一方面, 对 $E(r) = cr^{2-N}(N > 2)$, 有

$$\begin{aligned} \varphi(y) &= \langle \delta(x-y),\ \varphi(x)\rangle \\ &= \langle -\Delta E(r),\ \varphi(x)\rangle \\ &= -c\langle \Delta r^{2-N},\ \varphi(x)\rangle \\ &= -c\langle r^{2-N},\ \Delta\varphi(x)\rangle \\ &= -c\int_\Omega |x-y|^{2-N}\Delta\varphi\mathrm{d}x. \end{aligned}$$

比较上面两式, 得

$$c = \frac{1}{N(N-2)\omega_N},\ N > 2.$$

当 $N = 2$ 时, 类似地可求出 $c = -\dfrac{1}{2\pi}$. 所以 $-\Delta$ 的基本解是

$$E(r) = \begin{cases} \dfrac{1}{N(N-2)\omega_N}r^{2-N}, & N > 2, \\[2mm] -\dfrac{1}{2\pi}\ln r, & N = 2. \end{cases} \tag{8.3.17}$$

当 $N = 3$ 时, 基本解有明确的物理意义. 如果用 $\rho(x, y, z)$ 表示空间静电场的电荷分布密度, $u(x, y, z)$ 表示电位, 则 u 满足 Poisson 方程 $-\Delta u = 4\pi\rho(x, y, z)$. 如果仅在点 y 有一单位电荷 (乘因子 $\dfrac{1}{4\pi}$), 其他处无电荷分布, 则此时电场电位函数满足方程 (8.3.16), 即基本解是此种状态下的电位函数.

对重调和算子 Δ^2, 我们直接定义它的基本解是方程

$$\Delta^2 E(r) = \delta(r) \tag{8.3.18}$$

的解 $E(r) \in \mathscr{D}'$, 其中, r 的意义如前所述. 利用 $-\Delta$ 的基本解 (8.3.17) 知

$$\Delta E(r) = \begin{cases} c_N r^{2-N}, & N > 2, \\ \dfrac{1}{2\pi} \ln r, & N = 2, \end{cases} \tag{8.3.19}$$

其中

$$c_N = \frac{1}{N(2-N)\omega_N}.$$

从 (8.3.19) 式出发求 Δ^2 的基本解. 当 $N > 2$ 时, 有

$$\frac{1}{r^{N-1}} \frac{\mathrm{d}}{\mathrm{d}r} \left(r^{N-1} \frac{\mathrm{d}E}{\mathrm{d}r} \right) = c_N r^{2-N},$$

对此式积分两次, 得

$$E(r) = \begin{cases} \dfrac{c_N}{2(4-N)} r^{4-N}, & N \neq 4, \\ \dfrac{c_N}{2} \ln r, & N = 4. \end{cases}$$

当 $N = 2$ 时, 类似地推导, 可求得 Δ^2 的基本解为

$$E(r) = \frac{1}{8\pi} r^2 \ln r.$$

对多调和算子 Δ^m ($m > 2$ 是整数), 可以用与推导重调和算子的基本解一样的方法, 递归地得到

$$E(r) = \begin{cases} c_{mN} r^{2m-N} \ln r, & \text{当 } 2m - N \geqslant 0 \text{ 且为偶数}, \\ c_{mN} r^{2m-N}, & \text{其他}, \end{cases} \tag{8.3.20}$$

其中, c_{mN} 是仅与 m, N 有关的常数. 证明留作练习.

现在我们就结束对基本解的讨论. 值得注意的是, 本节求得的一切解都是广义函数, 推导过程中的积分均应理解为广义函数对此基本解的取值. 所以, 本节中的推导不再是形式的, 得到的解也不是形式解, 而是广函空间中的广义函数解. 所以就不必像求古典解那样, 先推导出形式解, 而后再对初始数据或边界数据甚至非齐次项作一定的光滑性假设后证明形式解是真解; 也不必像在前几章那样个别地引进广义解 (即弱解). 由此可见, 广义函数的引进使偏微分方程这一学科获得了新的活力, 并且在理论和应用两方面都促进了它的发展.

习 题 8

1. 设 $u(x)$ 是 $\mathbb{R}^N$ 中的局部可积函数, 用第 5 章 5.3 节中定义的光滑子 $\eta_\varepsilon(x)$ 得 u 的光滑化函数 u^ε. 证明: 当 $\varepsilon \to 0$ 时下列各命题成立:

   (a) 若 $u \in C(\mathbb{R}^N)$, 则 $u^\varepsilon \to u(C(\mathbb{R}^N))$;

   (b) 若 $u \in L^p(\mathbb{R}^N)$, 则 $u^\varepsilon \to u(L^p(\mathbb{R}^N))$;

   (c) 若 $u \in \mathscr{E}(\mathbb{R}^N)$, 则 $u^\varepsilon \to u(\mathscr{E}(\mathbb{R}^N))$;

   (d) 若 $u \in \mathscr{D}(\mathbb{R}^N)$, 则 $u^\varepsilon \to u(\mathscr{D}(\mathbb{R}^N))$.

2. 证明定义 8.1.3 后的附注.

3. 证明 $C_0^\infty(\mathbb{R}^N)$ 在 $L^p(\mathbb{R}^N)$ 及 $C(\mathbb{R}^N)$ 中稠密.

4. 若 $f_m \in \mathscr{D}(\mathbb{R}_x^N)$, $g \in \mathscr{D}(\mathbb{R}_y^M)$, 则 $f_m g \in \mathscr{D}(\mathbb{R}_x^N) \times \mathscr{D}(\mathbb{R}_y^M)$, 且当 $f_m \to 0(\mathscr{D}(\mathbb{R}_x^N))$ 时, $f_m g \to 0(\mathscr{D}(\mathbb{R}_x^N) \times \mathscr{D}(\mathbb{R}_y^M))$.

5. 证明 8.1.3 小节中速减函数的定义中条件 (ii) 与那里的条件 (iii) 或条件 (iv) 等价.

6. 证明例 8.1.5 的结论.

7. 证明定理 8.1.8.

8. 证明空间 $\mathscr{D}(\mathbb{R}^N)$ 是序列完备的, 即若 $\{\varphi_m\} \subset \mathscr{D}(\mathbb{R}^N)$, 且 $\varphi_m(m = 1, 2, \cdots)$ 的支集一致有界, 对任意多重指标 α, 有

$$\sup_{x \in \mathbb{R}^N} |\mathrm{D}^\alpha \varphi_m - \mathrm{D}^\alpha \varphi_n| \to 0 \ (m, \ n \to \infty),$$

则必存在 $\varphi \in \mathscr{D}(\mathbb{R}^N)$, 使 $\varphi_m \to \varphi(\mathscr{D}(\mathbb{R}^N))$.

9. 证明空间 $\mathscr{S}(\mathbb{R}^N)$ 也是序列完备的.

10. 同例 8.1.5 的记号, 证明当 $m \to \infty$ 时, $\varphi_m(x) \to 0(\mathscr{S})$ 的充分必要条件是对任意 $Q(x)$ 和任意 $P(\mathrm{D})$, 有

$$Q(x)P(\mathrm{D})\varphi_m(x) \to 0(\mathscr{S})$$

在 $\mathbb{R}^N$ 上一致成立.

11. 设 $u(x) \in \mathscr{S}$, u^ε 是 u 的光滑化函数. 证明当 $\varepsilon \to 0$ 时, $u^\varepsilon(x) \to u(x)(\mathscr{S})$.

12. 设 $\eta(x)$ 是第 5 章 5.3 节中定义的光滑子, $\{x_m\}$ 是趋于无穷的一个点列, $|x_{m+1}| > |x_m| + 2$, 试证:

$$r(x) = \sum_{m=0}^\infty \frac{\eta(x - x_m)}{(1 + |x_m|^2)^m} \in \mathscr{S}(\mathbb{R}^N).$$

13. 设 $f, g \in \mathscr{S}$, 证明其乘积的 Fourier 变换具有性质

$$F[fg] = (2\pi)^{-N} F[f] * F[g].$$

14. 证明当 $f, g \in \mathscr{S}$ 时, 有

$$F^{-1}[f*g] = (2\pi)^N F^{-1}[f] F^{-1}[g].$$

15. 设 $f \in \mathscr{S}$, α 是任意一个多重指标, 证明:

$$F[x^\alpha f] = \mathrm{i}^{|\alpha|} \mathrm{D}^\alpha F[f].$$

16. 证明

$$F[\mathrm{e}^{-|x|^2/2}] = (2\pi)^{N/2} \mathrm{e}^{-|\xi|^2/2}.$$

利用这个事实证明: Fourier 变换 $F : \mathscr{S} \to \mathscr{S}$ 有连续的逆变换

$$F^{-1} : f(x) = (2\pi)^{-N} \int \hat{f}(\xi) \mathrm{e}^{\mathrm{i}\xi \cdot x} \mathrm{d}\xi.$$

17. 判断下列一元函数属于哪些广义函数空间:

(a) $\sin x$;

(b) x;

(c) e^{x^2};

(d) $f(x) = \begin{cases} 1, & |x| \leqslant 1, \\ 0, & |x| > 1. \end{cases}$

18. 判断下列广义函数属于哪一个广义函数空间:

(a) $f(x) = \mathrm{e}^x \cos \mathrm{e}^x$;

(b) $f(x) = \begin{cases} 1, & |x| \leqslant 1, \\ 0, & |x| > 1; \end{cases}$

(c) $\langle f, \varphi \rangle = \sum\limits_{k=1}^{m} \varphi^{(k)}(0), \ \forall \varphi \in C^m(\mathbb{R})$.

19. 证明 $f \in \mathscr{D}'$ 的充分必要条件是对任意紧集 K, 存在常数 c 及非负整数 m, 使得

$$|\langle f, \varphi \rangle| \leqslant c \sum_{|\alpha| \leqslant m} \sup_{x \in K} |\mathrm{D}^\alpha \varphi(x)|, \ \forall \varphi \in \mathscr{D}, \ \mathrm{spt}\, \varphi \subset K.$$

20. 证明在广函空间 $\mathscr{D}'$ 中下列收敛成立:

(a) $\lim\limits_{\varepsilon \to 0} \dfrac{\varepsilon}{\pi(\varepsilon^2 + x^2)} = \delta(x)$;

(b) $\lim\limits_{\varepsilon \to 0} \dfrac{1}{\sqrt{\pi\varepsilon}} \mathrm{e}^{-|x|^2/\varepsilon} = \delta(x)$.

21. 证明例 8.2.6.

22. 设 $f(x)$ 是广义函数, $a(x)$ 为相应的乘子, 证明成立 Leibniz 公式

$$\mathrm{D}^\beta(af) = \sum_{\alpha \leqslant \beta} \frac{\beta!}{\alpha!(\beta - \alpha)!} (\mathrm{D}^\alpha a)(\mathrm{D}^{\beta-\alpha} f),$$

其中, α, β 是多重指标.

23. 设有广义函数

$$f(x) = \begin{cases} x^2, & x \geqslant 1, \\ x, & x \leqslant 1, \end{cases}$$

试求 $\dfrac{\mathrm{d}f}{\mathrm{d}x}$, $\dfrac{\mathrm{d}^2 f}{\mathrm{d}^2 x}$ 和 $\dfrac{\mathrm{d}^3 f}{\mathrm{d}^3 x}$.

24. 设

$$f(x,y) = \begin{cases} 1, & x > 0,\ y > 0, \\ 0, & \text{其他}, \end{cases}$$

试求 $\dfrac{\partial f}{\partial x}$, $\dfrac{\partial f}{\partial y}$ 和 $\dfrac{\partial^2 f}{\partial x \partial y}$.

25. 证明 8.2.4 小节中广义函数微商的性质 2 与性质 3.

26. 记广义函数 $f(-x) = \tilde{f}(x)$, 若 $\tilde{f} = f(x)(\tilde{f} = -f(-x))$, 则称 f 为偶 (奇) 广义函数. 试证明:

(a) $\delta(x)$ 与常数都是偶广义函数;

(b) 偶广义函数的一阶微商是奇广义函数;

(c) 任一 $\mathscr{D}'$ 广义函数 f 可唯一地分解为一个偶广义函数与一个奇广义函数之和:

$$f = \frac{1}{2}(f + \tilde{f}) + \frac{1}{2}(f - \tilde{f});$$

(d) $f \in \mathscr{D}'$ 是偶广义函数, 当且仅当对任一奇函数 $\varphi \in \mathscr{D}$, 均有 $\langle f,\ \varphi \rangle = 0$.

27. 试证明 $\alpha(x) \in C^\infty(\mathbb{R}^N)$ 是 $\mathscr{S}$ 乘子 (即对任意 $\varphi \in \mathscr{S}$, 有 $\alpha\varphi \in \mathscr{S}$) 的必要条件是: 对任一多重指标 β, 必存在多项式 $P_\beta(x)$, 使得 $|\mathrm{D}^\beta \alpha(x)| \leqslant |P_\beta(x)|$.

28. 设 $\varphi \in C_0^\infty(\mathbb{R})$, 试计算:

(a) $\langle x^k \delta^{(m)}(x),\ \varphi(x) \rangle$, k, m 是正整数;

(b) $\langle \delta(ax),\ \varphi(x) \rangle$, a 是常数;

(c) $\langle \delta(\psi(x)),\ \varphi(x) \rangle$, $\psi \in C^\infty$;

(d) $\lim\limits_{m \to \infty} \left\langle \sum\limits_{k=1}^{m} \cos kx,\ \varphi(x) \right\rangle$.

29. 定义 $\mathbb{R}^N$ 上的 Heaviside 函数为

$$H(x) = \begin{cases} 1, & x_i \geqslant 0,\ i = 1, 2, \cdots, N, \\ 0, & \text{其他}. \end{cases}$$

证明

$$H(x) = H(x_1) \circ H(x_2) \circ \cdots \circ H(x_N)$$

以及

$$\frac{\partial^N H(x)}{\partial x_1 \cdots \partial x_N} = \delta(x_1) \circ \delta(x_2) \circ \cdots \circ \delta(x_N)$$
$$= \delta(x_1, \cdots, x_N),$$

其中, 符号 ∘ 表示广函作用的复合.

30. 证明例 8.2.14.

31. 写出 (8.2.4) 式最后一步的详细证明.

32. 证明定义 8.2.13 后面卷积的性质 (i) 与性质 (ii).

33. 证明 8.2.6 小节中广函卷积的性质 3、性质 4 与性质 5.

34. 设 $f \in \mathscr{S}'$, 证明下列各条件等价:

(a) $D^\alpha f \in L^2(\mathbb{R}^N)$, $|\alpha| \leqslant m$, α 是任一多重指标;

(b) $\xi^\alpha \hat{f}(\xi) \in L^2(\mathbb{R}^N)$, $|\alpha| \leqslant m$;

(c) $P(\xi) \hat{f}(\xi) \in L^2(\mathbb{R}^N)$, 对所有次数 $\leqslant m$ 的多项式 $P(\xi)$ 成立;

(d) $(1 + |\xi|^2)^{m/2} \hat{f}(\xi) \in L^2(\mathbb{R}^N)$.

35. 设实数 $s > 0$, 若将 $\mathscr{S}'$ 中满足条件

$$(1 + |\xi|^2)^{s/2} \hat{f}(\xi) \in L^2(\mathbb{R}^N)$$

的广函全体记为 $H^s(\mathbb{R}^N)$, 并定义内积

$$(f, g)_s = \int_{\mathbb{R}^N} (1 + |\xi|^2)^s \hat{f}(\xi) \overline{\hat{g}(\xi)} \mathrm{d}\xi.$$

试证明 $H^s(\mathbb{R}^N)$ 是一个 Hilbert 空间.

36. 多项式 $P(x) = \sum\limits_{k=0}^{n} a_k x^k \in \mathscr{S}'$, 求它的 Fourier 变换.

37. 证明奇广义函数的 Fourier 变换也是奇广义函数 (见 26 题).

38. 直接利用 Fourier 变换导出三维调和方程的基本解.

39. 证明定理 8.3.3.

40. 利用热传导方程的基本解将定解问题

$$\begin{cases} \dfrac{\partial u}{\partial t} = \dfrac{\partial^2 u}{\partial x^2} + a(x,t)u + b(x,t), \ |x| < \infty, \ t > 0, \\ u|_{t=0} = 0 \end{cases}$$

化为积分方程.

41. 给出问题 (8.3.14) 的基本解的定义并求之, 进而求出问题 (8.3.14) 的解.

42. 利用三维波动方程的基本解 (8.3.12) 给出点 (x_1^0, x_2^0, x_3^0) 的影响区域, 并说明其中常数 a 是波的传播速度.

43. 求下列问题的基本解:

$$\begin{cases} \dfrac{\partial^2 u}{\partial t^2} - \dfrac{\partial^2 u}{\partial x^2} - au = 0, \ x \in \mathbb{R}, \ t > 0, \ a \text{ 为常数}, \\ u(x,0) = 0, \ u_t(x,0) = \varphi(x). \end{cases}$$

44. 推导多调和算子 $\Delta^m (m \geqslant 3)$ 的基本解.

索　引

Δ^2, 180

Δ^m, 254

α, 93, 220

    D^α, 93, 220

    x^α, 93, 220

α 次弱微商, 156

$\delta(x)$, 218

$\mathscr{S}$, 222

$\mathscr{D}$, 220

$\mathscr{D}'$ 广义函数, 229

$\mathscr{E}$, 221

$\mathscr{E}'$ 广义函数, 229

$\mathscr{S}'$ 广义函数, 229

B

伴随边值条件, 154

伴随边值问题, 154

伴随微分算子, 154

半线性方程 (组), 1

边值条件, 5

边值问题, 5

变分方法, 172

变系数, 1

标准型, 9, 200

波的弥散, 76

波动方程, 2, 36

不适定的, 7

C

常系数, 1

超双曲型, 9, 19

乘子, 235

冲量原理, 72

初边值问题, 6

初值条件, 5

初值问题, 5

传输方程, 32

次平均值等式, 124

D

第二标准型, 9

第二类边值条件, 6

第二类边值问题, 6

第三类边值条件, 7

第三类边值问题, 6

第一标准型, 9

第一个特征值, 57

第一类边值条件, 6

第一类边值问题, 6

叠加原理, 3

定解条件, 5

定解问题, 5

对称算子, 173

多重, 64

多重指标, 93

F

反射法, 39

反应扩散方程组, 3

方程组的阶, 1

非齐次, 1

非线性的, 1

分布, 229

分布空间, 229

分离变量法, 45

G

古典解, 1, 5

光滑化函数, 142

光滑子, 142

郑重声明

高等教育出版社依法对本书享有专有出版权。任何未经许可的复制、销售行为均违反《中华人民共和国著作权法》，其行为人将承担相应的民事责任和行政责任；构成犯罪的，将被依法追究刑事责任。为了维护市场秩序，保护读者的合法权益，避免读者误用盗版书造成不良后果，我社将配合行政执法部门和司法机关对违法犯罪的单位和个人进行严厉打击。社会各界人士如发现上述侵权行为，希望及时举报，本社将奖励举报有功人员。

反盗版举报电话 （010）58581999　58582371　58582488

反盗版举报传真 （010）82086060

反盗版举报邮箱 dd@hep.com.cn

通信地址　北京市西城区德外大街 4 号
　　　　　高等教育出版社法律事务与版权管理部

邮政编码　100120